航空导弹与炸弹制导原理

王晓卫　　王旭东　　主编

哈尔滨工程大学出版社
Harbin Engineering University Press

内 容 简 介

本书在对航空制导导弹、制导炸弹类别和主要特点归纳总结的基础上,特别对直升机/无人机机载制导导(炸)弹的发展历程、制导方式、典型装备做了详细阐述,并对其未来发展进行了展望。全书内容分为三部分9章,第一部分(第1章)为航空制导导(炸)弹系统概述,重点对直升机/无人机机载制导导(炸)弹在现代战争的地位、作用、发展趋势及所使用的制导方式进行介绍。第二部分(第2章至第8章)围绕直升机/无人机机载制导导(炸)弹的制导方式展开,包括遥控制导、激光制导、雷达制导、红外点源制导、红外成像制导、电视寻的制导和多模复合制导八种主要制导方式,同时在每一章节增加了典型直升机/无人机制导武器组成、战技指标和工作原理。第三部分(第9章)对直升机/无人机机载制导导(炸)弹的未来发展进行了展望。

本书除可作为军事航空院校本科、专科层次学员的教材,还可供部队院校特别是从事直升机/无人机机载制导武器研究的科研人员以及相关专业人员阅读使用。

图书在版编目(CIP)数据

航空导弹与炸弹制导原理/王晓卫,王旭东主编. —哈尔滨 : 哈尔滨工程大学出版社,2021.12
ISBN 978 – 7 – 5661 – 3314 – 4

Ⅰ. ①航… Ⅱ. ①王… ②王… Ⅲ. ①航空 – 导弹制导②炸弹 – 制导 Ⅳ. ①TJ765.3②TJ414

中国版本图书馆 CIP 数据核字(2021)第 231052 号

航空导弹与炸弹制导原理
HANGKONG DAODAN YU ZHADAN ZHIDAO YUANLI

选题策划	田 婧
责任编辑	唐欢欢
封面设计	李海波

出版发行	哈尔滨工程大学出版社
社 址	哈尔滨市南岗区南通大街 145 号
邮政编码	150001
发行电话	0451 – 82519328
传 真	0451 – 82519699
经 销	新华书店
印 刷	哈尔滨午阳印刷有限公司
开 本	787 mm ×1 092 mm 1/16
印 张	14.75
字 数	390 千字
版 次	2021 年 12 月第 1 版
印 次	2021 年 12 月第 1 次印刷
定 价	59.80 元

http://www.hrbeupress.com
E-mail:heupress@ hrbeu.edu.cn

编 委 会

主　编　王晓卫　王旭东

主　审　李五洲

副主编　来国军　吴晓中

参　编　（按姓氏笔画排名）

　　　　汤　鑫　张志远　彭　非

前　言

　　直升机、无人机作为陆军的主要航空装备，随着"机动灵活""非接触"和"零伤亡"等作战理论的牵引和信息技术的推动，目前已在战场侦察、对地攻击以及支援保障等领域发挥了重要作用，而直升机、无人机和航空导（炸）弹的有机结合不仅使作战平台具备应有的火力和机动力，还能提高陆军的作战效能、增强灵活性。本书在对航空制导导（炸）弹类别、主要特点、组成、工作原理归纳总结的基础上，特别对直升机/无人机机载导（炸）弹的发展历程、工作原理、战技指标、关键技术、装备使用等情况做了详细的阐述，并对其未来发展进行了展望。

　　全书有三部分共 9 章，其中，第一部分（第 1 章）为航空制导导（炸）弹系统概述，重点对直升机/无人机机载导（炸）弹在现代战争的地位、作用、发展趋势及所使用的制导方式进行介绍。第二部分（第 2 章至第 8 章）分别介绍航空导（炸）弹制导原理，包括遥控制导、激光制导、雷达制导、红外点源制导、红外成像制导、电视寻的制导和多模复合制导八种主要制导方式，同时在每一章节增加了典型直升机/无人机制导武器组成、战技指标、工作原理。第三部分（第 9 章）对直升机/无人机机载制导（炸）弹的未来发展进行了展望。

　　本书可供部队、院校特别是从事直升机载制导武器和无人机载制导武器研究的科研人员参考使用。

　　本书由陆军航空兵学院组织编写，王晓卫、王旭东任主编，来国军、吴晓中任副主编，全书由李五洲同志主审，汤鑫、张志远、彭非同志也参与了本书的编写和修改工作。在这里，向本书所引用参考文献的各位作者表示诚挚衷心的谢意。

　　由于时间紧张，编写人员水平和所获取的资料有限，本书难免有疏漏和不足之处，恳请专家和读者批评指正。

编　者
2021 年 7 月

目　　录

第1章　航空制导导(炸)弹系统概述

航空导(炸)弹是指由机载平台发射的制导导弹和制导炸弹。根据其作战用途,一般可以划分为空地导弹、空空导弹和制导炸弹。根据其挂载的机载平台可以分为包括歼击机、轰炸机、强击机等战术战斗机在内的机载制导武器、直升机机载制导武器以及无人机机载制导武器三种。其中战斗机主要用于攻击敌机和其他飞航式空袭兵器,武装直升机多用于攻击坦克、支援登陆作战、掩护机降、火力支援和直升机空战等,而无人机通常集侦察和火力打击于一体,多用于对地攻击。由于各机载平台在飞行原理、机体结构、驾驶方式以及作战任务等方面不同,其机载制导武器的特点也各有不同。本书重点围绕直升机/无人机机载导(炸)弹的制导原理、战技指标、关键技术、装备使用等方面进行阐述,并对其未来发展进行了展望。

1.1　航空导弹的基本概念

导弹是一种携带战斗部,依靠自身动力装置推进,由制导系统导引控制飞行航迹,导向目标并摧毁目标的飞行器。通常由战斗部、制导系统、弹体、舵机和引信等组成。

制导系统是导引和控制导弹飞向目标的设备总称,从功能上可将制导系统分为导引系统和控制系统两部分,如图1-1所示。导引系统是导弹的"眼睛",其作用是测量导弹和目标的相对位置及其实际飞行航迹,计算出导弹沿要求航迹飞行所需的修正指令(即控制信号)并输至控制系统。控制系统的作用是准确而迅速地执行由导引系统输出的控制信号,同时保证导弹在飞行航迹上稳定地飞行,控制系统全部在导弹上。

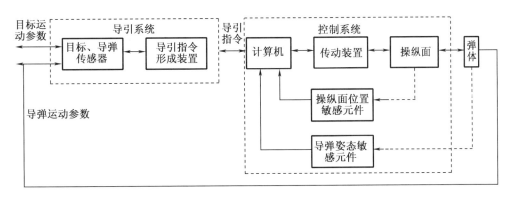

图1-1　航空导(炸)弹制导系统的一般组成

导引系统由探测装置和引导指令形成装置组成,探测装置可以是机载光电系统或火控雷达,也可以是装在导弹上的导引头。引导指令形成装置根据探测装置测量的参数按照设定的导引方法形成导引指令,指令形成之后送给控制系统。导弹在飞向目标的过程中,由于受到内部、外部的各种干扰,以及目标机动和导弹运动的惯性等许多因素的影响,可能会偏离基准弹道。导弹的飞行制导,就是通过制导系统不断纠正导弹的飞行偏差,使其沿基准弹道飞向目标。由于各类导弹的用途、目标的性质和射程的远近等因素的不同,具体的制导设备差别较大。其中各类导弹的控制系统都在弹上,工作原理也大体相同,而导引系统的设备可能全部放在弹上,也可能放在制导站。

根据在制导武器制导过程中所使用的导引方式不同,导弹的制导方式通常可分为自主制导、遥控制导、自寻的制导和复合制导四类。

1.1.1 自主制导系统

自主制导是指导弹发射出去后,按照发射前预先规定的程序或外界固定的参考点作为基准来将导弹自动地导向目标。这个程序是由导弹运动学参数(速度、射程、高度)与时间参数的一组固定关系组成的。外界固定的参考点可以利用卫星、星球、地理条件等,但无论是利用内部数据还是外部数据,都必须知道导弹自身和目标的坐标。因此,采用自主制导系统的导弹,只能用于对付固定目标或已知其飞行轨迹的目标(如弹道式导弹)。采用这种制导系统的导弹,一经发射,就不再接收地面的指令,因此抗干扰能力强、制导距离远,但机动性差,在复合制导中常用作中段制导,主要包括方案制导、惯性制导、地图匹配制导以及天文制导。

1.1.1.1 方案制导

方案制导系统实际上是一个程序控制系统,又称为程序制导。其工作过程如下:预先将导弹命中目标所需要的飞行弹道存储在程序控制机构内。导弹发射后,弹上程序控制机构按照预先安排好的飞行方案,按时输出控制指令,按部就班地控制导弹按预定弹道飞向目标。英国"山猫"直升机上挂载的 CL-843 海鸥反舰导弹中段采用程序制导,其掠海飞行路径由弹上的无线电高度表控制,使导弹保持在预定的贴海高度上飞行;临近目标时,导弹改成雷达末制导攻击目标。

1.1.1.2 惯性制导

惯性制导系统是一种利用装在弹上的惯性仪表测量导弹运动的速度和坐标,而形成指令信息来导引导弹的系统。这种制导系统的基本原理是应用惯性加速度计在三个互相垂直轴的方向上测出导弹质心运动的加速度分量,然后用相应的积分装置将加速度分量积分一次得到速度分量,把速度分量再积分一次得到坐标分量。由于导弹发射点的坐标和初始速度是已知的,因而可以计算出导弹在每一时刻的速度值和坐标值。把这些值与程序值进行比较,便能得出偏差量而进行修正。这样就保证了导弹沿着预先规定的运动程序飞向目标。意大利"火星"、挪威"企鹅"等直升机机载反舰导弹中段都采用惯性制导方式。

陀螺稳定平台如图 1-2 所示,它是一个以陀螺仪为敏感元件,以台体和框架为稳定对象的自动调节系统。其主要由互相垂直的三个陀螺仪(至少两个定位陀螺仪或三个速率积分陀螺仪)、力矩马达角度传感器及力矩马达组成。陀螺仪感受导弹三个姿态角的角速变化,通过相应的力矩马达角度传感器使力矩马达转动,然后带动平台台体向反方向偏转同样的角度,从而使平台在空间的方位角不变。如果陀螺稳定平台的三个轴与发射坐标系的三个轴的方向相一致,那么,安装在平台台体上的三个加速度计就可以测得沿着发射坐标系三个轴方向上的加速度,而且在整个飞行过程中方向始终保持不变。

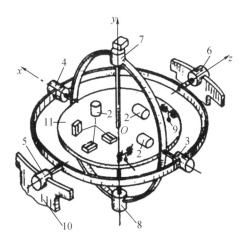

1—加速度计;2—陀螺仪;3—内环轴力矩马达角度传感器;4—内环轴力矩马达;5—外环轴力矩马达角度传感器;
6—外环轴力矩马达;7—台体轴力矩马达角度传感器;8—台体轴力矩马达;9—重力摆;10—基座;11—台体。

图 1－2 陀螺稳定平台

1.1.1.3 地图匹配制导

地图匹配制导是利用弹上计算机预存的地形图或景象图,与导弹飞行到预定位置时携带的传感器测出的地形图或景象图进行相关处理,确定出导弹当前位置偏离预定位置的偏差,形成制导指令,将导弹引向预定区域或目标。其可以分为地形和景象匹配制导两种方式。地形匹配制导利用的是地形信息,也叫作地形等高线匹配制导,"战斧"巡航导弹的飞行中段采用的就是这种飞行方式。景象匹配区域相关制导利用的是景象信息,简称景象匹配制导。"战斧"巡航导弹的飞行末段采用的就是这种飞行方式。

1.1.1.4 天文制导

天文制导是根据导弹、地球、星体中恒星三者之间的运动关系,来确定导弹的运动参量,将导弹引向目标的一种制导技术。导弹天文导航系统一般有两种:一种是由光电六分仪或无线电六分仪跟踪一种星体,引导导弹飞向目标;另一种是用两部光电六分仪或无线电六分仪分别观测两个星体,根据两个星体等高圈的交点,确定导弹的位置,引导导弹飞向目标。天文制导系统完全自动化,不受外界干扰,其准确度取决于设备中仪器的误差。但是,利用天文制导系统,一旦六分仪看不见恒星,则整个系统就陷于停顿,所以天文制导一般不单独使用,往往和惯性制导系统一起使用,以它作为整个制导系统的校正装置。天文制导系统的设备复杂,质量大,故一般用于远程导弹上。

1.1.2　遥控制导系统

由导弹以外的制导站向导弹发出引导信息的制导系统,称为遥控制导系统。根据引导指令在制导系统中形成的部位不同,遥控制导又分为遥控波束制导和遥控指令指导。

1.1.2.1　遥控波束制导系统

在遥控波束制导系统中,由制导站的引导设备发出波束(无线电波束、激光波束),导弹在波束内飞行,弹上的制导设备感受它偏离波束中心的方向和距离,并产生相应的引导指令,操纵导弹飞向目标。在多数波束制导系统中,制导站发出的波束应始终跟踪目标。

1.1.2.2　遥控指令制导系统

遥控指令制导系统中,由制导站的引导设备同时测量目标、导弹的位置和其他运动参数,并在制导站形成引导指令,该指令通过传输线或无线电波传送至弹上,弹上控制系统操纵导弹飞向目标。有线指令制导又分为三种形式:人工有线指令制导、半自动有线指令制导和光纤制导。人工有线指令制导靠射手目视弹尾火焰进行视线跟踪,即"目视瞄准、跟踪,手控发送指令",如苏联的 AT – 3"萨格尔"反坦克导弹。半自动有线指令制导导弹发射后,射手将瞄准镜"十"字对准目标,红外测角仪接收导弹尾部的红外辐射,测出弹体与光学瞄准线之间的角偏差,由控制指令计算机算出指令,经导弹传给弹上舵机,控制导弹飞行,直至命中目标,如美国的"陶"、法国的"霍特"。光纤制导弹利用光导纤维传输制导信息,导弹发射后,安装在导弹头部的微光电视摄像机或红外成像导引头将拍摄的目标图像传到发射控制装置,控制指令通过光纤传给导弹,控制导弹命中目标,如我国的红箭 – 10 和欧洲的"独眼巨人"。

根据观测设备的不同,无线电指令制导可以分为雷达跟踪指令制导和光学跟踪指令制导。雷达跟踪指令制导是指使用雷达跟踪导弹和目标,然后根据观测到的数据,计算出导弹与预期弹道的偏差,由指令发送装置通过无线电波把飞行路线偏差的信息传送到导弹上。受体积、质量限制,此种制导方式多用于防空导弹上。光学跟踪指令制导使用光学瞄准系统贯彻和测算目标与导弹的相对位置,将导弹偏离飞行路线的信息通过无线电波送给导弹的控制系统,校正导弹的飞行路线。由于要求能看见目标和导弹,因此这种制导方式只限于在短距离和能见度良好的条件下使用,有时为了观测导弹,须在导弹尾部安装能发出强光的曳光弹。

波束制导和遥控指令制导虽然都由导弹以外的制导站引导导弹,但波束制导中制导站的波束指向,只给出导弹的方位信息,而引导指令则由在波束中飞行的导弹感受其在波束中的位置偏差来形成。弹上的敏感装置不断地测量导弹偏离波束中心的大小与方向,并据此形成制导指令,使导弹在波束中心飞行,而遥控指令制导系统中的引导指令则是由制导站根据导弹、目标的位置和运动参数来形成的。

1.1.3　自寻的制导系统

自寻的制导系统也称为自动导引系统,是利用目标辐射或反射的能量制导导弹去攻击目标。在攻击目标的过程中，由弹上导引头感受目标辐射或反射的能量（如无线电波、红外线、激光、可见光、声音等），测量目标、导弹相对运动参数，并形成相应的导引指令控制导弹飞行，使导弹飞向目标。

根据导弹所利用能量的能源所在位置的不同，自寻的制导系统可分为主动式、半主动式和被动式三种。

1.1.3.1　主动式

主动式是指照射目标的能源在导弹上，对目标辐射能量，同时由导引头接收目标反射回来的能量的寻的制导方式，如图 1-3 所示。采用主动式自寻的制导的导弹，当弹上的主动导引头截获目标并转入正常跟踪后，就可以完全独立地工作，不需要导弹以外的任何信息。

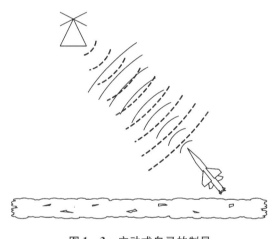

图 1-3　主动式自寻的制导

已实际应用的典型主动式自寻的系统是雷达寻的系统，主动式自寻的系统因受弹上发射功率的限制，作用距离有限，多用于复合制导的末制导，如法国的"飞鱼"反舰导弹就采用了末端雷达主动式自寻的制导方式。

1.1.3.2　半主动式

半主动式自寻的制导是指照射目标的能源不在导弹上，弹上只有接收装置，能量发射装置设在导弹以外的制导站或其他位置，如图 1-4 所示。因此它的功率可以很大，半主动式寻的制导系统的作用距离比主动式的大。其缺点是依赖外界的照射源，载体的活动有限，如美国的"海尔法"反坦克导弹采用激光半主动式自寻的制导。

1.1.3.3　被动式

被动式自寻的制导中，目标本身就是辐射能源，不需要发射装置，由弹上导引头直接感受目标辐射的能量，导引头以目标的特定物理特性作为跟踪的信息源，如图 1-5 所示。被动式自寻的制导具有"发射后不管"的特点，弹上设备比主动寻的系统简单，缺点是对目标辐射或反射特性有较大的依赖性，难以应付目标关机的情形。典型的被动式自寻的系统是红外自寻的系统和反辐射导弹的自寻的制导系统,如美国 AGM88"哈姆"高速反辐射导弹、美国 AIM – 9L"响尾蛇"空空导弹。

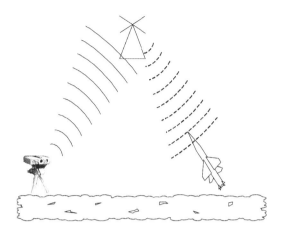

图 1 – 4   半主动式自寻的制导

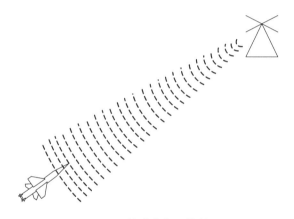

图 1 – 5   被动式自寻的制导

1.1.4   复合制导系统

每种制导方式各有其优缺点,当要求较高时,根据目标特性和要完成的任务,可把上述几种制导方式以不同的方式组合起来,以进一步提高制导系统的性能。例如"飞鱼"反舰导弹在导弹飞行中段使用惯性制导,末端使用单脉冲主动雷达,在增大制导系统作用距离的同时有效提高了制导精度。

复合制导在转换制导过程中,各种制导设备的工作必须协调过渡,使导弹的弹道能够平滑地衔接起来。根据导弹在整个飞行过程中或在不同飞行段上制导方法的组合方式,可将复合制导分为串联复合制导、并联复合制导和串并联复合制导三种。串联复合制导就是在导弹飞行弹道的不同段上,采用不同的制导方式。并联复合制导就是在导弹的整个飞行过程中,或者在弹道的某一段上,同时采用几种制导方式。串并联复合制导就是在导弹的飞行过程中,既有串联又有并联的复合制导方式。

1.2 航空制导炸弹的基本概念

航空制导炸弹是指有制导装置和空气动力操纵面而无航行动力的航空炸弹,投放后能对其弹道进行控制并导向目标,主要用于攻击重要地面或水面固定点目标和可跟踪的活动目标。导弹和制导炸弹之间的主要区别在于有无动力系统,导弹都是依靠自身的动力系统飞行;而制导炸弹没有动力,它需要借助机载平台在目标区上空投掷,依靠惯性飞向目标。

制导炸弹和导弹的制导原理基本相同,两者都装有制导系统,在飞行过程中由制导系统导引,利用控制执行机构产生气动控制力来改变炸弹的速度方向和大小,使其按预定的弹道和导引规律命中目标。按制导方式,制导炸弹可以分为自主制导炸弹、自寻的制导炸弹和复合制导炸弹。

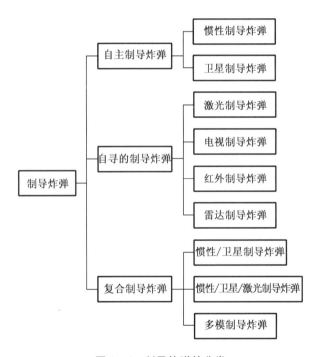

图 1-6 制导炸弹的分类

限于篇幅,本书仅详细地阐述挂装在直升机、无人机平台上的空面导弹、空空导弹和制导炸弹的制导原理、战技指标以及装备使用情况等。

1.3 直升机机载导弹的类型及发展现状

武装直升机是一种超低空火力平台,其强大火力与特殊机动能力的有机结合,可有效地对各种地面目标、海上目标(水下潜艇)和超低空目标实施精确打击,其挂装的制导武器主要有空面导弹、空空导弹和制导火箭弹,由于直升机飞行升限低,且航速不高,通常不挂装制导炸弹。

直升机机载空面导弹(helicopter airborne air-surface missile)是指从直升机上发射攻击地(水)面目标的导弹,是直升机进行空中突击的主要武器之一。根据用途不同,直升机空面导弹主要有反坦克导弹、反舰导弹和反辐射导弹三种。

1.3.1 直升机机载反坦克导弹

1.3.1.1 直升机机载反坦克导弹特点

直升机机载反坦克导弹(helicopter airborne anti-tank missile)是指从直升机上发射的,用于攻击各种主战坦克、步兵战车、装甲输送车、侦察指挥车、雷达站等其他装甲目标的导弹。武装直升机作为现代战争中反坦克和反装甲目标的最有效的武器平台,反坦克导弹是其重要的武器装备。直升机机载反坦克导弹由于受直升机本身结构和性能的限制,是介于一般反坦克导弹和空地导弹之间的一种专用导弹。

武装直升机机载反坦克导弹作为执行反坦克作战任务的撒手锏,发展至今已经有近70年的历史。最早装备直升机上的反坦克导弹是法国原北方航空公司于1946年开始研制的"北方"AS10反坦克导弹。1958年法国陆军在阿尔及利亚首次将机载导弹AS10投入作战使用,攻击隐蔽在峡谷和山洞里的叛军。此后,反坦克直升机的实战使用进一步促进了它的发展。在越南战争中,美国人在通用及运输用的UH-1 HUEY直升机上配装TOW导弹,成功地阻止了越南北方对昆嵩高地的装甲进攻,这一战例极大地促进了反坦克直升机的发展。后来,两伊战争、马岛战争、阿富汗战争及格林纳达战争、中东的叙以战争都证明了直升机和反坦克导弹结合的作战威力和机动性。在中东的叙以战争中,以色列人用反坦克直升机摧毁叙利亚坦克的数量比参战的整个装甲师摧毁坦克的数量还多。1989年美国入侵巴拿马的战争中,装备海尔法导弹的反坦克直升机,以极高的精度击中了巴拿马军事指挥大楼特定楼层的指定窗口;据统计分析认为,反坦克武装直升机对坦克作战的毁伤比达到了1:(15~19),此后"直升机机载反坦克"是最佳反坦克手段的思想已越来越被人们所接受。

反坦克导弹主要由战斗部、动力装置、弹上制导装置和弹体组成,直升机机载反坦克导弹具有以下特点。

(1)直升机机载反坦克导弹与航空炸弹、航空火箭弹等武器相比,目标毁伤概率高,机动性强,隐蔽性好,射程远。

(2)战斗部通常采用空心装药聚能破甲型;有的采用高能炸药和双锥锻压成形药型罩,

以提高金属射流的侵彻效率;还有的采用自锻破片战斗部攻击目标顶装甲。

（3）受直升机自身特性的限制,直升机机载反坦克导弹具有体积小、质量小、射程近的特点。直升机机载反坦克导弹的射程大多为 3~10 km,质量为 60 kg 左右。

1.3.1.2 直升机机载反坦克导弹分类

武装直升机机载反坦克导弹采用的制导技术主要有手动指令瞄准线制导、半主动指令瞄准线制导、半主动激光制导、红外成像制导、毫米波制导、光纤制导和多模制导技术。根据制导技术的不同主要可以分为四代。

1. 第一代直升机机载反坦克导弹

第一代直升机机载反坦克导弹是指采用目视瞄准与跟踪、三点法导引、手工操纵、导线传输指令的导弹。该类导弹结构简单、质量小、价格低,但飞行速度低、命中精度不高、对射手要求高。第一代的导弹如法国的 AS10、AS11、AS12 和苏联的 AT-2B、AT-3A/13 等。国外第一代直升机机载反坦克导弹性能数据见表 1-1。

表 1-1 国外第一代直升机机载反坦克导弹性能数据

序号	型号	国家	制导方式	基本属性	动力装置	最大速度/(m/s)	最大射程/km	战斗部	装备直升机
1	北方（Nord）AS11"鱼叉"	法国	人工有线指令制导	弹长 1 210 mm,弹径 164 mm,翼展 500 mm,弹重 29.9 kg	2 台两级推力固体火箭发动机	120	3	聚能破甲	"云雀""小羚羊""侦察兵""黄蜂"、UH-1
2	AT-2B"蝇拍B"	苏联	人工无线电指令制导	弹长 1 163 mm,弹径 132mm,翼展 660 mm	1 台固体火箭发动机	150	3	聚能破甲	MI-4AB"猎狗"、MI-8"河马"、MI-24
3	AT-3A/B"萨格尔"	苏联	人工有线遥控指令制导	弹长 867 mm,弹径 120 mm,翼展 393 mm,弹重 11.3 kg	两级固体燃料火箭发动机	120	3	破甲战斗部	MI-24
4	Mathogo"马索戈"	阿根廷	人工有线指令制导	弹长 1 000 mm,弹径 102 mm,翼展 470 mm,弹重 11.3 kg	1 台固体火箭助推器和 1 台固体火箭发动机	90	3	聚能破甲	A-109

从表 1-1 可以归纳出第一代机载反坦克导弹的特点如下:

（1）制导方式为有线指令制导、三点法导引。

（2）射程在 3 000 m 以内。

（3）射手瞄准方式为目视瞄准、手动操纵，无稳定瞄准具。由于飞机的振动环境给本来就负担过重的射手再添重负，因此，这一代系统的作战效果很差，很快被淘汰。

2. 第二代直升机机载反坦克导弹

第二代直升机机载反坦克导弹采用光学瞄准与跟踪、三点法导引、红外半自动有线指令制导。和第一代反坦克导弹相比，第二代反坦克导弹制导过程的自动化程度有所提高，射手只需将瞄准镜中的"＋"字线中心瞄准目标即可。国外第二代直升机机载反坦克导弹性能数据见表 1-2。可以看出第二代反坦克导弹的型号品种多，且多为重型导弹，质量一般都在 20 kg 以上。此外相对于第一代，导弹的飞行速度和射程也有不同程度的提高。第二代反坦克导弹的主要问题是，普遍采用导线传输指令，限制了导弹的飞行速度，在导弹飞行过程中，射手必须始终瞄准目标，不利于射手的转移与生存。在第二代反坦克导弹基础上，又出现了去掉传输指令导线而只要射手瞄准目标的激光驾束制导反坦克导弹，如南非的 ZT-35"鹰威"；仍然采用红外测角和三点法导引，但不再用导线传输指令，而改用抗干扰和可靠性更高的激光指令或无线电指令传输方式，如南非的 ZT-3"褐雨燕"和苏联的 AT-2C、AT-6、AT-9 导弹等。

表 1-2　国外第二代直升机机载反坦克导弹性能数据

序号	型号	国家	制导方式	基本属性	动力装置	最大速度/(m/s)	最大射程/km	战斗部	装备直升机
1	北方（Nord）AS11B	法国	目视瞄准、红外自动跟踪	弹长 1 210 mm，弹径 164 mm，翼展 500 mm，弹重 29.9 kg	2 台两级推力固体火箭发动机	120	3	聚能破甲	"云雀""小羚羊""侦察兵""黄蜂""威赛克斯"、UH-1
2	BGM-71（TOW2）"陶"	美国	半自动红外有线遥控指令制导	弹长 1 780 mm，弹径 178 mm，翼展 330 mm，弹重 50 kg	单级固体火箭发动机	略低于 1MA	8	聚能破甲	AH-1、AH-1W、OH-1
3	AT-2C"蝇拍C"	苏联	半自动无线电指令制导	弹长 1 160 mm，弹径 142 mm，翼展 760 mm	1 台固体火箭发动机	170	4	聚能破甲	MI-4AB"猎狗"、MI-8"河马"、MI-24
4	AT-3C		有线遥控指令制导	弹长 867 mm，弹径 120 mm，翼展 393 mm，弹重 11.4 kg	两级固体燃料火箭发动机	120	3	破甲战斗部	MI-24
5	AT-6（9K113）"螺旋"		光学跟踪、无线电指令制导	弹长 1 300 mm，弹径 130 mm，翼展 300 mm，弹重 33.5 kg	1 台固体火箭发动机	400	8	锥形聚能破甲战斗部	MI-24

表 1-2(续)

序号	型号	国家	制导方式	基本属性	动力装置	最大速度 /(m/s)	最大射程 /km	战斗部	装备 直升机
6	Hot-2T "霍特"	法德	半自动 红外遥 控制导	弹长 1 300 mm, 弹径 136 mm, 弹重 23.5 kg	两级固体 燃料火箭 发动机	280	4	串联式 聚能破 甲,战 斗部破 甲厚度 800 mm	虎系列、 "小羚羊"
7	ZT-3 "褐雨燕"	南非	红外光 学跟踪、 激光指 令制导	弹长 1 350 mm, 弹径 127 mm, 翼展 400 mm, 弹重 19 kg	1 台固体火 箭发动机	330	4	聚能 破甲	南非陆 军的"努依瓦 克"法制 "美洲豹" (Puma)和 波兰"猎 鹰"(So- kol)

3. 第三代直升机机载反坦克导弹

第三代直升机机载反坦克导弹制导系统大多采用激光半主动、毫米波和红外成像制导等发射后不管方式。美国的海尔法导弹、苏联的 AT-12 和 AT-16、法德的崔格特以及以色列的长钉导弹都属于该种类型。国外第三代直升机机载反坦克导弹性能数据如表 1-3。

表 1-3　国外第三代直升机机载反坦克导弹性能数据

序号	型号	国家	制导方式	基本属性	最大射程 /km	战斗部	装备直升机
1	AGM- 114 A "海尔法"	美国	激光 半主动	弹长 1 779 mm, 弹径 177.8 mm, 翼展 330 mm, 弹重 45.7 kg	8	双锥形聚能破 甲战斗部,装甲 厚度 1 400 mm	AH-1、AH-1W、 OH-58D、AH- 64A、UH-60、英国 "山猫"
2	AT-12 (9M120) "旋风"	苏联	激光 半主动	弹长 2 400 mm, 弹径 125 mm, 翼展 325 mm, 弹重 43 kg	8	聚能破甲战 斗部	卡-50、卡-52、 MI-24、MI-28

表 1 −3(续)

序号	型号	国家	制导方式	基本属性	最大射程/km	战斗部	装备直升机
3	AGM −114 L	美国	主动毫米波	弹长 1 740 mm，弹径 177.8 mm，质量 49.03 kg	9	高爆弹头	AH −64D
4	Brimstone "硫磺石"	英国	主动毫米波	弹长 1 780 mm，弹径 177.8 mm，质量 50 kg	11.27	新型串联装药战斗部	AH −1W、AH −64D
5	Trigat "崔格特"	法德	红外成像	弹长 1 540 mm，弹径 150 mm，翼展 430 mm，质量 21 kg	4.5	双级串联式战斗部	PAH −2/HAC "虎"、A −129、SA365M "黑豹"、AH −64A"阿帕奇"
6	SPIKE −ER "长钉"	以色列	CCD、红外成像光纤制导（发射后不管/发射、观察、修正/全程制导）	弹重 33 kg	8	串列双重战斗部	AH −64 "阿帕奇"、AH −1 "眼镜蛇"、A −129 国际型、MI −24

第三代直升机机载反坦克导弹多为重型反坦克导弹，它们具有射程远、威力大、制导精度高等优点，有的还具有攻击多目标的能力。例如，美国的直升机机载"海尔法"导弹，最大射程 8 km，可装备多种类型的战斗部，不仅可以反坦克，还可以攻击隐蔽地下的坚固工事。

4.第四代直升机机载反坦克导弹

第四代直升机机载反坦克导弹的主要标志是智能化和较强的"打了不管"能力，即要能自动适应各种复杂的作战环境，有良好的抗干扰、抗隐身能力，能从复杂的背景中自动识别目标，有更高的命中精度，能命中目标要害部位，有足够高的目标摧毁能力和与战场信息网络实时接入的能力等。激光/红外/毫米波复合制导、多传感器信息融合、网络信息化等技术有望在第四代反坦克导弹中发挥重要作用，例如美国的联合通用（JAGM）导弹。

1.3.2 直升机机载反舰导弹

1.3.2.1 直升机机载反舰导弹的特点

直升机机载反舰导弹（helicopter airborne anti-ship missile）是从直升机上发射，攻击敌方水面舰船的导弹的统称。

直升机携带反坦克作战的成功案例使海军看到了直升机反舰/反潜作战的巨大潜力。

马岛战争中的首次实战使用了 2 种直升机发射的空舰导弹。一种是老式有线制导 AS12 导弹。英国海军第 829 飞行中队的"黄蜂"直升机发射了 5 枚 AS12 导弹,使阿根廷"圣菲号"潜艇在南佐治亚岛 Grytviken 搁浅。另一种是英国"山猫"直升机装备的"海鸥"空舰导弹。当时,英国海军第 826 飞行中队的海王直升机探测到 2 个目标,便从考文垂号和格拉斯哥一号驱逐舰上各招来一架山猫直升机。这 2 架山猫直升机各装备有 2 枚"海鸥"导弹,4 枚导弹在距目标 13 km 处发射,攻击被发现的 2 艘巡逻艇:一艘被击沉;另一艘在企图逃回港口时被炸飞。直升机用于反舰具有以下优点。

(1)从系统平台看,直升机具有良好的低空及超低空使用性,且不易暴露载舰的位置,十分有利于在战区隐蔽侦察、隐蔽攻击,从而有效弥补水面舰艇目标特征大、航速低、机动性差的不足。

(2)舰载直升机可利用其高速机动优势在其舰载防守武器所能覆盖的区域,实时对敌攻击并能迅速规避敌方反击,对作战效果进行评估和对战场情况继续进行观察和监视。

由于挂载反舰导弹的平台和固定翼不同,直升机机载反舰导弹呈现出以下特点。

(1)具有反舰导弹的共性,可在非常低的高度上掠海飞行,具备较高的突防能力。战斗部有半装甲型、聚能穿甲型和爆破型三种。半装甲型多重 100 ~ 250 kg,穿透舰体后在内部爆炸,有较大的破坏力。聚能穿甲型战斗部重 500 ~ 1 000 kg,可穿透大型战舰的后装甲。爆破型战斗部适合攻击合体较薄的小型舰艇。

(2)相比其他机载反舰导弹,直升机机载反舰导弹具有射程短、末端冲击小、质量小等特点。直升机可挂载质量小,一些反舰导弹如麦克唐纳·道格拉斯公司的 AGM – 84"鱼叉"和法国航宇公司的 MM39/MM40"飞鱼"虽然性能好,但是质量太大。如"飞鱼"重 870 kg,至少要 9 t 以上的直升机才适合使用(如欧洲直升机公司的 SA321"超黄蜂"),而"鱼叉"就从来没有从直升机上发射过。一般的舰载直升机只能发射较小型的反舰导弹,如 GKN 韦斯特兰公司的"山猫"直升机、卡曼公司的 SH – 2G"海妖"直升机、西科尔斯基公司的 SH – 60 直升机和欧洲直升机公司的 AS – 565"海豹"直升机。因此直升机反舰导弹在设计上不得不减小战斗部,发动机和制导系统的尺寸,由此相比于固定翼飞机携带的反舰导弹,其具有射程短、末端冲击小,无法重创大中型水面舰艇等缺点。此外,由于直升机防护能力低,容易受到攻击,为防止敌方舰空导弹的攻击,要尽量在敌方防区外发射。

(3)直升机机载反舰导弹一般采用中段制导 + 末制导方式。首先采用自主制导方式,独立地沿着预定的飞行轨迹运动,直至末制导开始工作为止。末制导分为主动式、被动式及半主动末制导,其中半主动末制导已很少采用。主动式末制导又可分为主动雷达末制导和激光末制导。被动式制导又可分为有电视末制导、红外末制导等。反舰导弹应用最多的是主动雷达末制导和红外末制导。同时,为提高抗干扰能力,也可多模复合寻的制导,以便综合多种模式的寻的装置的优点,通过数据融合,利用多种传感器的信息,提高寻的装置的智能,从而有效提高反舰导弹的作战能力。

(4)直升机机载反舰导弹大多为近程反舰导弹,使用固体火箭发动机作为动力装置,常采用半穿甲爆破型战斗部。

(5)由于直升机的速度低,所以直升机机载反舰导弹必须要有火箭助推器。火箭助推器可以使导弹很快达到巡航速度,随后主发动机开始工作。通常,串联布置的火箭助推器工作完毕即抛掉。也有的助推器和主发动机为组合式结构,如"飞鱼"。

国外直升机机载反舰导弹的性能数据见表 1 – 4。

表 1-4　国外直升机机载反舰导弹的性能数据

型号	国家	制导方式	基本属性	航程/km	装备直升机
"赫尔猫"（Hellcat）	英国	光学跟踪和无线电指令制导	弹长 1 480 mm，弹径 190 mm，翼展 650 mm，弹重 68 kg	6.86	武装直升机"黄蜂"
AS.12	法国	目视瞄准、自动跟踪、有线指令半自动制导	弹长 1 870 mm，弹径 180 mm，翼展 650 mm，弹重 75 kg	6	"云雀"3、"山猫"（Lyxn）、"黄蜂"、"威赛克斯"、AB212 等
AS-15TT	法国	指令制导	弹长 2 300 mm，弹径 187 mm，翼展 564 mm，弹重 100 kg	15	"海豚""超美洲豹"直升机、沙特海军 AS-565"黑豹"
"飞鱼"AM38	法国	中段惯导 + 末端单脉冲主动雷达	弹长 5 200 mm，弹径 350 mm，翼展 1 100 mm，弹重 357 kg	56	"超美洲豹""超黄蜂"直升机、"海王"
AGM-114-2	美国	激光制导	弹长 1 550 mm，弹径 178 mm，翼展 730 mm，弹重 47.6 kg	8.5	海军 SH-60B"海鹰"反潜直升机和海军陆战队 AH-1W"超级眼镜蛇"
"企鹅"导弹	挪威	惯性 + 热成像末制导	弹长 3 060 mm 弹径 284 mm，翼展 1 420 mm，弹重 385 kg	55	海军 SH-60B、"海鹰"反潜直升机
CL-843"海鸥"	英国	程序控制 + 末段半主动 I 波段雷达制导	弹长 2 500 mm，弹径 280 mm，翼展 720 mm，弹重 145 kg	24	"大山猫"直升机
"火星"1 导弹 MK 1	意大利	捷联惯性导航	弹长 4 700 mm，弹径 206 mm，翼展 999 mm，弹重 300 kg	20	SH-3D 反潜直升机、NH-90、EH-101、"超山猫"、SH-2C"海妖"
"火星"2 导弹 MK 2	意大利	中段惯性制导 + 末端主动雷达	弹长 4 840 mm，弹径 316 mm，翼展 984 mm，弹重 340 kg	230	意大利 SH-3D，AB-212，AB-412

1.3.2.2　直升机机载反舰导弹分类

直升机发射的空舰导弹按射程可分为远程、中远程和中程三种。

(1)远程导弹最初是为固定翼飞机设计的,但也可以用于大型直升机上,如法国海军于1973 年 4 月在"超黄蜂"直升机上发射的首枚 AM – 39"飞鱼"导弹。1977 年 7 月,装备有AM – 39"飞鱼"空舰导弹的"超黄蜂"直升机开始在法国海军服役。印度海军也购买了"海鹰"导弹装备,即海王直升机。这类导弹重 650 ~ 750 kg,有效作战距离达 48 km,可摧毁最大战舰,但由于它们装有大量推进剂,致使尺寸很大,雷达散射截面很大,很容易被目标舰的反导弹防御敏感器探测到。吸气式液体发动机推进导弹的雷达散射截面问题更严重,因为这种导弹的进气道进一步增大了导弹的雷达散射截面。

(2)直升机机载中远程空对舰导弹,如美海军 SH – 60B"海鹰"直升机机载的"企鹅"导弹,该导弹重 380 kg,采用半穿甲弹头(重 120 kg,内含高爆药 50 kg),射程 32 km,导弹上装有惯性导航系统,目标数据由直升机上的 AN/APS – 124 雷达提供。导弹发射后,沿预编程序的航线掠海飞行,在离目标预定距离时,导弹采用红外末制导。由于该导弹采用无烟火箭助推器以及末端采用被动制导,因此具有较强的抗干扰能力,是世界上较先进的中远程直升机机载空舰导弹。

(3)直升机机载中程空对舰导弹。直升机机载中程空对舰导弹一般采用固体燃料推进剂,重 100 ~ 150 kg,射程 12 ~24 km,典型的中程海上直升机可携带 4 枚这种导弹(连同机载搜索雷达)。在海湾战争中,英国"大山猫"直升机发射的"海上大欧"导弹,沙特阿拉伯海军的 AS15TT"玛特拉"直升机发射的 SA365 型导弹都属于该类型。

直升机机载反舰导弹的末制导系统是其作战效果的决定性因素之一,根据使用的末制导技术可以将其分为以下四种类型。

(1)采用遥控制导的直升机机载反舰导弹。

采用遥控制导的直升机机载反舰导弹典型型号有英国的"赫尔猫"、法国的 AS12 和AS15TT 导弹。英国的赫尔猫是英国海军在 20 世纪 60 年代中期装备小型舰载"黄蜂"武装直升机的一种小型空舰导弹,用于攻击快速巡逻艇、水面潜艇、气垫船、运输船等,由肖特兄弟/哈兰德公司在 20 世纪 50 年代中期研制、20 世纪 60 年代初期服役的舰空导弹——"海猫"(Seacat)基础上改进而来。韦斯特兰(Westland)公司于 20 世纪 60 年代中期交付英国海军使用的"黄蜂"舰载武装直升机,并将其命名为"赫尔猫"(Hellcat),意即"直升机发射的猫"(HELicopter-Launched Cat)。该弹采用光学跟踪和无线电指令制导,属于第一代近距导弹,导弹由驾驶员或射手发射,借助直升机机载光学瞄准具搜索目标,选择导弹,使其对准目标方位,发射后通过瞄准具观察目标和导弹,操纵控制手柄使目标和导弹保持在瞄准具的瞄准线上,形成的制导指令信号通过无线电通信线路传送给导弹,将导弹引向目标。此外,该弹还装备荷兰和新西兰海军的小型舰载反潜直升机。"赫尔猫"导弹发射出去后,需要射手同时观察目标和导弹,操作复杂。

AS12 采用目视瞄准、自动跟踪、有线指令半自动制导,飞行员只需目视瞄准目标,即保持瞄准具十字线对准目标,由机载红外探测器自动跟踪飞行中的导弹尾部的曳光管,一旦导弹偏离目标就产生相应的角偏差修正信号,并自动经控制导线传输给导弹,使其飞向该目标。由于该导弹使用光学瞄准装置探测目标和导弹,因此射程较短。虽然 AS12 是法国于 20 世纪 60 年代研制成功的一种小型空对舰/地导弹,但随着舰载防空武器射程的提高,显然 AS12 导弹 6 km 的作用距离已经不能保证直升机在敌方防空火力之外发射。于是在 20 世纪 70 年代中期,法国航空航天公司战术导弹分部计划在 AS12 导弹的基础上研制一种全天候、亚音速、直升机机载的轻型反舰导弹,这就是后来的 AS15TT。1981 年,AS15TT 进行首次飞行试验,1985 年开始装备部队。AS15TT 采用机载雷达搜索、无线电指令制导的方式,使得其射程增加到了 15 km。AS15TT 垂直面的制导主要由无线电高度表完成,其振荡器产生一种线形调频波,位于导弹下部的发射接收天线向海面辐射,然后接收反射的电磁波,经解调处理后可得出导弹的飞行高度。根据这一高度和装定的高度,控制系统使导弹处于一个基本恒定的高度进行超低空巡航飞行。水平面制导主要由雷达完成,导弹上的应答机可以使"阿格里昂"雷达按所需精度跟踪飞行中的导弹,测量导弹与目标的角偏差,形成制导信号。而导弹制导信号接收机用来接收雷达的制导信号,并发送给控制计算机,由控制计算机将制导信号放大和译码,变成被导弹尾翼执行的驾驶指令,保证导弹处在直升机目标垂直面内。

此种类型的反舰导弹,具有弹上设备简单的特点。

(2)采用雷达制导的直升机机载反舰导弹。

雷达制导多在直升机机载反舰导弹末段使用,根据照射源所在位置不同,可分为半主动雷达制导和主动雷达制导两种方式。其中末段使用半主动雷达制导的有英国的"海鸥"CL-843、法国的"飞鱼"AM38,使用主动雷达制导的有意大利的 MK2/S。

"飞鱼"AM38 导弹是法国宇航公司在其 MM38 舰舰导弹基础上研制的"飞鱼"反舰导弹系列中的新一代超低空掠海飞行的空舰导弹,装备直升机和固定翼飞机,攻击海上各种舰船目标。1972 年开始研制 MM38 机载型,名称和代号为"飞鱼"AM38,1973 年由"超黄蜂"直升机进行投放和发射试验,验证了其机载使用的可行性,并作为过渡型号于 1977 年 7 月进入现役。该弹采用中段惯导加末段主动雷达制导方式。导引头舱内装与 MM38 相同的、由法国达索电子公司研制的 ADAC 单脉冲主动雷达导引头,用于导弹的末制导。

意大利的 MK2/S 在末制导采用了更先进的 I 波段主动导引头,可以自适应搜索、并具有优异的识别和抗电子对抗的能力。该导弹的首次适用性试验于 2005 年 3 月进行,当时意大利海军的 AW101 直升机发射了带遥测战斗部的导弹。2006 年 10 月 2 日,第 3 颗火星 MK2/S 导弹由意大利海军 AW101 直升机发射后,命中了距发射点 30 km 外的驳船,标志着 MBDA 公司成功完成了为意大利海军研发反舰系统的任务。2007—2008 年,MBDA 公司向意大利海军交付了该导弹。

(3)采用被动红外制导的直升机机载反舰导弹。

"企鹅"3(Penguin 3)是挪威军事技术研究院与康斯伯格兵工厂在"企鹅"2 导弹的基础上发展的一种空舰导弹。其于 1973 年开始设计,1980 年开始全尺寸工程研制,1986 年定型生产,1989 年开始服役。该弹的制导系统采用惯导加被动红外末制导,末制导采用红外成像制导,主要是基于挪威海岸的作战条件而开发的,即由于海杂波干扰有可能产生雷达回波信号。此种末制导方式具有较强的抗电子、红外和假目标干扰能力。由于属于被动制导,其具有在全部或至少部分雷达寂静时进行反舰攻击的巨大潜能。该弹的导引头为视场可变的热成像被动红外导引头,有宽、窄两种视场,宽视场在远距搜索目标阶段使用,当导弹接近目标时转入跟踪锁定目标阶段,此时将导引头的宽视场转换为窄视场。该导引头采用了凝视焦平面阵列技术,不是跟踪目标热点,而是由目标与背景的对比度产生的制导信号跟踪目标,可以引导导弹飞向对比度变化最明显的水线附近攻击,以产生最大的破坏杀伤效果。"企鹅"3 空舰导弹基本上可以做到发射后不管,导弹很轻,价格只相当于"鱼叉"导弹的 1/4 左右。在实战中,"企鹅"3 即使因为战斗部威力较小不能直接击沉吨位较大的舰船,也能起到很好的骚扰和辅助攻击的效果。而且由于导弹体积小,目标小,拦截相对比较困难,如果攻击方能同时在多个方向发射多枚导弹,达到饱和攻击的密度,就能对敌方舰队构成很大威胁。美国海军购买的该型导弹主要装备在 SH‒60B"海鹰"直升机上。

(4)采用激光制导的反舰导弹

AGM‒114 型"海尔法"导弹原是洛克希德·马丁公司为美国陆军研制的一种激光制导反装甲导弹。1998 年,该公司在该弹的基础上开发出了全新的 AGM‒114‒2 型"海尔法"空舰导弹,用于装备海军 SH‒60B"海鹰"反潜直升机和海军陆战队 AH‒1W"超级眼镜蛇"武装直升机。美国陆军特种作战航空兵团的直升机在两次海湾战争中从美国军舰起飞,在夜战中用"海尔法"成功地命中了多艘小艇。最初计划采购"企鹅"导弹的土耳其海军现转而采用"海尔法"导弹。载机可以 2 s 的时间间隔连续发射多枚导弹,弹载激光制导系统可确保对攻击目标的精确跟踪,导弹飞抵最大射程所需时间为 39 s。

1.3.3　直升机机载反辐射导弹

直升机机载反辐射导弹(helicopter airborne anti-radiation missile)是指从直升机上发射,利用敌方雷达的电磁辐射进行导引,从而摧毁敌方雷达及其载体的导弹,属于空地导弹范畴,也叫反雷达导弹。

现代战场上雷达部署的广度和密度越来越大。据外军测算,一架战术飞机在作战地域上空 300 m 以上高度飞行时,会受到来自地面 800 ~ 900 部雷达的探测跟踪。以干扰、压制和摧毁敌方雷达为重要内容的电子战变得尤为重要。最好的办法就是采用"硬杀伤"手段,直接摧毁敌方的各种雷达。最早是美国在越南战争时期开始使用的,当时地面炮兵部队刚刚展开,雷达一开机就被美国的飞机发现了,美军很快就发射一种称为百舌鸟的反辐射导弹对地面雷达进行攻击,命中精度非常高。越方开始搞不清楚美军使用的是什么先进武器,后来发现它专门攻击处于开机状态的雷达,所以就采取一些对抗措施,比如经常转移阵地,雷达时开时停等,这些措施很有效,使百舌鸟导弹的命中精度大为降低。目前,美国海军反辐射导弹已发展了三代,第三代是哈姆和默虹。哈姆导弹在现代战争中应用较多,默虹导弹在海湾战争中首次使用。

目前的反辐射导弹都是重型和中型的,庞大的体积和质量导致直升机根本不可能使用这些弹药。同时,这些大型反辐射导弹先进的性能背后是高昂的价格。反辐射导弹价格昂贵,例如,每枚哈姆的成本超过 30 万美元。这些高价值弹药一般都用于攻击远程或中程范围内的大、中型高价值目标,如远程大型预警雷达系统或重型远程防空导弹的预警、火控雷达系统。用如此昂贵的大型反辐射导弹去攻击近程野战防空系统或轻型高炮的炮瞄雷达，显然是极大的浪费。因此研制一种价格低、性能够用，可以由直升机携带的轻型反辐射导弹势在必然。

目前在直升机上得到应用的直升机机载反辐射导弹只有美国的 AGM – 122A"佩剑"、ADSM"防空压制导弹"以及苏联的 Kh – 25MP 反辐射导弹。

AGM – 122A"佩剑"是美国陆军和海军陆战队的近程自卫反雷达导弹，用 AIM – 9C"响尾蛇"导弹改装而成，将原来的半主动雷达导引头改换为宽频带被动雷达接收机。该弹主要装备直升机和攻击机，用来攻击高炮炮瞄雷达和近程地对空导弹制导雷达，也可以超低空发射，发射后先按预定程序爬升到较高高度捕获目标，这使载机可以利用地形掩护进行攻击。作战使用时，先由载机的雷达报警接收机指示威胁雷达的位置，然后由驾驶员操纵飞机，使视场较窄的导引头对准目标。一旦导引头锁定目标，就在驾驶员平视显示器上显示"锁定"符号，同时发出音响信号提示驾驶员发射导弹。该弹可以超低空发射，发射后按预编程序爬升并捕获目标，这使载机可充分利用地形掩护进行"跃升"式攻击。

防空压制导弹（ADSM）是直升机机载"毒刺"ATAS 的改型，主要装备 OH – 58C、OH – 58D 空中侦察兵、OH – 60 黑鹰、AH – 1S 眼镜蛇、AH – 64A 阿帕奇、AH – 1W 超级眼镜蛇、山猫。其射程大于 4 km，超音速，弹长 1.77 m，弹径 70 mm，尾翼展 91.4 mm，发射质量 15.8 kg；制导方式为被动射频/红外复合制导，比例导引；战斗部为高爆破片杀伤战斗部，质量 4.76 kg；动力装置为固体火箭助推器和固体主发动机。ADSM 主要用于攻击机载雷达和地面火控雷达。驾驶员通过"＋"瞄准具或前方显示器的控制面板捕获目标。瞄准后，按下选择射击控制按钮，使选定的导弹通电、通气。在导引头瞄准和跟踪目标后，发出信号，驾驶员发射导弹。

轻型高速反辐射导弹将使直升机拥有一种属于自己的、可靠的反雷达作战能力，提高其综合作战能力。随着对低空、超低空飞行的直升机产生严重威胁的机动性强、性能先进的中、近程野战防空系统在各个国家的大量装备，以及直升机不再局限于先由固定翼作战飞机携带反辐射导弹摧毁、压制敌方雷达系统，然后直升机等跟进的传统作战模式的转变，发展适合直升机机载的轻型反辐射导弹已经成为大势所趋。

1.3.4 直升机机载空空导弹

直升机机载空空导弹（helicopter airborne air – air missile）是由直升机携带、发射，用于攻击空中目标的导弹。直升机空空导弹与空地导弹、地空导弹相比，具有反应快、机动性能好、尺寸小、质量小、使用灵活方便等特点。与航空机关炮相比，其具有射程远、命中精度高、威力大的优点。现代战争争夺制空权已由高空、中空转向低空、超低空。直升机能穿插在山谷丛林之间，起伏于建筑物之上做低空和超低空飞行，是夺取超低空制空权最有效的武器平台，而直升机机载空空导弹是直升机空战重要的武器。从 20 世纪 70 年代开始，美、苏、英、法、南非等许多国家开始大力发展和研制武装直升机用空空导弹。

1.3.4.1 直升机机载空空导弹特点

与航炮相比，空空导弹具有允许发射区大、离轴性能好、命中精度高等优势，是武装直升机空战的主要武器。根据武装直升机空战的特点，直升机机载空空导弹具有以下特点。

(1)攻击的主要目标为各类直升机,并且能攻击超低空飞行的固定翼飞机和无人飞行器。

(2)在全向攻击的基础上,突出导弹的近距格斗性能。

(3)具有发射后不管能力。

(4)适用于贴地高度使用,具有较强的抗背景干扰能力。

(5)适于零速发射。

(6)在体积小、质量小的前提下,尽量提高导弹的动力射程。

(7)导弹使用维护简单,挂机适应性强。

1.3.4.2　直升机机载空空导弹分类

武装直升机是陆军实施战场空中攻击和夺取超低空制空权的主要力量,20 世纪 70 年代以来,美、苏、英、法、南非等国一直在大力发展武装直升机机载空空导弹。武装直升机挂载的空空导弹主要有以下几种发展途径。

1. 直接采用固定翼飞机机载空空导弹

最早装备在直升机上的空空导弹是从固定翼飞机上直接移植过来的,具体见表 1 - 5。美国海军陆战队最早在 AH - 1W 上装备了 2 枚 AIM - 9L"响尾蛇"导弹来对付固定翼机或战斗机的威胁。后来,俄罗斯的 MI - 24"雌鹿"攻击直升机上也装备有 AA - 8(R - 60"蚜虫")、AA - 6 空空导弹,卡 - 50 和 MI - 28 直升机上装备有 AA - 11(R - 73)空空导弹。此外,法国、南非也在其武装直升机上挂载空空导弹,如法国的 R - 550"魔术"1,2 导弹和南非的 V3B 空空导弹。

这类导弹均采用红外制导,导轨式发射,体积和质量大,但战斗部具有较强的目标摧毁能力,易于攻击红外特征明显的武装直升机。由于这些空空导弹的质量较大,会增加直升机的空气阻力,因此还要减少燃油和其他武器的携带数量。显然,武装直升机采用这种空空导弹只是权宜之计。这一代的红外制导导弹可以在近距离内全向攻击机动能力大的目标。

表 1 - 5　可用于直升机空战的固定翼空空导弹性能一览表

导弹型号	射程/m	马赫数	制导方式
AIM - 9"响尾蛇"	500 ~ 15 000	2.5	红外
AA - 8(R - 60)	500 ~ 5 000	2.5	红外
AA - 11(R - 73)	500 ~ 8 000	3.0	红外
V3B	300 ~ 4 000	2.5	红外
R - 550"魔术"1	500 ~ 6 000	3	红外
R - 550"魔术"2	500 ~ 10 000	3	多元红外

2. 从便携式防空导弹移植而来

国外武装直升机上挂载的多数空空导弹是由便携式防空导弹改装的,具体见表 1 - 6。

这类导弹主要有美国的 FIM－92A 毒刺、瑞典的 RBS70、英国的吹管和星光、俄罗斯的针系列（SA－16 和 SA－18）和箭系列（SA－7 和 SA－14）。FIM－92A 是西方国家直升机上使用最广泛的空战导弹，由雷声公司生产，其中空空型毒刺（ATAS）于 1978 年开始研制，用于攻击低空或超低空飞行的固定翼飞机和直升机，1988 年进入美国陆军直升机部队服役，1989—1990 年开始在 AH－64A 阿帕奇武装直升机上试验，1991 年完成飞行试验。该导弹采用筒式发射，其气动外形为鸭式布局。FIM－92（ATAS）装备在美国陆军的 OH－58C/D、UH－60A、AH－64A、AH－64D，德国的 Bo－105 以及意大利的 A129 武装直升机上。

表 1－6　可用于直升机空战的便携式防空导弹性能一览表

导弹型号	射程/m	马赫数	制导方式
"吹管"	300～4 800	1.5	瞄准线半自动控制（无线电指令）
"星光"S14	300～7 000	4	激光驾束
FIM－92"毒刺"	300～4 000	1.75	红外
"箭"（SA－7）	300～5 000	1.25	红外
"箭"－3（SA－14）	300～4 000	1.75	红外
SA－16	300～5 200	2.5	红外

星光（Starstreak）空空导弹（ATAM）是英国肖特导弹系统公司研制的装备武装直升机的激光型空空型导弹，它是筒式发射、目视跟踪、指令制导新型通用导弹，结构独特，全弹由发射筒和导弹组成。星光空空导弹主要用于装备英国陆军购买的 WAH－64 阿帕奇直升机，它主要根据 AH－64 直升机的作战性能研制。星光导弹也能用于 AH－1 系列、RAH－66、A129、虎式及 Gazelle 武装直升机。

这类导弹采用筒式发射，体积小，质量小，战斗部小，便于武装直升机使用，而且直升机可携带多枚这样的空空导弹。使用便携式地空导弹的研制风险度较低，但这种导弹迎头攻击距离小，机动能力和飞行速度较低，其战斗部对有良好装甲保护的武装直升机的攻击效果较差，并且机弹相容也是亟待解决的问题。因此，必须根据武装直升机及其空战的特点研制武装直升机专用空空格斗导弹。

3. 利用直升机机载反坦克导弹

据报道，两伊战争期间，直升机机载的反坦克导弹曾用于空中作战，并且击落了多架地方的直升机。目前，这类反坦克导弹（表 1－7）主要有美国的海尔法，俄罗斯的 AT－7、AT－9，南非的 ZT－3，这些导弹大多采用激光制导，对空战的适应性不强。1989 年 9 月，美国陆军与洛克韦尔公司签订了评价"海尔法"半主动激光制导导弹的空空作战能力的合同。1990 年夏天，美国陆军在杂波条件和蓝天背景下对在 183 m 高度以 111 km/h 速度飞行的固定翼靶机进行了打靶试验，并获得成功。改型后的"海尔法"导弹，采用新型近炸引信，预制破片式战斗部和提高机动性，使可用过载在马赫数为 1.7 时达 13g。但是，这种导弹在捕获目标、瞄准、制导、引信和战斗部的性能等方面，总是不如专用的空空导弹。

表 1-7　可用于空战的直升机机载反坦克导弹性能一览表

导弹型号	射程/m	速度/(m/s)	制导方式
AT-3	300~3 000	120	瞄准线半自动控制(线控)
霍特-2	400~4 000	280	瞄准线半自动控制(线控)
陶式 2B	500~6 000	280	瞄准线半自动控制(线控)
AT-6	500~6 000	280	瞄准线半自动控制(射频)
AT-9	500~8 000	280	激光驾束
海尔法	500~7 000	280	激光
长工海尔法	500~10 000	280	微波雷达
崔格特	500~6 000	280	激光
褐雨燕 ZT-3	500~4 000	280	激光驾束

4. 专门为直升机研制的机载空空导弹

由于用现有的导弹改装直升机用空空导弹都存在这样或那样难以处理的问题,因此,按照武装直升机空战特点研制专用空空导弹就成为必然。在直升机空战能力上处于世界领先地位的法国从 1986 年开始就授权马特拉公司发展直升机专用的"西北风"空空导弹,该弹主要用于拦截超低空、低空的直升机和其他高速飞机。从 1992 年开始,法国就开始为其 30 架"小羚羊"护卫型武装直升机装备该型导弹。1997 年下半年开始装备 75 架"虎"HAP 直升机。这种导弹与美国的空射型"毒刺"导弹相比,其质量增加了一倍,但最大飞行速度还增加了将近 1 马赫数("西北风"速度为 2.5 马赫数,而"毒刺"速度则只有 1.7 马赫数),这样就大大地缩短了目标直升机进行规避的反应时间。机上的武器系统操作员在使用"西北风"执行空战任务时,只需要将目标的方位输入导弹的导引头即可自动调整至目标的方向,而直升机则无须改变航向。同时,弹载的目标寻的头也更为先进,其抗干扰能力是"毒刺"导弹的 4 倍,这样就更有利于锁定混杂在各种复杂回波信号当中的低空飞行直升机。而相对于充当空空导弹使用的"陶"式导弹和"标枪"导弹来说,"西北风"的"发射后不管"能力使直升机不必再等到导弹命中目标之后才能离开。直升机在发射完导弹之后即可迅速脱离发射站位,回到隐蔽地形当中,大大地降低了被敌方炮火摧毁的概率。

空空型"西北风"导弹系统将由两个挂在直升机短翼上的双联装导弹吊舱以及装在机身内的电子设备组成。每个吊舱内装有一个氧气瓶,可将导弹的红外导引头冷却到 -200 ℃。

1.3.5　直升机机载制导火箭弹

直升机飞行升限低,且航速不高,通常不挂装制导炸弹,其对地攻击的武器除空地导弹外,还有火箭弹这一面打击工具。由于直升机挂装的火发器具有齐射、连发等能力,可形成强大的密集火力,有力支援地面部队的作战行动,因此其仍是未来一段时间内直升机对地攻击的主要武器类型之一。但是,由于没有采用制导技术,这些火箭弹命中精度普遍低,难以有效打击点目标,大多数情况下只能作为面杀伤武器使用。随着作战需求的提高,目前直升机机载火箭弹在制导方面都有了很大的改进,其主要可用于对地快速火力压制与支援、杀伤轻型装甲车辆与人员等弱防护目标。

1.3.5.1 直升机机载制导火箭弹的特点

直升机机载制导火箭弹是指加装了制导组件的火箭弹,是一种低成本的精确制导武器,它是为了满足武装直升机有效地打击地面轻型装甲目标作战需要,随着 20 世纪 90 年代以来精确制导武器的日益风行而自然发展起来的。为降低技术风险、加快研制进度和减少生产成本,目前的制导火箭弹均以改造相应口径的非制导火箭弹为主。该种武器具有以下特点。

(1)与火箭弹相比,制导精度高、射程远。通常在 5～6 km 的有效射程内,制导火箭弹的圆概率误差(CEP)小于 2 m,甚至达到 1 m,且与射程无关。武装直升机使用多管发射器发射火箭弹时威力惊人,能形成强大的密集火力,有力支援地面部队的作战行动。如 AH－64 阿帕奇直升机上发射的"九头蛇"－70 火箭弹在其最大射程处(6 000 m)的圆概率误差高达 100 m,如此低的命中精度,将会带来很大的附带破坏,在人群密集地区中很容易造成误伤。而加装了制导组件的 APKWS 火箭弹,圆概率误差约为 1 m。此外,为了提高武装直升机防区外发射武器的能力,在保证命中精度的情况下,制导火箭弹通常的有效射程为 5～6 km,而对于火箭弹而言,为了保证一定的射击准确度和密集度,一般的实际作战使用距离只有 2 km 左右。

(2)射击方式以单发射击为主,或以 1 s 至数秒的时间间隔连续射击,不采用常规航空火箭弹的整巢齐射方式。

(3)与反坦克导弹相比,价格低,作战效费比高。制导火箭弹的生产目标价位为 8 000 美元/枚。在未来高技术条件下,局部战争、反恐怖战争和特种作战中,武装直升机的作战对象主要是掩体、卡车、火炮阵地等非装甲点目标。每枚"海尔法"导弹的造价超过 5 万美元,对卡车等这些非"硬"点目标使用"海尔法"显然非常不划算。航空火箭弹虽然是一种经济实用的武器,如半主动激光制导火箭杀爆弹低于 1 000 美元/枚,但在使用中为了达到一定的毁伤效果,一般都要采用齐射的方式。例如若想击毁 2 km 外的一辆卡车,如果使用 2 个 7 管发射器齐射,14 枚火箭弹也不能保证一定摧毁目标,但此时的花费却已经达到了 14 000 美元,而且还没有考虑载机安全问题。而 APKWS 制导火箭弹的批生产价格预计为 8 000 美元/枚,使用制导火箭弹 2 枚,就可以确保摧毁目标。因此,从完成作战使命的效费比来考虑,制导航空火箭弹是一种效费比很高的武器。

(4)直升机机载发射平台、挂装设备大多无须改变,使用简单。为缩短研制周期,节约成本,制导火箭弹大多是通过给现有的火箭弹加装制导组件而成的,对现有火箭弹的战斗部、引信、火箭发动机都没有影响,这就使得制导火箭弹可在战地和前线维修站就地组装。且为了使用、挂装方便,发射平台、挂装设备通常无须改变,因此对射手培训的要求最低;与现役火箭弹一样,没有维护要求。如 APKWS 沿用"九头蛇"的发动机、引信及战斗部以及直升机上的原发射器与火控系统,只在发动机和战斗部间增加了制导舱段。使用美国的"魔爪"制导组件且其兼容于现有机载和地面激光指示器,无须对发射平台做任何改变。

(5)制导技术多采用半主动激光制导技术。相对空地导弹、空空导弹等制导武器,制导火箭弹的研制较晚,其概念是由美军在 1996 年提出的,当时各种制导技术已趋于成熟,因此多采用半主动激光制导技术,通过导引头将目标与导弹闭环,修正弹道,达到精确打击的目的。如美国的 APKWS 制导火箭弹、美国的"魔爪"制导火箭弹、法国的 RPM 68 mm 制导火箭弹、乌克兰的直升机机载 AP-8L 制导火箭弹、波兰的 KPR-70 制导火箭弹。只有打击舰船目标的制导火箭弹采用红外成像技术。

通过以上的分析可以看出,制导火箭弹在命中精度上远超非制导火箭弹,且在成本上较反坦克导弹更具吸引力,因此已经引起许多国家重视,并快速迈向实用化,是一种重要的直升机机载武器。制导火箭弹填补了非制导火箭弹和反坦克导弹之间的能力空白,完善了武装直升机的火力体系,提高了其执行作战任务的灵活性。但需要说明的是,制导火箭弹的出现并不意味着非制导火箭弹的凋零。为满足遂行多种战斗任务的需要,武装直升机仍需要配备多种武器,美国陆军曾透露,未来即使 APKWS 大量投入装备,也不会完全停止"九头蛇"-70 的生产。因为对于空对地攻击任务而言,制导火箭弹、非制导火箭弹和反坦克导弹其实各有不可替代的优势。例如对付集群目标时,廉价的"九头蛇"-70 可以实现最高的效费比;对付分散的坦克等高价值点目标时,"海尔法"可以充分发挥其命中精度高的优点;而 APKWS 则兼具低成本和精确打击的特点,适合对付单兵、轻型装甲车等低价值点目标。

1.3.5.2　典型的直升机机载制导火箭弹

1.美国陆军 APKWS Ⅱ 制导火箭弹

APKWS(图 1-7)是 1996 年由美国陆军航空与导弹司令部在电子信息技术和精确制导技术的不断发展以及常规兵器制导化成为一种趋势的背景下提出的,由于项目进度和费用问题,2005 年初被终止。但同年 9 月,美国陆军又重新启动了该项目,并将其更名为APKWS Ⅱ。APKWS Ⅱ 是由英国 BAE 系统公司牵头研制的,由"九头蛇"-70 火箭弹加装半主动激光制导组件而成。制导组件称为"分布式孔径半主动激光导引头",位于火箭弹中部,即战斗部和发动机之间。这种布局对战斗部及引信没有任何影响,允许 APKWS Ⅱ 配用"九头蛇"-70 几乎所有类型的战斗部,但缺点是导引头无法提前锁定目标,因为火箭弹发射后才会弹出鸭式舵。激光导引头的光学采集装置均匀分布在 4 个鸭式舵的前缘,可确保寻的头获得宽阔的视场、可靠地接收从目标反射回来的激光信号,并可减少制导中断的可能性。按设计,APKWS Ⅱ 发射质量为 17 kg,最大飞行速度为 1 500 m/s,射程为 1.5～5.5 km,最大射程上的圆概率误差为 1～2 m。这种制导火箭弹将装备美国陆军、海军和海军陆战队的直升机,包括 AH-64、AH-1W、UH-1、OH-58,以击中水面目标和空中低速目标。在作战使用时,APKWS Ⅱ 可由 M200 型 19 管发射器或 M261 型 19 管发射器以单发或齐射方式发射。操作人员从空中或地面利用制式激光测距机/目标指示器为其照射目标,惯性控制系统使其进入预定瞄准点。当火箭弹角速度从 40 周/秒下降到 1～2 周/秒时,寻的头开始工作。

2.美国海军低成本制导成像火箭弹(low-cost guided imaging rocket,LOGIR)

美国海军也利用制导装置改造"九头蛇"-70,即 LOGIR,这种火箭弹没有采用半主动激光制导,而是利用红外成像导引头提供中段和末段制导,因此具有"发射后不管的能力",适于对付有多艘小型舰艇发动的所谓"蜂群式"攻击。LOGIR 承载平台包括 SH-60"海鹰"饭前直升机和 AH-1Z"超级眼镜蛇"等直升机。这些平台以吊舱方式携带数枚 LOGIR,一次出动可以打击多个目标。

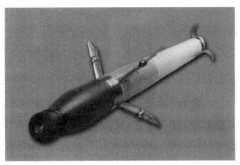 

(a)APKWSⅡ制导火箭弹   (b)APKWSⅡ制导火箭弹的制导模块

图1－7 APKWSⅡ制导航空火箭弹

3. 俄罗斯"威胁"系列制导火箭弹

"威胁"系列制导航空火箭弹是俄罗斯 AMETEX 公司应用"俄罗斯脉冲修正概念"（RCIC）技术改造的,包括 S－5Kor(57 mm)、S－8Kor(80 mm)、S－13Kor(120 mm)等型号。后缀 Kor 代表"弹道修正",表示这类火箭弹的弹道在发射后将被某种制导系统影响。在西方国家的报道中,Kor 由 L 取代,如 S－13Kor 变成 S－13L,因为 L 是英文 laser(激光)一词的大写首字母。

"威胁"系列制导航空火箭弹的改装是在俄罗斯系列航空火箭弹的基础上,通过加装被动的或激光半主动末制导系统实现的。改装工作还包括给火箭弹加装一个可分离的前部舱段和可张开的用于飞行稳定的尾翼。激光半主动末制导系统可以保证摧毁实战中的各类目标,作为目标指示的激光照射只在命中前 1 s 多开始,可以由本机、他机或地面照射。火箭弹弹道的修正是依靠装在弹体后部的小型脉冲火箭发动机完成的。

"威胁"系列制导航空火箭弹对 2.5~8 km 的目标的摧毁是有保证的,其圆概率误差为 0.8~1.8 m。装备了这种火箭弹的固定翼飞机和武装直升机与只装备同型非制导火箭弹的飞机相比,效费比可提高 3~4 倍。

"威胁"系列制导航空火箭弹将对直升机机体、发射装置的改动要求降到最低,这与装备其他精确制导弹药形成了鲜明的对比。对现役的非制导航空火箭弹的改装可以使用移动车间,直接在部队或维修基地(包括在俄罗斯领土之外)进行。

4. 法国 RPM 68 mm 制导火箭弹

RPM 68 mm 制导火箭弹采用激光半主动制导,是法国为满足虎式直升机的作战需要,TDA 公司在原有 68 mm 非制导火箭弹的基础上改进得到的,其性能与 BAE 系统公司为美军研制的先进精确杀伤武器系统(APKWS)相当,圆概率误差为 1 m。与非制导 68 mm 火箭弹相比,RPM 制导火箭弹将新增 5 个部件,即弹体前段制导组件、弹体后段制导组件、导引头、电子模块和控制舵。弹重为 8.8 kg,从直升机平台发射时的最大射程为 6.1 km,能够打击以 61 km/h 的速度行驶的运动目标。

5. 乌克兰 AR-8L 制导火箭弹

2004 年年底,乌克兰国立基铺 Luch 设计局开始研制直升机机载 AR-8L 制导火箭弹。AR-8L 制导火箭弹基于 AR-8 非制导火箭弹,保留火箭发动机,但弹体前段采用了全新的设计,包括激光导引头和带有两片弹出式气动舵的控制装置。AR-8 非制导火箭弹长 1.586 m,全弹重 12.7 kg,战斗部重 4.7 kg,可选用高爆或聚能破甲战斗部。AR-8L 火箭弹长 1.725 m,全弹重 14.7 kg,战斗部重 4.3kg,略有减小,目的是补偿增加新硬件而导致的全弹质量增加,也可选用与 AR-8 相同的战斗部。与 AR-8 相比,虽然 AR-8L 的聚能破甲战斗部质量减小了,但由于设计得到了改进,两者对付轧制均质装甲目标的破甲威力相当,均为 400 mm。与国外研制的同类制导火箭弹相比,AR-8L 的有效射程近得多,仅为 1.2 ~ 2.5 km,对付坦克或装甲车辆的命中概率也只有 70% ~ 80%。

6. 波兰 KPR-70 制导火箭弹

KPR-70 制导火箭弹是波兰 ZM Mesko 在 NLPR-70 式 70 mm 非制导航空火箭弹基础上研发的的制导变型产品,合作伙伴包括北欧弹药公司、康斯堡公司、Bumar 公司、波兰空军技术研究院和波兰 WAT 军事技术学院的 Quantum 技术团队。KPR-70 制导火箭弹的制导系统设计基于康斯堡公司为 70 mm 制导航空火箭弹研发的制导系统。该型火箭弹长 1.6 m(NLPR-70 式 70 mm 非制导航空火箭弹长 1.36 m),预计质量 14 kg,其中战斗部质量为 6 kg,制导组件质量为 2.3 kg。NLPR-70 式 70 mm 非制导航空火箭弹射程约 2 km。由于制导系统使得火箭弹在发动机燃尽之后能够更好地利用其弹道,KPR-70 制导火箭弹的射程将超过 NLPR-70 式 70 mm 非制导航空火箭弹。KPR-70 制导火箭弹可被多种平台使用,包括直升机、地面轻型车辆,甚至是遥控武器站。ZM Mesko 公司已经与空军技术研究院联合研制出了新型 WW-15 型 70 mm 火箭弹发射器,可携载 15 枚火箭弹,已经安装在 W-3W 多用途中型直升机及其改进型 W-3PL 上进行了试验。ZM Mesko 公司还在同 OBR SM 军品研发公司联合研制了 SWPR-70 轻型多用途火箭弹发射系统,以及用于遥控武器站的两联装或四联装发射器。

国外典型制导火箭弹的性能数据见表 1-8。

表 1-8 国外典型制导火箭弹的性能数据

名称	国家	最大射程/km	最小射程/km	精度/m	质量/kg	弹长/mm	制导方式
APKWS Ⅱ	美国	5.5	1.5	2	16	1 800	半主动激光制导
STAR	以色列	6	1	1	14	1 600	半主动激光制导
SYROCOT	法国	3 ~ 6	1	1 ~ 10	13.6	1 900	半主动激光制导和 GPS 制导
CRV7-PG	挪威/加拿大	15	2	3	16	1 600	半主动激光、红外或被动雷达
AR-8L	乌克兰	2.5	1.2	2	14.7	1 725	激光半主动末制导
S-KOR 系列	俄罗斯	8	2.5	1.2	16.7	1 700	激光半主动末制导

直升机制导火箭弹具有成本低、精度高、附带毁伤小的特点,可有效弥补非制导火箭弹

和反坦克导弹之间的火力空缺,完善武装直升机的火力体系,提高其执行任务的灵活性。

1.4 无人机机载导(炸)的弹类型及发展现状

无人机具有机动灵活、续航时间长和零伤亡的特点,独特的作战优势使其在战场所执行的任务类型从单纯的战场侦察扩展到通信中继、电子干扰、精确打击等任务,所挂载的机载武器也在不断催生。无人机所执行的作战任务决定其挂载武器的类型。目前无人机执行的打击任务主要是对地攻击,其所挂载的武器类型主要是空地导弹、制导炸弹。

1.4.1 无人机机载空地导弹

无人机机载空地导弹是指从无人机平台上发射的导弹,是无人机实施对地打击的主要武器。由于现役无人机平台的限制,目前装备无人机的空地导弹具有质量小、精度高、威力大等特点。随着无人机武装化需求的提升,无人机机载空地导弹得到了快速发展,目前典型的无人机机载空地导弹及性能参数如表1-9所示。

表1-9 无人机机载空地导弹性能数据

型号	国家	研制年份	研制来源	制导方式	基本属性	战斗部	射程/km	装备无人机
AGM-114R "海尔法"	美国	2008	AGM-114	激光半主动制导	弹长1 626 mm,弹径178 mm,弹重49.4 kg	串联聚能破甲	9	MQ-1"捕食者"
AGM-114N "海尔法"	美国	2002	AGM-114	激光半主动制导	弹长1 626 mm,弹径178 mm,弹重45.4 kg	热压战斗部	8	MQ-9"死神"
AGM-114P "海尔法"	美国	2005	AGM-114	激光半主动制导	弹长1 626 mm,弹径178 mm,弹重45.7 kg	串联聚能破甲	9	MQ-9"死神"、MQ-1"捕食者"、"赫尔墨斯"450
FGM-148 空射型"标枪"	美国	1989	FGM-118	红外成像	弹长1 081 mm,弹径126.9 mm,弹重11.8 kg	串联成型装药	2.5	MQ-1"捕食者"
Spike "销钉"	美国	2004	长钉	惯性+电视	弹长635 mm,弹径57 mm,弹重2.4 kg	破片	3.2	"哨兵"
LAHAT "拉哈特"	以色列	1995	—	激光半主动制导	弹长975 mm,弹径120 mm,弹重12.5 kg	穿甲	13	"苍鹭"TP

表 1 - 9(续)

型号	国家	研制年份	研制来源	制导方式	基本属性	战斗部	射程/km	装备无人机
"硫磺石"	英国	1996	AGM - 114F	毫米波/激光 + 毫米波	弹长 1 800 mm,弹径 178 mm,弹重 49 kg	串联高爆	20	MQ - 9 "死神"、"收割者"
Griffin "格里芬"	美国	2006	RATS	GPS /INS + 激光半主动制导	弹长 1 090 mm,弹径 140 mm,弹重 15.6kg	高爆/破片	15.6	RQ - 7B "影子"、MQ - 1、MQ - 5B、MQ - 9、RQ - 7B
JAGM "联合空对地导弹"	美国	2008	AGM - 114、AGM - 65、BGM - 71	红外成像/毫米波/半主动激光	弹长 1 780 mm,弹径 178 mm,弹重 49 kg	聚能/破片	28	—
LMM "欧洲燕"	英国	2007	"星爆"、"星光"	激光驾束/GPS/INS + 红外/激光半主动	弹长 1 300 mm,弹径 76 mm,弹重 13 kg	聚能装药 + 破片	6 ~ 8	Camcopter S - 100"守望者"
Impi "班图武士"	南非	2010	"黑曼巴"、"猎豹"、"矛"	激光半主动 + INS	弹长 1 400 m,弹径 150 mm,弹重 25 kg	多模战斗部	10	"搜索者"400
Gladius 小型空地导弹	欧洲	2012	Vigilus	GPS + 可见光/近红外和激光半主动	弹长 800 mm,弹径 80 mm,弹重 7 kg	多模战斗部	30	—

通过对表 1 - 9 进行分析可知,随着无人机的大量装备及使用,无人机机载空地武器得到了美国、英国、以色列等世界强国的高度重视,发展很快。无人机机载空地导弹发展历程具有以下特点。

(1)通过对现有直升机机载导弹进行适应性改造、改进或新研发射装置实现。典型代表为 AGM - 114R、AGM - 114N、AGM - 114P"海尔法"系列导弹,硫磺石空地导弹等。AGM - 114P 是在直升机机载反坦克导弹 AGM - 114 的基础上针对高空无人机,特别是 MQ - 1/MQ - 9 无人机而开发的。该导弹的主要特点是:激光半主动导引头视场由 8°增加到 90°,扩大了搜索范围;改进了陀螺仪和导引软件,使其可以大离轴角作战;具备在 6 000 ~ 7 500 m 高度发射的能力,增加了发射高度,满足"捕食者"无人机发射前不降高度的要求;具备适应较低温度(- 35 ℃)的能力。"捕食者"无人机挂载该导弹后能在 30 s 内完成对既定目标的攻击。此外,针对察打一体无人机作战使用中面临的攻击多种类目标的需求,在

AGM－114P 的基础上通过更换热压战斗部及可变延期激光引信形成 AGM－114N,用来攻击密闭、半密闭空间及有生力量类目标。2008 年为了提高无人机机载导弹离轴作战能力,更加有效地对付稍纵即逝的"机会目标",开始研制 AGM－114R 空地导弹,该型导弹不限制无人机发射的飞行高度,采用 IMU 惯性中制导加半主动激光末制导,具有弹道在线编程能力,可全方位发射使用,具有更强的作战能力,同时采用威力可调多功能战斗部用于攻击多种目标。

LMM(lightweight multi-role mission)导弹是英国泰勒斯公司为满足英国对未来空面制导武器轻型弹药需求在"星光"便携式防空导弹基础上研制的一种小型低成本制导武器,可挂载在奥地利 Scheibel 公司的 Camcopter S－100 无人直升机,采用激光驾束制导方式,具有很高的命中精度。南非 2010 年研制的"班图武士"(Impi)小型空地导弹在研制过程中也大量使用了现有的成熟导弹部件和技术,以缩短研制周期,降低研制成本。Impi 战斗部直接取自 ZT－35"猎豹"车载式反坦克导弹的 9 千克多用途战斗部;其导引头则来自 ZT－6"黑曼巴"重型反坦克导弹的半主动激光导引头;而导弹的数据链则是"矛"式舰空导弹的数据链。

(2)无人机机载专用空地导弹的研制。考虑到对已有成熟的空地导弹进行改造所带来的作战效能差、效费比低的问题,各国也在相继启动无人机新型/专用空地导弹项目,如长钉、格里芬等。

无人机机载空地导弹主要具有以下特点。

(1)无人机机载空地导弹质量大多集中在 2 个区域,一是 50 kg 左右,二是 10 kg 左右。无人机机载空地导弹主要挂载于较大型无人机,可用于打击重装甲目标以及其他目标;而挂载 10 kg 级地空导弹的无人机则还可用于载重能力有限的小型战术无人机,用于攻击轻装甲或未加防护的软目标等。

(2)制导方式由单一向复合制导发展。早期的无人机机载空地导弹制导方式比较单一,常见的包括半主动激光制导、毫米波制导、红外成像制导。激光半主动制导由于价格相对低廉、技术成熟、命中精度高、适应无人机作战使用,仍然是无人机机载导弹的首选制导方式。为适应复杂多变的战场环境,后期研制的空地导弹制导方式趋于多模复合制导,充分利用各种制导方式的优点。制导方式从单一模式制导到复合制导再到与 GPS/INS 的复合制导。

(3)战斗部向模块化、复合化、多用途和多功能方向发展。早期的无人机机载空地导弹战斗部类型多,功能单一,包括串联聚能破甲、穿甲战斗部、高爆战斗部、串联高爆反装甲战斗部。后期,为适应无人机作战使用特点,实现一种战斗部对多种目标的打击,最大限度地发挥作战效能,战斗部向模块化、复合化、多用途和多功能方向发展。

1.4.2 无人机机载制导炸弹

20 世纪 60 年代起,国外对无人机机载制导炸弹关键技术开展了大量研究。1964 年,美国 MK81 非制导炸弹挂载于"火蜂"无人机进行投放试验,但由于当时无人机在目标定位、数据传输等方面尚存在不足,无人机投放航空炸弹并未达到实战水平。20 世纪八九十年代,普通炸弹通过加装制导控制组件对自身弹道进行修正使得其命中精度大幅提升,制导炸弹作为一种介于普通炸弹和导弹之间的机载弹药,具有附带毁伤能力弱、装备效费比高等特点,近年来越来越受到各国军方的青睐,成为无人机机载制导武器重点发展的方向之一,无人机机载制导炸弹具有以下特点。

(1)武器装备效费比低。由于导弹和大型制导炸弹的采购价格和使用成本都比较高,对于攻击人员和一般的无装甲车辆,其价格过高,而无人机和制导炸弹的结合能够以最低的消耗换取最大的杀伤力,从经济性角度看其应用前景远远优于现役的大型攻击系统。如"海尔法"导弹单价大约 8 万美元,而 1 枚 GBU – 12 制导炸弹价格仅为 1.9 万美元。

(2)附带毁伤能力弱。对于隐藏在人口密集区内的军事目标实施打击,若是使用导弹给予摧毁,其大威力的战斗部往往会破坏邻近的民用设施和伤害无辜平民,一次行动可能的附带毁伤远远超过对敌目标的破坏效果。而利用无人机搭载小型制导炸弹实施精确打击,既可对敌目标实施定点清除,又可避免毁伤其他民用设施,控制战争规模。

目前典型的无人机机载制导炸弹及性能参数如表 1 – 10 所示。

表 1 – 10　无人机机载制导炸弹性能数据

型号	国家	研制年份	研制来源	制导方式	基本属性	装备无人机
GBU – 12 "宝石路" Ⅱ 制导炸弹	美国	1975	MK82	激光制导	弹长 3330 mm,弹径 273 mm,弹重 227 kg	MQ – 9
GBU – 38 "联合直接攻击弹药"(JDAM)	美国	1997	MK82	惯性 + GPS 制导	弹长 2400 mm,弹径 270 mm,弹重 250 kg	MQ – 9
GBU – 49 增强型"宝石路" Ⅱ 制导炸弹	美国	2017	MK83	GPS/激光	弹长 3330 mm,弹径 273 mm,弹重 227 kg	MQ – 9
SDB"小直径炸弹"	美国	2001	—	惯性 + GPS 制导	弹长 1800 mm,弹径 190 mm,弹重 113 kg	—
Scalpel "手术刀"	美国	2006	增强型"宝石路" Ⅱ 型激光制导炸弹训练弹(E – LGTR)	GPS/INS/激光半主动制导	弹长 1900 mm,弹径 100 mm,弹重 45.5 kg	捕食者 C
Viper Strike"蝰蛇打击"	美国	2002	智能反坦克子弹药(BAT)	GPS/INS + 激光半主动制导	弹长 890 mm,弹径 140 mm,弹重 19.95 kg	MQ – 5B"猎人"
STM "小型战术弹药"	美国	2010	—	CPS /INS 中制导 + 激光半主动末制导的复合制导系统	弹长 550 mm,弹重 5.44 kg	RQ – 7"影子"、"眼镜蛇"

表 1-10(续)

型号	国家	研制年份	研制来源	制导方式	基本属性	装备无人机
SABER"军刀"	美国	2010	—	激光半主动/电视/红外	弹重 4.5 kg	
HATCHET"短柄斧"微型制导炸弹	美国	2012	—	GPS/INS + 激光半主动制导	弹长 600 mm,弹重 2.7 kg	MQ-9、MQ-1
ADM	美国	2010	L41 式 81 mm 迫击榴弹炮	GPS	弹重 3.6 kg	"虎鲨"
"影子鹰"	美国	2011	—	激光半主动制导	弹长 680 mm,弹径 69 mm,弹重 4.9 kg	RQ-7B"影子"200
Namrod	阿联酋	2011	—	复合制导/卫星/复合惯性制导/红外/电视	弹经 135 mm,弹重 27 kg	联合-40 无人机

从表 1-10 中分析可知,国外制导炸弹研制工作的主要目标是,提高发射后的自主能力和全天候打击能力,制导炸弹正在向 GPS/INS 加末端寻的复合制导及系列化方向发展。

它主要具有以下特点。

(1)直接将原先机载制导炸弹挂载在无人机上,这类炸弹一般质量较大,在 45 ~ 250 kg 之间,主要用于中大型无人机携带,如 GBU-12"宝石路"Ⅱ制导炸弹。

(2)根据无人机自身特点,对现有的弹药进行改造升级得到战术弹药;美军根据无人机挂载的需求,对质量分别为 227 kg 和 114 kg 的弹药进行了改造升级探索,其应用的先进技术使得在尺寸、体积和质量均明显减小的情况下威力并没有大幅地减小。如 GBU-49 增强型"宝石路"Ⅱ制导炸弹、GBU-38JDAM 制导炸弹、JADM 类型制导炸弹等;GBU-38 以美军原有的质量为 227 kg 的 MK82 普通炸弹为蓝本,在去掉尾翼的同时装载了 GPS/INS 制导系统及控制舵面构成的制导控制组件,而且应用了最新研制的新型引信和威力更大的爆破炸药。伊拉克战争中美军就将 6 枚此质量级别下的 JDAM 挂载在了 RQ-1B"捕食者"无人机上,对伊重要目标实施了精确打击。而 ADM 是通用动力公司军械与战术系统分部和美国陆军武器研究发展工作中心在 L41 式 81 mm 迫击炮榴弹基础上研发的一种小型 GPS 制导炸弹。"蝰蛇打击"(Viper Strike)制导炸弹是 2002 年诺斯罗普·格鲁曼在"智能反坦克"(BAT)子弹药基础上改成的,可装备到改进的"猎人"无人机上。该弹保留了"智能反坦克"子弹药的气动布局,用半主动激光导引头代替音响定位和红外感应导引头,可使其命中精度达 1 m;战斗部也换成了碰炸型高爆战斗部。目前,"蝰蛇打击"在激光半主动制导基础上增加了 GPS + INS 制导系统,利用滑翔可从防区外投放,最大射程可以达到 64 km,从而减小了原来必须在目标附近上空投放而容易被敌防空火力摧毁的风险。"手术刀"则是 2006 年洛克希德·马丁公司以增程型"宝石路"Ⅱ激光制导炸弹训练弹(E-LGTR)为基本框架开发的超小型制导炸弹,用以解决无人机在临近的空中支援和城市作战中减小附带毁伤的需求。与 E - LGTR 相比,该弹采用了比例机 - 电控制驱动的新型控制方式,并且加装的新型激光半主动导引头配备线性搜索器,具备在较复杂的气象条件下激光照射点稳定功能,此外还增加了 GPS/INS 独立制导方式,使精度从 E - LGTR 的 3 m 提高到了 2 m。

(3)从气动布局到制导控制方式等方面进行全新研制的小型战术弹药及短柄斧微型精确制导弹药。和战斗机相比,无人机受体积小的因素限制,其携载的弹药载荷也就相对逊色,所以在选取现有制导炸弹时质量级别成了一个制约条件。而小型制导炸弹可以增加无人机的载弹量,特别是大型无人机(如 MQ - 1 "捕食者"、MQ - 9 "收割者"等)一次携载的制导炸弹可以完成对多个目标的打击,从而有效提高作战效能。这类导弹质量一般在 50 kg 以下,如 SDB 小口径炸弹,"圣火"小型战术弹药、"军刀"系列炸弹、"短柄斧"微型制导炸弹、Namrod 等。

1.5　直升机/无人机机载武器制导系统要求

为了完成导弹的制导任务,对直升机/无人机机载武器制导系统有很多要求,最基本的要求是制导系统的制导精度、对目标的鉴别力、可靠性和抗干扰能力等几个方面。

1.5.1　制导精度

导弹与炮弹之间的差别在效果上看是导弹具有很高的命中概率,而其实质上的不同在于导弹是被控制的,所以制导精度是对制导系统的最基本也是最重要的要求。制导系统的精度通常用导弹的脱靶量表示。所谓脱靶量,是指导弹在制导过程中与目标间的最短距离。从误差性质看,造成导弹脱靶量的误差分为两种,一种是系统误差,另一种是随机误差。系统误差在所有导弹攻击目标过程中是固定不变的,因此,系统误差为脱靶量的常值分量;随机误差分量是一个随机量,其平均值等于零。

导弹的脱靶量允许值取决于很多因素,主要是给出的命中概率、导弹战斗部的质量和性质、目标的类型及其防御能力。目前,战术导弹的脱靶量可以达到几米,有的甚至可与目标相碰,战略导弹由于其战斗部威力大,目前的脱靶量可达到几十米。

为了使脱靶量小于允许值,就要提高制导系统的制导精度,也就是减小制导误差。下面从误差来源角度分析制导误差。从误差来源看,导弹制导系统的制导误差分为动态误差、起伏误差和仪器误差。

1.5.1.1　动态误差

动态误差主要是由于制导系统受到系统的惯性、导弹机动性能、引导规律的不完善以及目标的机动性等因素的影响,不能保证导弹按理想弹道飞行而引起的误差。例如,当目标机动时,由于制导系统的惯性,导弹的飞行方向不能立即随之改变,中间有一定的延迟,因而使导弹离开基准弹道,产生一定的偏差。

引导规律不完善所引起的误差,是指当所采用的引导方法完全正确地实现时所产生的误差,它是引导规律本身所固有的误差,是一种系统误差。

导弹的可用过载有限也会引起动态误差。在导弹飞行的被动段,飞行速度较低时或理想弹道弯曲度较大、导弹飞行较高时,可能会发生导弹的可用过载小于需用过载的情况,这时导弹只能沿可用过载决定的弹道飞行,会使实际弹道与理想弹道间出现偏差。

1.5.1.2 起伏误差

起伏误差是由于制导系统内部仪器或外部环境的随机干扰所引起的误差。随机起伏包括目标信号起伏、制导回路内部电子设备的噪声、敌方干扰、背景杂波、大气紊流等。当制导系统受到随机干扰时,制导回路中的控制信号便附加了干扰成分,导弹的运动便加上了干扰运动,使导弹偏离基准弹道,造成飞行偏差。

1.5.1.3 仪器误差

由于制造工艺不完善造成制导设备固有精度和工作稳定的局限性及制导系统维护不良等原因导致的制导误差,称为仪器误差。

仪器误差具有随时间变化很小或保持某个常值的特点,可以建立模型来分析它的影响。要保证和提高制导系统的制导精度,除了在设计、制造时应尽量减小各种误差外,还要对导弹的制导设备进行正确使用和精心维护,使制导系统保持最佳的工作性能。

1.5.2 作战反应时间

作战反应时间,指从发现目标到第一枚导弹发射所需的时间,一般来说应由防御的指挥、控制、通信和制导系统的性能决定。但对攻击活动目标的战术导弹,则主要由制导系统决定。当导弹系统的搜索探测设备对目标识别和进行威胁判定后,立即计算目标诸元并选定应射击的目标,制导系统便对被指定的目标进行跟踪,并转动发射设备、捕获目标、计算发射数据、执行发射操作等。制导系统执行上述操作所需要的时间称为作战反应时间。随着科学技术的发展,目标速度越来越快,由于难以实现在远距离上对低空目标的搜索、探测,因此,制导系统的反应时间必须尽量短。

1.5.3 对目标的鉴别力

如果要使导弹去攻击相邻几个目标中的某一个指定目标,导弹制导系统就必须具有较高的距离鉴别力和角度鉴别力。距离鉴别力是制导系统对同一方位上不同距离的两个目标的分辨能力,一般用能够分辨出的两个目标间的最短距离 Δr 表示;角度鉴别力是制导系统对同一距离上不同方位的两个目标的分辨能力,一般用能够分辨出的两个目标与控制点连线间的最小夹角 $\Delta \alpha$ 表示,如图 1-8 所示。

如果导弹的制导系统是基于接受目标本身辐射或者反射的信号进行控制的,那么鉴别力较高的制导系统就能从相邻的几个目标中分辨出指定的目标;如果制导系统对目标的鉴别力较低,就可能出现下面的情况。

(1)当某一目标辐射或反射信号的强度远大于指定目标辐射或反射信号的强度时,制导系统便不能把导弹引向指定的目标,而是引向信号较强的目标。

（2）当目标群中多个目标辐射或反射信号的强度相差不大时,制导系统便不能把导弹引向指定目标,因而导弹摧毁指定目标的概率将显著降低。

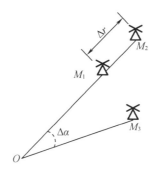

图 1 - 8　目标的分辨率

制导系统对目标的鉴别力,主要由其传感器的测量精度决定,要提高制导系统对目标的鉴别力,必须采用高分辨能力的目标传感器。

1.5.4　控制容量

控制容量指制导系统能同时观测到的目标和制导的导弹数量。在同一时间内,制导一枚或几枚导弹只能攻击同一个目标的制导系统,称为单目标信道系统;制导多枚导弹能攻击多个目标的制导系统,称为多目标、多信道系统。单目标信道系统只能在一批（枚）导弹的制导过程结束后,才能发射第二批（枚）导弹攻击另一目标。因此,空空和地空导弹多采用多目标、多导弹信道系统,以增强导弹武器对多目标入侵的防御能力。

提高制导系统控制容量的主要途径是采用具有高性能的目标、导弹器和快速处理信号能力的设备,以便在大的空域内跟踪、记忆和实时处理多个目标信号,也可采用多个制导系统组合使用的方法。目前,技术先进的地空导弹导引设备能够处理上百个目标的数据,跟踪几十个目标,制导几批导弹分别攻击不同的目标。

1.5.5　抗干扰能力

制导系统的抗干扰能力是指在遭到敌方袭击、电子对抗、反导对抗和受到内部、外部干扰时,该制导系统保持正常工作的能力。对多数战术导弹而言,要求具有很强的抗干扰能力。

不同的制导系统受干扰的情况各不相同,对雷达遥控系统而言,它容易受到电子干扰,特别是敌方施放的各种干扰,这对制导系统的正常工作影响很大。为提高制导系统的抗干扰能力,一是要不断地采用新技术,使制导系统对干扰不敏感;二是要在使用过程中加强制导系统工作的隐蔽性、突然性,使敌方不易察觉制导系统是否在工作;三是制导系统可以采用多种工作模式,若一种模式被干扰,则立即转换到另一种模式制导。

1.5.6　可靠性和维修性

可靠性是指产品在规定的条件下和规定的时间内,完成规定功能的能力。制导系统的可靠性,可以看作在给定使用和维护条件下,制导系统各种设备能保持其参数不超过给定范围的性能,通常用制导系统在允许工作时间内不发生故障的概率来表示。这个概率越大,表明制导系统发生故障的可能性越小,也就是系统的可靠性越好。

制导系统的工作环境很复杂,影响制导系统工作的因素很多。例如,在运输、发射和飞行过程中,制导系统要受到振动、冲击和加速度等影响;在保管、储存和工作过程中,制导系统要受到温度、湿度和大气压力变化以及有害气体、灰尘等环境因素的影响。制导系统的每个元件由于受到材料、制造工艺的限制,在外界因素的影响下,都可能使元件变质、失效,从而影响制导系统的可靠性。为了保证和提高制导系统的可靠性,在研制过程中必须对制导系统进行可靠性设计,采用优质耐用的元器件、合理的结构和精密的制造工艺。除此之外,还应正确地使用和科学地维护制导系统。

维修性指产品在规定的条件下和规定的时间内,按规定的程序和方法进行维修时,保持或恢复到规定状态的能力。它取决于系统内设备、组件、元件的安装,人机接口,检测设备,维修程序,维修环境等。

1.5.7　体积小、质量轻、成本低

在满足上述基本要求的前提下,尽可能地使制导系统的仪器设备结构简单、体积小、质量轻、成本低,对弹上的仪器设备要求更应如此。

直升机/无人机机载制导武器集各种高新技术于一体,其技术先进性主要反映在精确制导技术的水平上。精确制导技术分为遥控制导、激光制导、雷达制导、红外点源制导、红外成像制导、电视制导和复合制导等,接下来的章节将分别对这些制导技术进行阐述。

第2章 遥控制导原理

遥控制导是指由制导站(或载机等其他载体)向导弹发出导引信息,将导弹引向目标的一种制导技术。本节将对直升机机载的第一代、第二代反坦克导弹所采用的遥控制导方式进行介绍,主要讨论遥控制导方式的基本原理、分类和系统组成。

2.1 遥控制导的分类

遥控制导可分为遥控指令制导和波束制导两类。遥控指令制导是指从制导站向导弹发出导引指令信号,送给弹上控制系统,把导弹引向目标的一种制导方式。根据指令传输形式的不同,遥控指令制导可分为有线指令制导和无线电指令制导两类。波束制导是指由制导站发出导引波束,导弹在导引波束中飞行,由弹上制导系统感受其在波束中的位置并形成导引指令,最终将导弹引向目标的一种制导方式。

遥控制导系统主要由目标(导弹)观测跟踪装置、导引指令形成装置、指令传输系统和弹上控制系统等组成,如图2-1所示。

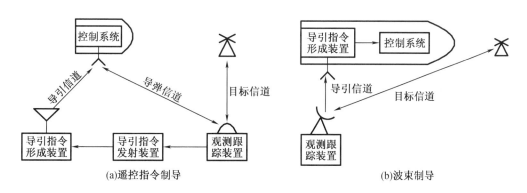

图2-1 遥控制导系统

目标(导弹)观测跟踪装置的作用是搜索与发现目标、捕捉导弹信号、连续测量目标和导弹的空间位置及运动参数,以获得形成指令所需的数据(目标、导弹的高低角、方位角以及它们与制导站间的相对距离和相对速度等)。

导引指令形成装置的作用是根据目标与导弹的空间坐标以及它们的运动参数,参照导引方法,形成控制导弹的指令。

指令传输系统包括指令发射装置与指令接收装置两部分,波束制导系统中没有此设备。指令发射装置将控制指令编码、调制后,传递到导弹上,再由导弹上的指令接收装置解调、解码还原成指令信号后,送至弹上控制系统。

弹上控制系统的作用是根据指令信号操纵导弹飞行同时稳定导弹飞行,其主要设备是自动驾驶仪。

遥控制导的特点是:作用距离较远、受天气的影响较小、弹上设备简单、制导精度较高,但制导精度随导弹与制导站的距离增加而降低,而且易受外界无线电的干扰。这种制导方法除广泛应用于地空导弹外,在一些空地、空空及战术巡航导弹中也得到应用。在现代导弹的复合制导系统中,指令制导常被用于弹道的中段,以提高导弹截击目标的作用距离。

2.2　遥控制导的规律

2.2.1　遥控制导的导引方程

遥控制导是一种三点制导技术。遥控制导过程中,目标、导弹和制导站三点的运动学关系由目标、导弹的位置和导引方法确定。导引方法使导弹按预先选定的空间运动规律飞向目标。导引规律确定了导弹、目标和制导站在同一坐标系中的位置和其他运动参数的运动关系。在运动学研究中,导弹、目标及制导站被视为质点。遥控制导时,导弹、目标和制导站空间运动关系如图 2 - 2 所示。

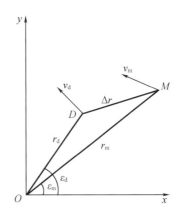

图 2 - 2　导弹、目标和制导站运动关系

由目标位置的几何关系得

$$\frac{\Delta r}{\sin(\varepsilon_m - \varepsilon_d)} = \alpha_t \qquad (2-1)$$

式中　Δr——目标、导弹的斜距差,$\Delta r \approx r_m - r_d$;

　　　　α_t——俯仰平面导引方法系数;

　　　　ε_d、ε_m——导弹、目标的高低角。

式(2-1)可近似为

$$\frac{\Delta r}{\varepsilon_\mathrm{m} - \varepsilon_\mathrm{d}} = \alpha_\varepsilon \qquad (2-2)$$

同理,由

$$\frac{\Delta r}{\beta_\mathrm{m} - \beta_\mathrm{d}} = \alpha_\beta \qquad (2-3)$$

得遥控导引方程为

$$\varepsilon_\mathrm{d} = \varepsilon_\mathrm{m} - A_\varepsilon \Delta r$$
$$\beta_\mathrm{d} = \beta_\mathrm{m} - A_\beta \Delta r \qquad (2-4)$$

式中　β_d、β_m——导弹、目标的方位角;

　　　A_ε、A_β——高低角平面、方位角平面由导引方法确定的系数,是时间的函数,$A_\varepsilon = 1/\alpha_\varepsilon$,$A_\beta = 1/\alpha_\beta$。

式(2-4)确定了每时刻导弹、目标角坐标的关系,它称为遥控导引方程。因此,选定了导引系数后,导弹每时刻的角位置便可确定。

2.2.2　重合法

根据导引系数的不同,遥控制导的导引方法分为三点法(重合法)和前置角法。使制导站、导弹、目标始终保持在一条直线上的导引方法称为三点法,也称重合法或视线法。

由三点法的定义,令遥控导引方程式(式(2-4))中的 $A_\varepsilon = 0$、$A_\beta = 0$ 可得出其制导规律的表达式为

$$\varepsilon_\mathrm{d} = \varepsilon_\mathrm{m}, \beta_\mathrm{d} = \beta_\mathrm{m} \qquad (2-5)$$

三点法用得比较早,这种方法的优点是技术实施比较简单,特别是在采用有线指令制导的条件下,抗干扰性能强。但按此法制导,导弹飞行弹道的曲率较大,目标机动带来的影响也比较严重。当目标横向机动时或迎头攻击目标时,导弹越接近目标,需用的法向过载越大,弹道越弯曲,因为此时目标的角速度逐渐增大。这对于采用空气动力控制的导弹攻击高空目标很不利,因为随着高度的增加,空气密度迅速减小,舵效率降低,由空气动力提供的法向控制力也大大下降,导弹的可用过载就可能小于需用过载而导致脱靶。

2.2.3　前置角法

由于采用三点法导引导弹时,有很大的法向过载系数,故要求导弹有很高的机动性,因而引入前置角来改进这种导引方法,以减小导弹飞行过程中的过载。

前置角法要求导弹在与目标遭遇前的制导飞行过程中,任意瞬时均处于制导站和目标连线的一侧,直至与目标相遇。一般情况下,相对目标运动方向而言,导弹与制导站的连线应超前于目标与制导站连线的某个角度。

当导引方程式(式(2-4))中的导引系数为常数但不为零时,式(2-4)决定的导引方法叫作常系数前置角法。它用于某些遥控导弹拦截高速目标的情况。可适当地选择系数 A_ε、A_β,使导弹有一个初始前置角,其弹道比三点法要平直。

当导引系数 A_ε、A_β 为给定的不同时间函数时,可得到所谓全前置角法和半前置角法。半前置角法是遥控导弹最常用的一种导引方法。最理想的情况是,选择 A_ε、A_β 使理想弹道为一直线,但由于目标运动参数总是变化的,无论如何也达不到这一要求。为此,只提出在遭遇点附近理想弹道应平直的要求,即当 $\Delta r \rightarrow 0$ 时,满足

$$\dot{\varepsilon}_d = 0, \dot{\beta}_d = 0 \qquad (2-6)$$

将式(2-4)微分得

$$\left.\begin{aligned} \dot{\varepsilon}_d &= \dot{\varepsilon}_m - \dot{A}_\varepsilon \Delta r - A_\varepsilon \Delta \dot{r} \\ \dot{\beta}_d &= \dot{\beta}_m - \dot{A}_\beta \Delta r - A_\beta \Delta \dot{r} \end{aligned}\right\} \qquad (2-7)$$

由 $\Delta r \rightarrow 0$ 时,$\dot{\varepsilon}_d = \beta_d = 0$ 这一约束条件,得

$$\left.\begin{aligned} A_\varepsilon &= \frac{\dot{\varepsilon}_m}{\Delta \dot{r}} \\ A_\beta &= \frac{\dot{\beta}_m}{\Delta \dot{r}} \end{aligned}\right\} \qquad (2-8)$$

为应用方便,将式(2-8)左右两边分别乘以系数 k_ε、k_β,k_ε、k_β(分别为高低方向和方位方向的前置系数),且令 $0 < k_\varepsilon \leqslant 1, 0 < k_\beta \leqslant 1$,则式(2-4)变为

$$\left.\begin{aligned} \varepsilon_d &= \varepsilon_m - k_\varepsilon \frac{\dot{\varepsilon}_m}{\Delta \dot{r}} \Delta r \\ \beta_d &= \beta_m - k_\beta \frac{\dot{\beta}_m}{\Delta \dot{r}} \Delta r \end{aligned}\right\} \qquad (2-9)$$

导弹的前置角则为

$$\left.\begin{aligned} \varepsilon_q &= -k_\varepsilon \frac{\dot{\varepsilon}_m}{\Delta \dot{r}} \Delta r \\ \beta_q &= -k_\beta \frac{\dot{\beta}_m}{\Delta \dot{r}} \Delta r \end{aligned}\right\} \qquad (2-10)$$

当 $k_\varepsilon = k_\beta = 1$ 时,称为全前置角法,其导引方程为

$$\left.\begin{aligned} \varepsilon_d &= \varepsilon_m - \frac{\dot{\varepsilon}_m}{\Delta \dot{r}} \Delta r \\ \beta_d &= \beta_m - \frac{\dot{\beta}_m}{\Delta \dot{r}} \Delta r \end{aligned}\right\} \qquad (2-11)$$

当 $k_\varepsilon = k_\beta = 1/2$ 时,称为半全前置角法,其导引方程为

$$\left.\begin{aligned} \varepsilon_d &= \varepsilon_m - \frac{\dot{\varepsilon}_m}{2\Delta \dot{r}} \Delta r \\ \beta_d &= \beta_m - \frac{\dot{\beta}_m}{2\Delta \dot{r}} \Delta r \end{aligned}\right\} \qquad (2-12)$$

在前置角法中,前置系数可取为任意常值,亦可取为某种函数形式,前置系数取法不

同,则可产生不同的导引方法。当前置系数取为零时,则为三点法。随着前置系数的取法不同,可获得具有不同运动特性的导弹飞行弹道,因此,前置角法制导规律分析设计的重点就是选择前置系数的具体变化规律。

前置角法导引时,导弹的理想弹道比三点法平直,导弹飞行时间也短,对拦截机动目标有利。与三点法相比,前置角法所需观测信息较多,导引方程的解算也较复杂。但可通过对前置系数的选择设计,对飞行弹道的曲率和目标机动的影响给予一定程度的调整,从而在制导精度上有所改善,因此,这种导引方法在遥控制导中应用得比较多。

前置角法是指在目标飞行方向上,使导弹视线超前目标视线一个角度并按一定规律变化的导引方法。超前角度称为前置角。

2.2.4　遥控制导的弹道

三点法、前置角法理想弹道如图 2-3 所示。

半前置角法理想弹道比重合法时平直,飞行时间也短。全前置角法理想弹道比半前置角法更为平直。半前置角法导引时,在相遇区导弹的需用法向加速度与目标的角加速度无关。半前置角法对拦截机动目标更为有利,故应用较多。前置角法需要目标距离信息和角度信息,重合法仅需目标角度信息。由于目标机动、各种干扰、导弹的惯性、测量装置跟踪状态的改变及测量误差等,导弹实际弹道总是一条在理想弹道附近扰动的曲线。遥控导弹弹道如图 2-4 所示,其中 h_0 为起始误差,h 为允许误差。

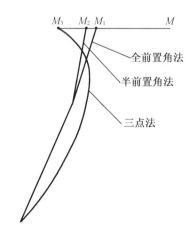

图 2-3　三点法、前置角法理想弹道

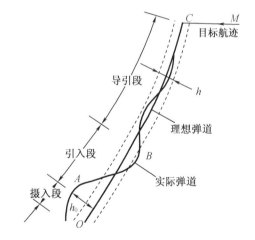

图 2-4　遥控导弹弹道

2.3　有线遥控指令制导

遥控指令制导是指由制导站向导弹发出制导指令,把导弹导向目标或预定区域的一种制导技术。根据指令传输形式的不同,遥控指令制导分为有线指令制导和无线电(雷达)指令制导两类。最典型的有线指令制导是光学跟踪有线指令制导,多用于反坦克导弹。有线指令制导系统中制导指令是通过连接制导站(直升机)和导弹的指令线传送的。

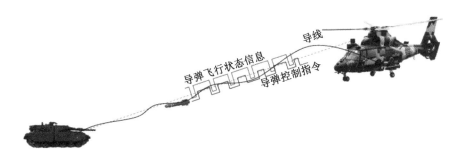

图 2-5　直升机机载有线制导导弹示意图

　　光学跟踪有线指令制导系统由制导站导引设备和弹上控制设备两部分组成。制导站(直升机)上的设备包括光学观测跟踪装置、指令形成装置和指令发射装置等;弹上设备有指令接收装置和控制系统等。光学观测跟踪装置跟踪目标和导弹,根据导弹相对目标的偏差形成指令,控制导弹飞行。采用这种制导方式的导弹尾部装有一个绕满导线的线圈,导弹发射后,一边飞行一边释放导线,就像弹体后面还连着一根细细的"尾巴"一样,导线的另一端与发射控制装置相连,射手就可以通过导线来传输控制导弹飞行的指令。

　　有线指令制导可以分为两种,分别是人工指令制导和半自动指令制导。

　　第一代反坦克导弹通常使用人工指令制导这一有线遥控制导方式。如第一代反坦克导弹 HJ-73。此种类型的导弹是一种目视跟踪、手动控制的有线制导系统。

　　在手动跟踪情况下,光学观测装置是一个瞄准仪,导弹发射后,射手可以在瞄准仪中看到导弹的影像,如果导弹影像偏离十字线的中心,就意味着导弹偏离目标和制导站的连线,射手将根据导弹偏离目标视线的大小和方向移动操纵杆,操纵杆与两个电位计相连,一个是俯仰电位计,另一个是偏航电位计,两个操纵杆可分别根据操纵杆的上下偏摆量和左右偏摆量,形成俯仰和偏航两个方向的导引指令,指令通过制导站和导弹间的传输线传向导弹,弹上控制系统根据导引指令操纵导弹,使导弹沿着目标视线飞行(此时,导弹的影像重新与目标视线重合)。手动跟踪的缺点是飞行速度必须较低,80 ~ 120 m/s,以便射手在发觉导弹偏离时有足够的反应时间来操纵制导设备,发出控制指令。其制导控制原理如图2-6所示。

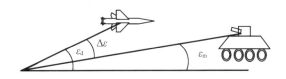

图 2-6　手动跟踪有线制导控制原理

　　半自动指令制导在一定的程度上减少了射手的工作量,它通常应用在第二代反坦克导弹中。半自动指令制导从两个方面减少射手的工作量,分别是射手不用再观测导弹了,以及不用再控制操纵手柄了。只留给射手一个工作,就是观测目标。因此这种制导方式叫作半自动指令制导。

在半自动跟踪的情况下,光学跟踪装置包括目标跟踪仪和导弹测角仪(红外或电视等),它们装在同一套装置上,保持一定的同步性,射手根据目标的方位角向左或向右转动控制杆(或操纵手柄),根据目标的高低角向上或向下转动控制杆(或操纵手柄),使目标跟踪仪始终对准目标。当目标跟踪仪的轴线对准目标时,目标的影像便位于目标跟踪仪的十字线中心。由于导弹测角仪和目标跟踪仪保持一定的同步性,所以当目标跟踪仪的轴线对准目标时,目标的影像也落在导弹测角仪的十字线中心。红外(或电视)测角仪光轴平行于目标跟踪仪的瞄准线,它能够自动地连续测量导弹偏离目标瞄准线的偏差角,并把这个偏差角送给计算装置,形成控制指令,指令通过传输线传给导弹,控制导弹飞行。由于导弹瞄准仪和目标跟踪仪在同一套装置上,保持同步,因此这种制导系统采用三点导引法。其制导控制原理如图 2 - 7 所示。

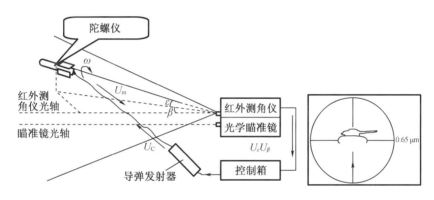

图 2 -7　半自动跟踪有线制导控制原理

某机载半自动红外跟踪有线指令制导导弹的制导控制过程的原理为:满足发射条件后,射手按攻击按钮导弹飞离发射筒,在导弹飞行过程中,导弹尾部的红外辐射器不断地辐射红外线,机上红外测角仪的光学系统接收导弹尾部辐射的红外光,并把它聚焦成一个小的像点;测角仪的旋转调制盘将导弹的红外像点转换成相应的电脉冲,电脉冲经处理得到导弹偏离瞄准线的角偏差电压,制导电子箱根据角偏差电压及其他的相关信息形成控制指令;控制指令通过制导导线传输到弹上电路,该指令经放大后控制舵机工作,进而控制导弹,使其在红外测角仪光轴上飞行,由于可见光目标跟踪仪的瞄准线与红外测角仪的红外光轴平行,所以只要射手始终将瞄准线的十字对准目标,导弹便可命中目标。

半自动跟踪有线指令制导与手动跟踪有线指令制导相比有了很大的改进,射手工作量减少,导弹速度可提高一倍,实际上导弹速度仅受传输线释放速度等因素的限制。

有线指令制导系统抗干扰能力强,弹上控制设备简单,导弹成本较低。其缺点是操作难度大,作用距离近,由于连接导弹和制导站间传输线的存在,导弹飞行速度和射程的进一步增大受到一定限制,导弹速度一般不高于 300 m/s,最大射程一般不超过 4 000 m。此外由于有线制导方式是术语瞄准线制导,发射装置上的传感器和目标必须保持直视接触,中间不能有障碍物遮挡,如果目标突然进入掩蔽物(比如高墙、树丛、房屋等),有线制导就会失效。

2.4　无线电指令制导

2.4.1　无线电指令制导的组成和分类

无线电指令制导是指利用无线电信道,把控制导弹飞行的指令从导弹以外的控制站发送到导弹上,按一定的制导规律引导导弹攻击目标的制导方法。对于无线电指令制导的导弹,一旦遥控指令受到敌方电子干扰的压制或欺骗,导弹的制导就会中断,从而失去作战效果。

无线电指令制导系统通常由目标及导弹观测跟踪设备、计算机及指令形成设备、指令传递设备(指令发射机、接收机)、弹上控制系统(自动驾驶仪)等组成,如图2-8所示。

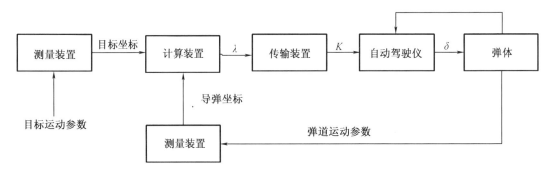

图2-8　无线电指令制导的组成框图

测量装置的作用是搜索与发现目标、导弹、连续测量目标及导弹的空间位置及运动参数,以获得形成指令所需的数据(目标、导弹的高低角、方位角以及它们至制导站的距离等),一般采用雷达、红外探测器、光学瞄准器和电视摄像器等。

计算装置(计算机)对目标及导弹的空间坐标以及它们的运动参数进行比较计算,形成指令信号,可采用数字计算机或模拟计算机,在采用光学瞄准器或电视摄像器的系统中,往往依赖人工跟踪测量和发出指令。

指令传输装置一般采用无线电发射机将指令传送给导弹,也可以从导弹尾部引出导线来传输指令。

自动驾驶仪的功用是控制和稳定导弹的飞行。所谓控制,是指自动驾驶仪按控制信号的要求操纵舵面,改变导弹的姿态,使导弹沿理论弹道飞行。这种工作状态称为自动驾驶仪的控制工作状态。所谓稳定,是指自动驾驶仪消除因干扰引起的导弹姿态的变化,使导弹保持其原来的姿态飞行。这种工作状态称为自动驾驶仪的稳定工作状态。稳定是在导弹受到干扰的条件下保持其姿态不变,而控制则是通过改变导弹的姿态,使导弹准确地沿着基准弹道飞行。所以从改变和保持导弹姿态这一点来说,导弹的稳定和控制是矛盾的;然而从保证导弹沿基准弹道飞行这一点来说,它们又是一致的。

根据目标坐标测量方法和目标与导弹相对位置测量方法的不同,无线电指令制导系统分为雷达跟踪指令制导系统、TVM(track via missile)指令制导系统和电视跟踪指令制导系统三种形式。

在雷达跟踪指令制导系统中,目标瞬时坐标是由弹外制导站直接测得的;在 TVM 指令制导系统中,目标瞬时坐标是由弹上目标坐标方位仪测出后,传递给制导站的;在电视跟踪指令制导系统中,弹上电视摄像管摄下目标及其周围环境的景物图像,通过电视发射机发送给制导站。虽然上述各种指令制导系统测量目标参数的位置和方法不同,但导弹控制指令均是由弹外制导站形成的。

2.4.1.1　雷达跟踪指令制导系统

雷达跟踪指令制导系统是指从地面制导站观测目标与导弹的指令制导系统,简称为 I 型指令制导系统,可分为双雷达和单雷达两种跟踪指令制导系统。其组成如图 2 – 9 所示。

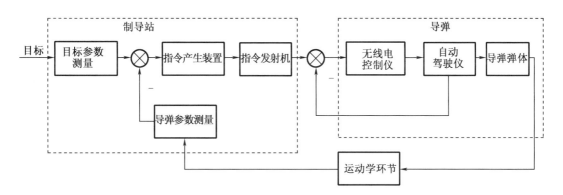

图 2 – 9　I 型指令制导系统

在双雷达跟踪指令制导系统中,目标跟踪雷达不断跟踪目标,通过目标的反射信号获得目标瞬时坐标信息,送入计算机;导弹跟踪雷达用来跟踪导弹并测量导弹的坐标数据,也送入计算机。计算机根据送来的目标与导弹瞬时坐标数据及导引规律形成引导指令,编成密码后用无线电发射机传送给导弹,控制导弹飞向目标,如图 2 – 10 所示。

在单雷达指令制导系统中,用一部雷达同时跟踪目标和导弹,通过在导弹上装应答机来使跟踪雷达区分开目标和导弹。导弹进入制导雷达波束的扫掠区域以后,制导站不断向导弹发射询问信号,弹上接收机将询问信号送入应答机,应答机不断地向制导雷达发射应答信号,制导雷达根据应答信号跟踪导弹,测量其坐标数据,并将这些数据送入计算机。

单雷达跟踪指令制导系统采用相对测量体制,在同一雷达波束中同时测量目标与导弹,其相对偏差信息可以消除一部分相关的测量误差,因而有利于提高相对测量精度,但是这种系统要求导弹和目标在飞行过程中同时处于一个雷达波束测量范围内,因而对制导方式附加了限制条件。

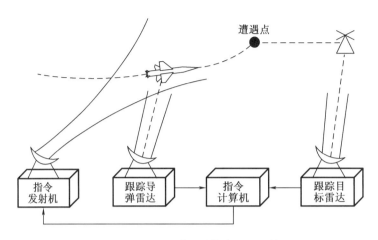

图 2 - 10 双雷达跟踪指令制导系统

对于单雷达指令制导的导弹,如何把导弹及时引入雷达波束成为影响其制导能否成功的一个关键。通常有两种方法来解决这一问题。

(1)采用红外宽视场引入技术。导弹发射后先由无控飞行进入红外初制导段。当进入跟踪雷达波束,满足交班条件后,转为无线电指令制导。除跟踪制导雷达外增加了红外测角仪、电视跟踪器等。首先用红外测角仪将导弹捕获,并输出有关制导信息。制导计算机根据制导规律和导弹与瞄准线(目标视线)之间的角像差计算导引指令,传送给导弹,控制导弹飞行。当导弹进入跟踪雷达波束后,由引入段转入导引段。红旗 - 7 导弹采用无线电指令制导,重合法导引。以跟踪制导雷达作为主要制导设备,红外测角仪作为辅助制导设备,如图 2 - 11 所示。

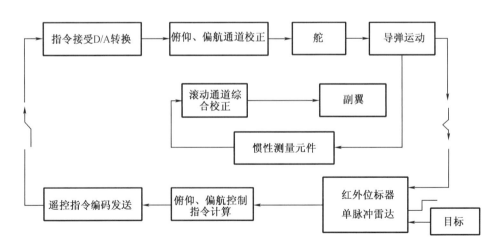

图 2 - 11 将红旗 - 7 导弹快速引入跟踪视场的技术

(2)采取电扫描方式扩大雷达测量空域,使导弹发射后能直接进入测量空域。苏联

SA - 2 防空导弹的制导即采用了 10° × 10° 的电扫描空域,在截获导弹后测量导弹与目标的相对偏差形成制导指令引导导弹拦截目标,其制导过程如图 2 - 12 所示。

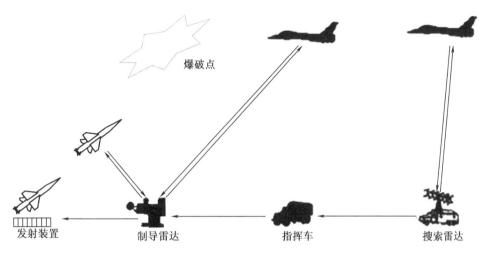

爆破点

发射装置　　　制导雷达　　　指挥车　　　搜索雷达

图 2 - 12　苏联 SA - 2 防空导弹的制导

雷达对空搜索,将获得的空情进行分析处理并通过指挥控制中心传输给武器系统的制导雷达。制导雷达依据搜索雷达的指示信息,在相应的空域搜索捕获目标并转为跟踪状态。制导雷达不断测量目标的坐标和运动参数并输入计算机计算射击诸元。同时,发射架与制导雷达天线同步,使导弹指向目标来袭方向。当目标拦截并进入发射区后,发射导弹,对一个目标可视情射击 1 ~ 3 枚导弹,导弹飞离发射架后,在惯性的作用下接触一级保险。导弹发射后,无控飞行进入制导雷达波束,制导雷达截获导弹并开始对导弹进行控制,制导雷达不断测量导弹和目标的坐标和运动参数并输入计算机,计算机跟踪目标和导弹的相对坐标和运动参数,按预先设定的制导规律计算产生制导指令,通过指令发射设备将制导指令发送给导弹。导弹飞行一定时间后,解除二级保险,为起爆战斗部做好准备。导弹上的制导装置将接收到的制导指令与自动驾驶仪自身感受到的弹体姿态信息综合处理后形成控制信号,控制执行机构驱动舵机偏转舵面控制导弹飞向目标。在接近目标过程中,制导系统适时发出启动引信的指令并解除导弹三级保险,战斗部处于待爆状态。当导弹处于可能杀伤目标的位置(距离)时,引信起爆战斗部,毁伤目标。制导雷达观察射击效果。若导弹穿越目标而未爆炸,则显示器上导弹信号仍然存在,目标信号正常移动,且导弹信号超越目标信号。在这种情况下,若导弹飞离目标一定距离,或导弹飞行时间超过预定界限,则导弹自毁电路接通,战斗部起爆自毁。导弹自毁的目的:一是保密,二是避免造成地面伤害。

Ⅰ型指令制导系统的优点是弹上设备少,质量小,容量大;缺点是引导误差随射程的增加而增大,并且传输引导信息的通道易受电子干扰。因此,Ⅰ型指令制导系统大多数用于中、近程地空导弹武器的制导系统中。

2.4.1.2　TVM 指令制导系统

TVM 指令制导系统是 20 世纪 70 年代后期发展的一种新型雷达指令制导技术,是指从导弹上观测目标的指令制导系统,简称为Ⅱ型指令制导系统,其工作框图如图2-13所示。

其工作原理如图2-14所示。

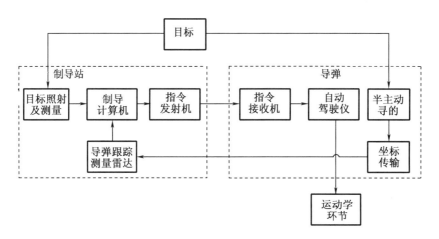

图2-13　TVM指令制导系统

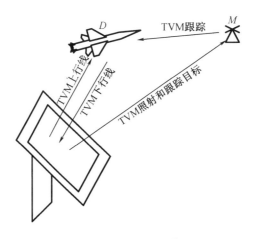

图2-14　TVM制导工作原理

目标坐标的测量设备配置在导弹上,制导站向目标发射照射跟踪波束,经目标反射给导弹,设在弹上的目标测量设备测出目标在弹体坐标系中的瞬时坐标数据,由信息传输系统(下行线)发送给制导站。制导站同时向导弹发射照射跟踪波束,获得导弹在测量坐标系中的瞬时坐标数据。制导站的计算机将目标、导弹的坐标数据通过坐标变换并进行实时处理,得到导引指令,经指令传输系统(上行线)送给导弹,控制导弹飞向目标。这种制导过程称为TVM制导。

Ⅱ型指令制导系统的优点是:(1)当导弹远离制导站时,由于导弹接近目标,仍可获得准确的观测结果,产生合理的导引指令;(2)因为跟踪目标的数据在控制站上处理,所以弹上设备仍较简单,而导引距离比典型的指令制导要远,当采用遥控指令+TVM制导时,其导引距离可达到100 km以上。

Ⅱ型指令制导系统的主要缺点是导弹成本较高,难以进行手控跟踪。这种导引方法既可看成指令制导的发展,也可看成主动制导的发展。舰空导弹"SA - N - 6"(苏联)、"宙斯盾"(美国)和地空导弹"爱国者",末段均采用 TVM 制导。

2.4.1.3　电视跟踪指令制导系统

电视跟踪指令制导系统是利用目标反射的可见光信息对目标进行捕获、定位、追踪和导引的制导系统。根据光电探测器所在位置不同可以分为两种。一种是弹上电视摄像头摄取的图像传输到制导站(地面或载机),制导站的操纵人员根据电视图像确定目标,发出遥控指令,控制导弹飞向目标。例如英、法联合研制的 AJ.168"玛特尔"空对地导弹、美国的"秃鹰"空对地导弹、以色列的"蛙蛇"反坦克导弹、苏联的 X - 50 等。另一种是电视摄像头不装在导弹上,而装在飞机或车辆上,用以捕获与跟踪目标,操作人员根据电视信息发出无线电指令,控制导弹飞向目标。典型代表是法国的"新一代响尾蛇"地对空导弹系统和我国的 AFT07C 反坦克导弹。这两种遥控类型的共同点是:制导指令均在导弹外的指控站上形成,遥控导弹根据指令修正飞行弹道。

电视跟踪指令制导系统是早期的电视制导系统,借助人工完成识别和跟踪目标的任务。导弹自身装有光电探测器的遥控电视指令制导导弹的制导系统,由弹上设备和制导站两部分组成,弹上设备包括摄像管、电视发射机、指令接收机和弹上控制系统等。制导站上有电视接收机、指令形成装置和指令发射机等,如图 2 - 15 所示。

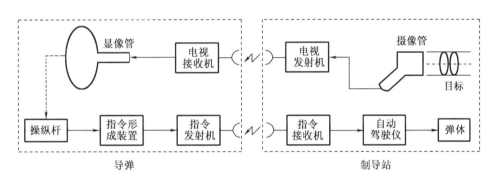

图 2 - 15　电视跟踪指令制导系统

电视指令制导如图 2 - 16 所示。导弹发射以后,电视摄像管不断地摄下目标及其周围的景物图像,通过电视发射机发送给制导站。操纵员从电视接收机的荧光屏上可以看到目标及其周围的景象。当导弹对准目标飞行时,目标的影像正好在荧光屏的中心,如果导弹飞行方向出现偏差,荧光屏上的目标影像就偏向一边。操纵员根据目标影像偏离情况移动操纵杆,形成指令,由指令发射装置将指令发送给导弹。导弹上的指令接收装置将收到的指令传给弹上控制系统,使其操纵导弹,纠正导弹的飞行方向。这是早期发展的手动电视制导方式。这种电视制导系统包含两条无线电传输线路:从导弹到制导站的目标图像传输线路;从制导站到导弹的遥控线路。这样制导系统就有两个缺点:传输线容易受到敌方的电子干扰;制导系统复杂、成本高。

当电视跟踪器安装在制导站时,导弹尾部装有曳光管。当目标和导弹均在电视跟踪器视场内出现时,电视跟踪器探测曳光管的闪光,自动测量导弹飞行方向与电视跟踪器瞄准轴的偏离情况,并把这些测量值送给计算机,计算机经计算形成制导指令,由无线电指令发射机向导弹发出控制信号。同时电视自动跟踪电路根据目标与背景的对比度对目标信号进行处理,实现自动跟踪。

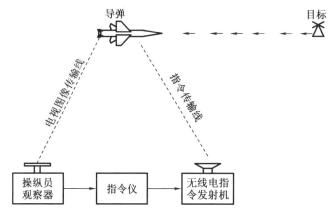

图 2 – 16　电视指令制导示意图

电视跟踪通常与雷达跟踪系统复合运用,在制导中相互补充,夜间和能见度差时用雷达跟踪系统,雷达受干扰时用电视跟踪系统,从而提高制导系统总的作战性能。

电视指令制导的优点是:

(1)分辨率高,可提供清晰的目标景象,便于鉴别真假目标,工作可靠;

(2)采用被动式工作,制导系统本身不发射电波,制导精度高,攻击隐蔽性好;

(3)工作于可见光段,不易受无线电干扰。

电视指令制导的缺点是:

(1)只能在白天作战,受气象条件影响较大;

(2)不能测距,在有烟、尘、雾等能见度较低的情况下,作战效能降低;

(3)弹上设备比较复杂,制导系统成本较高。

2.4.2　导弹和目标的运动参数测量

要实现指令制导,就必须准确地测得导弹和目标的有关运动参数。这一任务一般是由制导站的观测与跟踪设备——雷达来完成的,通常分为斜距测量、角度测量和相对速度测量。

2.4.2.1　斜距测量

雷达测距的方法很多,有脉冲法测距、调频连续波测距和相位法测距等。其中以脉冲法应用最广,最容易实现。

雷达工作时,发射机经天线向空中发射一连串高频脉冲,如目标在电磁波传播的路径上,雷达就可以收到由目标反射的回波。由于回波信号往返于雷达和目标之间,它将滞后于发射脉冲一个时间 t_0。电磁波的能量是以光束传播的,则目标与雷达之间的距离 r_m 为

$$r_m = ct/2 \qquad (2-13)$$

式中　r_m——斜距;

t——电磁波往返于目标与雷达之间的时间间隔；

c——光速。

由于电磁波以光速 $c = 3 \times 10^8$ m/s 传播，雷达技术常用的时间单位为 μs，回波脉冲滞后于发射脉冲 1 μs 时，所对应的目标斜距为

$$r_m = ct/2 = 150 \text{ m} = 0.15 \text{ km}$$

2.4.2.2　角度测量

角度测量包括高低角和方位角的测量。

测角方法分为两大类:振幅法和相位法。下面讨论振幅法测角原理。

设跟踪雷达有方位角和高低角两个探测天线,方位角天线由左向右做周期扫描,高低角天线由下向上做周期扫描。以方位角为例,如图 2 – 17 所示,波瓣自 OA 向 OB 匀速扫描,然后再从 OA 重复扫描。若空中有一目标,在波瓣没扫着目标时,没有回波信号;当波瓣扫着目标时,就有回波信号;天线波瓣中心对准目标时,回波信号最强。于是,天线波瓣每扫过目标一次,雷达就收到一群回波脉冲,回波信号的包络变成钟形,表示受到了天线波瓣的调制。

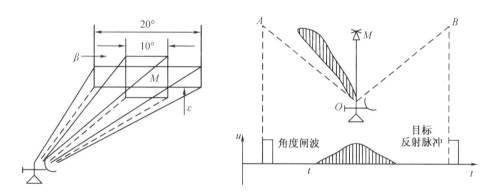

图 2 – 17　测角原理示意图

在扫描起始时刻同时给出一个角度基准脉冲(角度闸波),则回波脉冲包络最大值与角度闸波之间的时间间隔就表示了目标的相对角度,设此时间间隔为 t,扫描角速度为 ω,则

$$\beta = \omega t \tag{2-14}$$

导弹的空间坐标是利用应答脉冲来测量的。

2.4.2.3　相对速度测量

在测量导弹与目标之间的相对速度,或者制导站与导弹(或目标)的相对速度时,可以依据多普勒频移来测量。多普勒频移公式为

$$f_d = 2V_r / \lambda \tag{2-15}$$

式中　f_d——多普勒频移；

V_r——目标与雷达间的相对速度；

λ——载波波长。

当目标向制导站运动时,$V_r > 0$,回波载频提高;反之,$V_r < 0$,回波载频降低。

2.4.3　指令形成原理

无线电指令制导系统中,导引指令是根据导弹和目标的运动参数,按所选定的导引方法进行变换、运算、综合形成的。形成导引指令时,导弹与目标视线(目标与制导站之间的连线)间的偏差信号是最基本、最重要的因素,为改善系统的控制性能,可采取一些校正和补偿措施,在必要时还要进行相应的坐标转换。导引指令形成后送给弹上控制系统,操纵导弹飞向目标,所以导引指令的产生和发射是十分重要的问题。

以直角坐标控制的导弹为例。导弹、目标观测跟踪装置可以测量导弹偏离目标视线的偏差。导弹的偏差一般在观测跟踪装置的测量坐标系中表示,如图 2 – 18 所示,某时刻当导弹位于 D 点(两虚线的交点),过 D 作垂直测量坐标系 Ox_R 轴的平面,叫作偏差平面,偏差平面交 Ox_R 轴于 D' 点,则 DD' 就是导弹偏离目标视线的线偏差,将测量坐标系的 Oy_R、Oz_R 轴移到偏差平面内,DD' 在 Oy_R、Oz_R 轴上的投影就是线偏差在俯仰(高低角 ε 方向)和偏航(方位角 β 方向)两个方向的线偏差分量。这样,如果知道了线偏差在 ε、β 方向的分量,就知道了线偏差 DD',而偏差在 ε、β 方向的分量,可以根据观测跟踪装置在其测量坐标系中测得的目标、导弹运动参数经计算得到。

无线电指令制导中引导指令由误差信号、校正信号和补偿信号等组成。

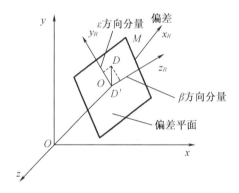

图 2 – 18　导弹的偏差

2.4.4　指令传输

2.4.4.1　指令传输的要求

在无线电遥控指令制导中,引导指令发射、接收系统如图 2 – 19 所示。对指令传输系统的基本要求如下。

1. 有多路传输信息的能力

制导站要对每发导弹发出好几种指令信号,如俯仰通道指令信号、偏航通道指令信号、无线电引信启动指令及询问信号等。为了提高命中目标的概率,有时要发射好几发导弹,因而制导站的指令天线往往要发送出十几种至几十种的指令信号,所有这些信号要清楚准确地被导弹接收。

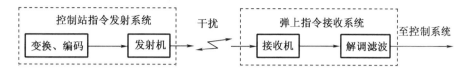

图 2 - 19　引导指令发射、接收系统方框图

2. 传输失真小

要在某个时间间隔内传输多路信息,必须采用信息压缩的方法,对连续信号采样,发送不连续的信号,所以,一个量化过程可以采用按时间量化和按级量化两种方法,如图 2 - 20 所示。不管采用哪种方法进行量化都会出现失真,都要求失真度小于给定值。

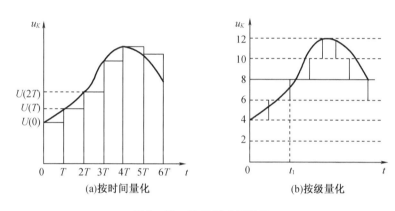

图 2 - 20　按时间或级量化

3. 每个信号特征明显

一般给出每个信号的频率、相位等特征,或加密(密码化),以利于导弹辨认。

4. 抗干扰性

在信号传输过程中,经常有干扰存在,这些干扰将叠加在有用信号之上,因此,收信端所得到的信号往往同发信端发出的信号不尽相同。当干扰不大时,只影响信号传送的质量,但是如果干扰很大,则可能破坏整个通信系统,使它不能正常工作。

5. 传输性能稳定,设备质量小

计算表明,厘米波通过导弹发动机火焰时的衰减比米波大得多。但米波天线体积太大。中程以上的无线电指令制导导弹,多用分米波传送指令。近程无线电指令制导导弹,为减小天线体积,用厘米波传送指令。

2.4.4.2　指令的发射与接收技术

下面分别讨论模拟式、数字式导引指令的发射与接收技术。

1. 模拟式引导指令的发射与接收

为了把指令信号从地面传到导弹上去,必须进行调制后再发射。同时,为了分割通道和防止对无线电指令传送系统的自然干扰和人为干扰,所有用在导弹上的指令信息都应加以不同方式的前置调制。最简单的是首先把指令用一个低频进行调制,这个低频称为副载频。然后,再把携带指令信息的副载频调于主载频上发射出去。信号对副载频的调制是一次调制,即前置调制;副载频对主载频的调制称为二次调制。不论一次调制还是二次调制,都可以用调幅(AM)、调频(FM)、调相(PM)、脉冲调制及脉冲编码调制等。

如果用调幅或脉冲调幅,则弹上接收机检波后输出的低频信号的振幅,取决于发射功率、无线电波传播的条件、接收机灵敏度等。但这些因素都是随时间改变的,这就会造成较大的控制误差,因此振幅调制只能用于控制精度要求不高的场合。

应用调频、调相或脉冲调频、脉冲调相等方法时,低频信号的振幅只与高频信号的频率、相位等有关,与高频信号的幅度无关。因而不受高频信号幅度的随机起伏影响。

如果用脉冲调制,比之连续波有较好的抗干扰性,准确度高;但脉冲频带较宽因而减少了通道数目,这是它的不足之处。

目前,传输模拟式导引指令的方法分为两大类:频分制传输和时分制传输。

频分制传输时,每个指令信号对应一个副载波频率,导弹根据频率值取出需要的副载波。为使副载波载有导引指令信息,可将副载波进行调幅、调频、调相及单边带调制,如图2-21所示。

时分制传输时,一个导引指令电压对应一个脉冲序列(副载波),在一定的时间间隔内,各路指令对应的脉冲分时出现,导弹则可按时间选出需要的副载波脉冲。为使副载波脉冲载有导引指令信息,可将副载波脉冲进行脉幅调制(PAM)、脉宽调制(PDM)、脉时调制(PTM),如图2-22所示。

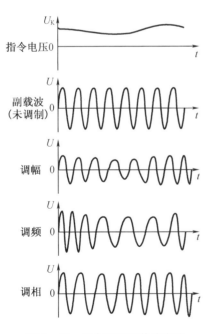

图2-21 指令调制副载波方法

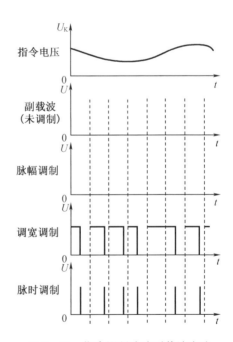

图2-22 指令调制脉冲副载波方法

2. 数字式引导指令的发射与接收

数字式引导指令通常是编码脉冲,包括导弹地址码、指令地址信号和指令值三部分,如

图 2-23(a)所示。

导弹地址码如图 2-23(b)所示。第一个脉冲开启,中间 4 个为 8,4,2,1 加权码,第 6 个脉冲关闭。当弹上编码与上述 2~5 脉冲码一致时,关闭脉冲触发应答机发出应答信号给控制站。

指令地址信号共 5 位。中间 3 个为地址位,两端为开启、关闭位。图 2-23(c)画出了偏航、俯仰、引信开锁指令的可能形式。

指令地址后是报文开门脉冲,接着依次是指令的符号和数值。指令数值传完后,是报文关门信号。最后,用一个奇偶校验位来检验。偏航、俯仰引导指令,一般以几十赫兹的频率(即采样频率)向弹上发送。

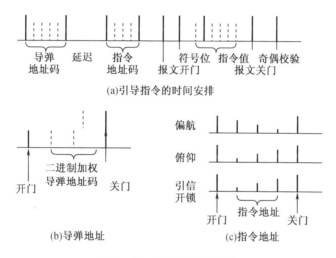

图 2-23 数字式引导指令

2.5 遥控波束制导

无线电波束制导和无线电指令制导一样,在制导过程中也需要不断地测定导弹的飞行偏差,形成控制信号,控制制导导弹飞向目标,或飞向与目标相遇的前置点。但是,无线电波束制导又有其特点。在无线电波束制导过程中,制导站只是不断地发射无线电波束及基准信号,而测定导弹的飞行偏差、形成控制信号,都是由导弹上的制导设备完成的。这种遥控制导技术也叫作驾束制导。目前应用较广的是雷达波束制导和激光波束制导,本节介绍雷达波束制导。

2.5.1 雷达波束制导的基本原理

在雷达波束制导中,制导站的导引雷达发出导引波束,导弹在导引波束中飞行。制导雷达通常采用抛物面天线,利用天线辐射器的不对称辐射,使波束的最强方向偏离天线轴线一个角度。当波束绕天线轴线旋转时,在波束旋转的中心线(天线轴线的延伸线)上各点的信号强度不随波束的旋转而改变。所以,波束旋转的中心线称为波束的等强信号线。

在制导过程中,导弹的飞行偏差就是导弹相对于波束等强信号线的偏差。导弹偏离等强信号线的大小用偏差信号来表示,偏差信号是根据导弹偏离等强信号线的角度形成的;导弹偏离等强信号线的方向是参照基准信号来确定的,基准信号是由制导站发射的。将导弹的偏差信号同基准信号相比较,就可以形成控制信号。

导弹在波束中飞行时,如果偏离了等强信号线,弹上的制导设备就测出偏离的方向和大小,输出相应的控制信号,送给自动驾驶仪去操纵导弹,使导弹沿等强信号线飞向目标。雷达波束制导分为单雷达波束制导和双雷达波束制导。

图 2-24 画出导弹位于 D_0、D_1、D_2 各点时,弹上接收机接收信号的波形。图中 z 轴表示方位角,y 轴表示仰角。可见 D_1 点位于 y 轴上,只有仰角误差,D_2 点位于 z 轴上,只有方位角误差。

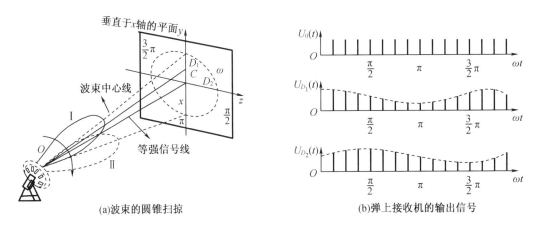

图 2-24　波束做圆锥扫掠时弹上接收机输出信号的调制情况

2.5.1.1　导弹的偏差信号与偏离方向的关系

通过导弹作垂直等信号轴的平面,如图 2-25 所示,信号轴 $O'O$ 与平面的交点为 O,B 点为 t 时刻波束最大值方向 $O'B$ 与平面的交点(波束中心),图中圆为波束中心 B 点的运动轨迹,A 为导弹位置,$O'A = R$(导弹斜距),$O'O$ 与 $O'A$ 的夹角为 ε(导弹误差角),$O'O$ 与 $O'B$ 的夹角为 δ(波束偏角),$O'A$ 与 $O'B$ 的夹角为 θ,$O'B$ 为 t 时刻的波束中心线。

当导弹处在被跟踪状态时,误差角 ε 通常很小,而在高精度自动测角时,通常采用窄波束,即 δ、θ 值亦很小,所以图中:

$$OA \approx R\varepsilon, OB \approx R\delta, AB \approx R\theta \tag{2-16}$$

另外 OB 与 x 轴正方向的夹角 $\varphi = \omega_s t$(假定 x 轴正向位置为时间起点),OA 与 x 轴正方向的夹角为 φ_0。故由 $\triangle AOB$ 可得

$$(R\theta)^2 = (R\delta)^2 + (R\varepsilon)^2 - 2(R\delta)(R\varepsilon)\cos(\varphi - \varphi_0)$$

$$\theta = \delta^2 + \varepsilon^2 - 2\delta\varepsilon\cos(\omega_s t - \varphi_0) \tag{2-17}$$

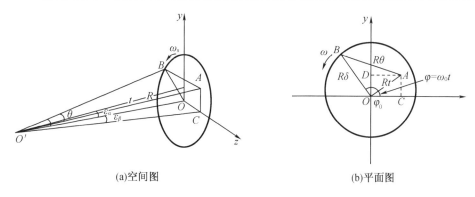

(a)空间图　　　　　　　　　　(b)平面图

图 2 - 25　圆锥扫描空间几何图

通常 $\varepsilon \ll \delta$,所以

$$\theta \approx \delta - \varepsilon \cos \theta(\omega_s t - \varphi_0) \tag{2 - 18}$$

波束在圆锥扫描过程中,导弹方向与波束最大辐射方向之间的夹角 θ 是随时间按式 (2 - 18)周期变化的。θ 最小时收到的回波信号最强,θ 最大时收到的回波信号最弱。假定 天线的方向性函数为 $F(\theta)$,则收到的信号电压振幅为

$$U = KF^2(\theta) = KF^2[\delta - \varepsilon \cos(\omega_s t - \varphi_0)] \tag{2 - 19}$$

由于 $\varepsilon \ll \delta$,将上式在 δ 处展开泰勒级数并忽略高次项,则

$$
\begin{aligned}
U &\approx K[F^2(\delta) - 2F(\delta)F'(\delta)\varepsilon \cos(\omega_s t - \varphi_0)] \\
&= KF^2(\delta)\left[1 - \frac{2F'(\delta)\varepsilon \cos(\omega_s t - \varphi_0)}{F(\delta)}\right] \\
&= U_0 + U_m \cos(\omega_s t - \varphi_0) \\
&= U_0\left[1 + \frac{U_m}{U_0}\cos(\omega_s t - \varphi_0)\right] \\
&= U_0[1 + m\cos(\omega_s t - \varphi_0)]
\end{aligned}
\tag{2 - 20}
$$

式中,K 为比例常数,与导弹距离及雷达参数有关。$U_0 = F^2(\delta)K$ 为天线轴线(等信号轴)对 准导弹时接收到的信号电压振幅,它与导弹的距离(表现在比例系数 K 上)及等信号轴处的 天线增益有关,$U_m/U_0 = m$ 为误差信号的调制度。通常 U_0 随目标的距离远近而缓慢变化, 所以 U_0 可以近似看成直流。接收信号振幅的交流分量为

$$u_\varepsilon = U_m \cos(\omega_s - \omega_0) \tag{2 - 21}$$

就是要求出的圆锥扫描雷达角误差信号。误差信号的频率等于圆锥扫描频率,其振幅为

$$U_m = U_0\left[-2\frac{F'(\delta)}{F(\delta)}\varepsilon\right] = U_0 \eta \varepsilon \tag{2 - 22}$$

可见角误差信号的振幅与误差角 ε 成正比。故误差信号 u_ε 的振幅表示了导弹偏离等 信号轴的程度。其中:

$$\eta = \left[-2\frac{F'(\delta)}{F(\delta)}\right] = \frac{U_m}{U_0} \cdot \frac{1}{\varepsilon} = \frac{m}{\varepsilon} \tag{2 - 23}$$

称为测角率,测角率是单位误差角产生的调制度。

误差信号 u_ε 的初相角 φ_0 表示导弹偏离等信号轴的方向。例如,$\varphi_0 = 0$,表示目标只有

方位角误差,且偏在等信号轴右方,此时

$$u_\varepsilon = u_m \cos \omega_s t \qquad (2-24)$$

若 $\varphi = 90°$,导弹只有仰角误差,且偏在上方,则

$$u_\varepsilon = u_m \sin \omega_s t \qquad (2-25)$$

当 $\varphi_0 = 180°$ 或 $270°$ 时,上述两电压分别改变极性,说明目标在另一方向。φ_0 为任意值时,则目标同时有方位角和仰角误差,此时 u_ε 用式 $(2-21)$ 表示。

2.5.1.2 角误差电压的分析

因为导弹的方位角和仰角误差信息同时包含在角误差信号 u_ε 中,为了用两个随动系统分别控制导弹飞行,就必须把 u_ε 中的方位角误差信号与仰角误差信号分解开。

由图 $2-25$,若目标 A 的方位角误差为 ε_α,仰角误差为 ε_β,则

$$OC \approx R\varepsilon_\alpha = OA\cos \varphi_0 = R\varepsilon \cos \varphi_0$$
$$OD \approx R\varepsilon_\beta = OA\sin \varphi_0 = K\varepsilon \sin \varphi_0 \qquad (2-26)$$

故

$$\varepsilon_\alpha = \varepsilon \cos \varphi_0$$
$$\varepsilon_\beta = \varepsilon \sin \varphi_0 \qquad (2-27)$$

再将式 $(2-21)$ 展开:

$$u_\varepsilon = U_m \cos(\omega_s t - \varphi_0) = U_m \cos \varphi_0 t\cos \omega_s t + U_m \sin \varphi_0 t\sin \omega_s t \qquad (2-28)$$

与式 $(2-16)$ 和式 $(2-17)$ 比较可知,等式右侧第一项为方位角误差信号,第二项为仰角误差信号,若分别用 $u_{\varepsilon\alpha}$ 和 $u_{\varepsilon\beta}$ 表示,则

$$u_{\varepsilon\alpha} = U_m \cos \varphi_0 \cos \omega_s t = U_{m\alpha} \cos \omega_s t$$
$$u_{\varepsilon\beta} = U_m \sin \varphi_0 \sin \omega_s t = U_{m\beta} \sin \omega_s t \qquad (2-29)$$

利用式 $(2-22)$ 和式 $(2-26)$,有

$$u_{m\alpha} = U_m \cos \varphi_0 = U_0 \eta\varepsilon \cos \varphi_0 = U_0 \eta \cdot \varepsilon_\alpha$$
$$u_{m\beta} = U_m \sin \varphi_0 = U_0 \eta\varepsilon \sin \varphi_0 = U_0 \eta \cdot \varepsilon_\beta \qquad (2-30)$$

也就是在 u_ε 中包含的方位角误差信号和仰角误差信号的振幅 $u_{m\alpha}$ 和 $u_{m\beta}$ 分别与方位角误差和仰角误差 ε_α、ε_β 成正比,只要能分别取得振幅电压 $u_{m\alpha}$ 和 $u_{m\beta}$,就可以分别控制导弹在两个方向运动。

利用相位检波器可以从误差 u_ε 中分解出 $u_{m\alpha}$ 和 $u_{m\beta}$。

如图 $2-26$ 所示,若用 $u_\varepsilon = U_m \cos(\omega_s t - \varphi_0)$ 作为相位检波器的输入,以 $U_K \cos \omega_s t$ 作为基准 $(U_K \gg U_m)$,则相位检波器输出为

$$K_d U_m \cos \varphi_0 = K_d U_{m\alpha} \qquad (2-31)$$

即为方位角误差电压。若以 $U_K \sin \omega_s t$ 作为基准,则输出为

$$K_d U_m \sin \varphi_0 = K_d U_{m\beta} \qquad (2-32)$$

即为仰角误差电压。

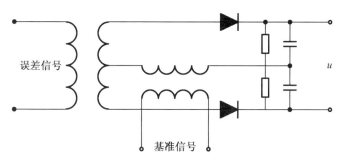

图 2-26　相位鉴别器原理图

所以要把角误差信号分解成方位误差电压和仰角误差电压需要用两个相位检波器(分别称为方位角相位检波器和高低角相位检波器)和两个相位差 90°的基准电压,若以 x 轴正方向作为波束圆锥扫描的时间起点,则方位角基准电压为 $U_K \cos \omega_s t$,高低角基准电压为 $U_K \sin \omega_s t$。

2.5.1.3　基准信号的传递

为了取出导弹的方位角、高低角偏差,应向导弹上发送 $U_K \cos \omega t$、$U_K \sin \omega t$ 信号,经相位检波误差电压。

$U_K \cos \omega t$、$U_K \sin \omega t$ 信号称为基准信号。它一般由控制站波束扫描电动机带动基准信号发生器(发电机、旋转变压器等)产生。用它对雷达发射脉冲调频,向弹上发送。弹上接收后,先将受波束扫描调制的脉冲限幅变为等幅调频脉冲,再经鉴频器后,输出基准信号,如图 2-27 所示。

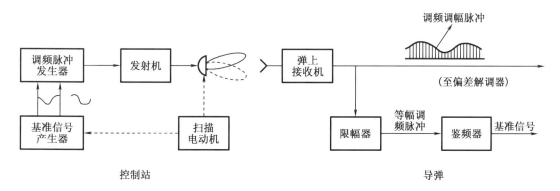

图 2-27　用脉冲调频传送基准信号的原理

2.5.1.4　导引指令形成

设导弹用直角坐标控制法,略去导引指令中的补偿信号和校正信号。将由

$$u_\Delta(t) = U_{m\Delta}(\cos \omega t - \varphi) \qquad (2-33)$$

得到的角偏差信号乘以导弹的斜距 r_d 得线偏差信号 $\Delta r_d(\cos \omega t - \varphi)$。将线偏差信号、基准信号送至 ε、β 相位检波器,便得到引导指令 K_ε、K_β,由 r_d 机构给出。K_ε、K_β 的形成如图 2-28所示。

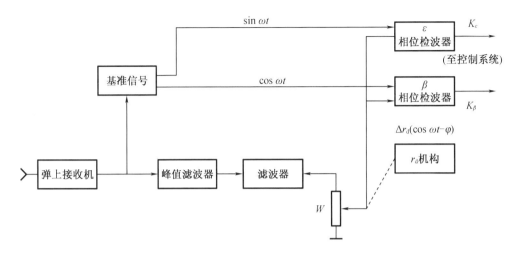

图 2 – 28　弹上接收机、导引指令形成装置方框图

2.5.1.5　圆锥扫描雷达波束制导考虑的问题

弹上应用圆极化天线。因导引波束扫描时,辐射的电磁波极化方向也旋转,为了避免极化调制引起误差,弹上应用圆极化天线或组合天线。

导弹接收控制站的直接能量,一般用低灵敏度的直接检波接收机。为了保护晶体管,天线后应加衰减器,且衰减量随 r_d 增大而减小。

导弹的喷焰是一种游离电子密度很大的电离气体。因此,导弹接收的电波将被衰减和受杂乱振幅调制。所以,应合理安装接收天线的位置(如将天线装在导弹尾部周围),使接收的电波尽量不通过喷焰,或在发动机燃料中添加能迅速消除电离的物质(如四乙基铅等)。

为了提高导引精度,导引波束视场不能太大,一般为 4°～6°,为将导弹引入窄导引波束,初始应用宽视场(一般为 40°～70°)导引波束。

2.5.2　单雷达波束制导

单雷达波束制导由一部雷达同时完成跟踪目标和引导导弹的任务,如图 2 – 29 所示。在制导过程中,雷达向目标发射无线电波,目标回波被雷达天线接收,通过天线收发开关送入接收机,接收机输出信号,直接送给目标角跟踪装置,目标跟踪装置驱动天线转动,使波束的等强信号线跟踪目标转动。

如果导弹沿波束中的等强信号线飞行,在波束旋转一个周期内,导弹接收到的信号幅值不变,如果导弹飞行偏离等强信号线,导弹接收到的信号幅值随波束的旋转而发生周期性变化,这种幅值变化的信号就是调幅信号。导弹接收到调幅信号后,经解调装置解调,并与基准信号进行比较,在指令形成装置中形成控制指令信号,控制电路根据指令信号的要求操纵导弹,纠正导弹的飞行偏差,使其沿波束的等强信号线飞行。

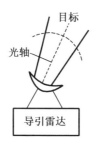

图 2 - 29　单雷达波束制导

为了准确地将导弹引向目标,对发射天线及其特性以及发射机的稳定性有较高的要求。在发射天线的一个旋转周期内,为了使发射机发射出的信号强度在等强信号线上保持不变,则要求天线必须形成精确形状的波束,而且,发射机的功率必须保持固定不变。

在雷达波束制导系统中,制导准确度随导弹离开雷达的距离增加而减小。在导弹飞离雷达站较远时,为了保证较高的导引准确度,就必须使波束尽可能窄,所以在这种导引系统中应采用窄波束。但采用窄波束的同时会产生另外一些问题,如导弹发射装置很难把导弹射入窄波束中,并且由于目标的剧烈机动,波束做快速变化时,导弹飞出波束的可能性随之增大。

为保证将导弹射入波束中,可以让导引雷达采用高低不同的两个频率工作,使一部天线产生波束中心线相同的一个窄波束和一个宽波束,宽波束用来引导导弹进入波束,窄波束用来做波束制导。

单雷达波束制导由于采用一部雷达制导导弹并跟踪目标,设备比较简单,但由于这种波束制导系统只能用三点法引导导弹,不能采用前置点法,因而导弹的弹道比较弯曲,制导误差较大。

2.5.3　双雷达波束制导

双雷达波束制导系统也是由制导站和弹上设备两部分组成的。制导站通常包括目标跟踪雷达、导引雷达和计算机,如图 2 - 30 所示。弹上设备包括接收机、信号处理装置、基准信号形成装置、控制指令信号形成装置和控制回路等。

双雷达波束制导可以采用三点法导引导弹,也可以采用前置角法。采用三点法导引时,目标跟踪雷达不断地测定目标的高低角、方位角等数据,并将这些数据输入计算机,计算机进行视差补偿计算,即计算由于导引雷达和目标跟踪雷达不在同一位置而引起的测定目标角坐标的误差,并进行补偿。在计算机输出信号的作用下,导引雷达的动力传动装置带动天线转动,使波束等强信号线始终指向目标;前置角法导引时,目标跟踪雷达不断地测定目标的高低角、方位角和距离等数据,并将这些数据输入计算机。计算机根据目标和导弹的运动数据,算出前置点坐标,并进行视差补偿。在计算机输出信号的作用下,制导雷达的动力传动装置带动天线转动,使波束的等强信号始终指向导弹与目标相遇的前置点。不论采用三点法还是前置角法导引导弹,弹上设备都是控制导弹沿波束的等强信号线飞行,弹上设备的工作情况都是一样的。

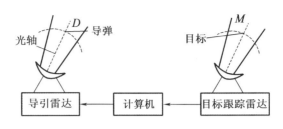

图 2-30 双雷达波束制导

双雷达波束制导系统虽然能用三点法和前置角法导引导弹,但这种系统必须有测距装置,设备较单雷达制导复杂。

在双雷达波束制导系统中,一部雷达跟踪目标,另一部雷达导引导弹,这时雷达波束不需要加宽,如果导引雷达的波束较窄,必须采用专门的计算装置,该装置根据自动跟踪目标雷达提供的数据,不仅能计算出导弹与目标相碰时的弹着点,而且可以产生相应于导引雷达、波束运动的程序,这种程序用来消除窄波束在空间过于快的变化。

不论单雷达波束制导还是双雷达波束制导,把导弹引向目标的导引准确度在很大程度上取决于跟踪目标的准确度,而跟踪目标的准确度不仅与波束宽度和发射机稳定性有关,而且也与反射信号的起伏有关。雷达在跟踪运动目标时,跟踪雷达接收装置的输出端产生反射信号的起伏,反射信号的起伏与目标的类型、大小及其运动特性有关。为了减少起伏干扰的影响,最好将波束在不同位置时所接收到的信号迅速比较,也就是让波束快速旋转。

跟踪目标的准确度主要受到在频率上接近波束旋转频率的起伏分量及其谐波分量的限制。而这些分量的大小与跟踪回路的通频带成正比,因此要求把通频带减小到目标运动特性允许的最低限度。跟踪地面和海面上运动速度较慢目标的雷达应采用较窄的通频带,而跟踪空中运动速度较快目标的雷达采用的通频带必须宽。

由于雷达波束制导系统相对来说比较简单,有较高的导引可靠性,因此它广泛应用于地空、空空和空地导弹,也可以用来导引地地弹道式导弹在弹道初始段上的飞行。雷达波束制导系统作用距离的大小主要取决于目标跟踪雷达和导弹导引雷达的作用距离的大小,而受气象条件影响很小,其优点是,沿同一波束同时可以制导多枚导弹,但在导弹飞行的全部时间中,跟踪目标的雷达波束必须连续不断地指向目标。在结束对某一个目标攻击之前,不可能把导弹引向其他目标。雷达波束制导系统的缺点是,导弹离开导引雷达的距离越大,也就是导弹越接近目标时,导引的准确度越低,而此时正是要求提高准确度的时候,为了解决这一问题,在导弹攻击远距离目标时,可以采取波束制导与指令制导、主动/半主动或被动寻的制导组合的复合制导系统。

此外,在雷达波束制导系统中,制导雷达在导弹整个飞行过程中需要不间断地跟踪目标,容易受到反辐射导弹的攻击,而且缺乏同时对付多个目标的能力。

2.6　典型直升机/无人机机载遥控制导装备

2.6.1　BGM - 71 TOW("陶")式反坦克导弹

TOW 是早期武装直升机最常用的一种反坦克导弹,TOW 是 tube-launched,optically-tracked,wire-guided 的首字母缩写,译为筒式发射、光学跟踪、有线制导,这种导弹采用红外半自动有线指令制导方式。在导弹的尾部安装命中诱导线圈,在导弹发射后,检测导弹红外线照射目标并瞄准,从而命中目标。BGM - 71 TOW(陶 - 2)式反坦克导弹的结构如图 2 - 31 所示。

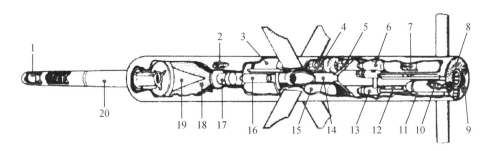

1—收发信管;2—电子部件;3—飞行用马达;4—陀螺仪;5—发射用马达;6—燃气管;7—信号电子部件;

8—红外线信号源;9—氙信号源;10—金属线分配器;11—调整装置;12—控制/弹簧;13—控制/系统/调节器;

14—C 电池;15—A 电池;16—点火装置;17—安全装置;18—成型炸药;19—衬垫;20—延长探针。

图 2 - 31　BGM - 71 TOW(陶 - 2)式反坦克导弹结构图

自 1970 年陶式导弹装备美国陆军以来,已形成系列化产品,如图 2 - 32 所示。"陶"式先后发展出多个型号:基型陶 BGM - 71A、改良陶 BGM - 71B、改型陶 BGM - 71C、陶 - 2(BGM - 71D)、陶 - 2A(BGM - 71E)、陶 - 2B(BGM - 71F)、陶 - 2C、陶 - 2D、陶 - 2N、无线陶"。陶 - 2 具备数字化诱导系统、红外热像夜视瞄准(AN/TAS - 4)的全天候应用能力,实现了火箭动力的改良与弹头的大型化。1987 年登场的陶 - 2A,安装了针对反作用装甲的弹头,装甲贯穿力可达 800 mm。陶 - 2B 是对装甲薄弱的坦克顶端进行攻击的顶部攻击型导弹。导弹通过敌方坦克上方的同时,通过导弹内部的引信系统引爆安装在斜下方的 2 个成形炸药弹头,直击坦克上厚的装甲板。

以下给出了美军 AH - 1S 直升机发射陶式导弹的过程。

侦查直升机发现攻击目标后,AH - 1S 进入攻击位置。一旦敌方坦克进入 TOW 导弹射程范围,AH - 1S 的飞行员可以将机体迅速上升,达到遮蔽物上空的可射击位置。射手用机头的 TSU(telescopic sight unit)瞄准器进行瞄准并发射导弹。进攻的时候,后舱驾驶员操纵直升机,前舱射手进行瞄准、射击和发射后的诱导。若要飞行顺利、攻击准确,二者的合作十分必要。AH - 1S 的驾驶舱如图 2 - 33 所示。

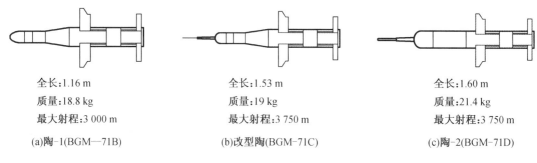

全长:1.16 m
质量:18.8 kg
最大射程:3 000 m

(a)陶-1(BGM—71B)

全长:1.53 m
质量:19 kg
最大射程:3 750 m

(b)改型陶(BGM—71C)

全长:1.60 m
质量:21.4 kg
最大射程:3 750 m

(c)陶-2(BGM—71D)

图 2－32　典型"陶"式导弹外形图

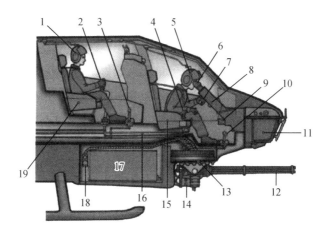

1—飞行员用头盔瞄准系统;2—周期变距操纵杆;3—踏板;4—周期控制杆;5—副驾驶员/射手用头盔瞄准系统;
6—TSU 瞄准器;7—操作手柄;8—调整调节器;9—照相机/黑匣子;10—脚踏板;11—TSU;12—20 mm M197 机枪;
13—回旋炮塔驱动设备;14—炮驱动装置;15—副驾驶员/射手座席;16—控制杆;17—20 mm 弹夹仓;
18—弹药攻击口;19—副驾驶员席。

图 2－33　AH－1S 的驾驶舱

副驾驶员/射手通过将机头的 TSU 转换为射击用的望远模式从而捕捉目标,在 TSU(图 2－34)的瞄准镜的中心捕捉到目标,并进行目标测距。如果在射程内正确捕捉到了目标,那么瞄准带内绿灯闪动。得到确认后,随着发射口令同时发射 TOW 导弹。发射后,继续在 TSU 瞄准范围内捕捉目标。通过操纵手柄,使目标一直位于瞄准器的瞄准圆中央,这样导弹向目标飞行并命中。TOW 导弹采用有线制导方式,因此,即使直升机受到敌方的攻击,在导弹到达目标之前,也无法采取较大规模的规避行动。如果不能持续捕捉到目标,就不能命中,如果进行剧烈的行动,制导用的线缆就会断开。

2.6.2　HOT("霍特")反坦克导弹

欧洲版"陶"也称作"霍特","霍特"全长 1.27 m,直径 0.13 m,射程 4 000 m,装甲贯穿力约 800 mm。目前开发出了弹头更为强力的霍特－2 和 2 层式弹头的霍特－3(图 2－35),可搭载在车辆和直升机上。"霍特"的工作原理与陶－2 相同,射手可持续瞄准目标并命中。工作过程为:依靠固体燃料助推器从管状发射机发射,射出后动力部点火并飞行,马达燃烧的时间是 17 s,之后靠惯性飞行,通过红外线感知瞄准装置捕捉尾部释放的红外线并进行制导。

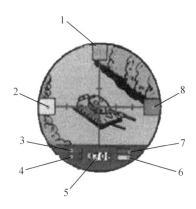

1—绿灯;2—TCP 模式选择灯;3—红灯(不能测距);4—绿灯;5—距离显示器;

6—黄灯(不具备测距光功能);7—红灯;8—表示不能发射 TOW。

图 2 - 34　TSU 瞄准系统

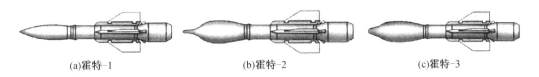

(a)霍特-1　　　　　　　　(b)霍特-2　　　　　　　　(c)霍特-3

图 2 - 35　典型"霍特"导弹外形图

如图 2 - 36 所示,"霍特"导弹采用无尾式气动外形布局和推力矢量控制方案,4 片前缘后掠 65°、切梢三角形、圆弧状折叠式、小展弦比弹翼,位于弹体中后部,且有 1°10′倾斜安装角,使导弹飞行中低速旋转稳定。单个燃气扰流片位于弹体尾部主发动机喷口处,飞行中由燃气舵机控制扰流片偏转运动,提供导弹气动控制力。4 个起飞发动机的外斜喷管位于每片弹翼后缘根部,使导弹在发射时获得飞离发射管的前进速度和稳定弹道的初始旋转速度。导弹头部呈尖锥形,弹体呈圆柱形,全弹分为前、中、后 3 个舱段:前舱段为战斗部与引信舱,中舱段为发动机舱,后舱段为制导控制舱。整装弹由导弹及其发射管组成,发射管兼作包装、储存和运输装置。

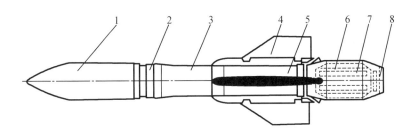

1—战斗部;2—引信;3—续航发动机;4—弹翼;5—起飞发动机;6—线管;7—制导组件;8—红外辐射器。

图 2 - 36　典型"霍特"导弹结构图

红外辐射器由内环辐射器与外环辐射器组成,装在尾部组件的后端。内/外环辐射器由 5 个 $\phi6 \times 0.2$ mm 的环形钽管组成,管内装有四氧化三铅和硅粉的混合物。用电点火器点燃,燃烧时可将钽管加热到 2 000 ~ 2 500 ℃,辐射出波长为 0.6 ~ 0.7 μm 的红外射线。白天发射时,内/外环辐射器均点燃;夜间发射时,通过发射装置上的选择开关,只点燃内环辐射器。该弹装备法、德两国陆军的"海豚"、"小羚羊"、"山猫"、BO105 等武装直升机。作战使用时须与机载火控系统,如吊装式陀螺稳定光学瞄准具、红外定向仪、指令计算机和指令信号发生器等配合工作。

飞行员使用光学瞄准具对目标进行瞄准、跟踪。红外定向仪的光轴随动于光学瞄准具的视线指向目标,同时带动发射架在高低方向做相应移动,该发射架装在机身两侧短翼下,水平方向固定,高低方向有 +2.25° 的活动范围。导弹发射后,迅速进入红外定向仪视场,对导弹尾部的红外辐射器进行跟踪,连续测定导弹相对瞄准线的角偏差,然后将其转换成侧向偏差信号,输送给指令信号发生器,后者将其与来自弹上陀螺仪的导弹横滚基准信号进行比较,形成宽度和相位随导弹飞行侧向偏差而变化的控制指令,通过控制导线输送给弹上指令接收机,经整流放大后输送给舵机的电磁线圈产生电磁力吸动衔铁,带动尾喷口处的扰流片运动,产生消除导弹飞行偏差所需的气动控制力,使导弹返回瞄准线上,直至命中目标。为确保导弹在起飞后能可靠地进入红外定向仪视场,除发射装置准确发射外,导弹还装有姿态稳定陀螺仪,姿态稳定陀螺仪在导弹发射后 0.3 ~ 0.8 s 开始工作,保证导弹在进入受控状态之前的飞行稳定性。

2.6.3 AT – 2"蝇拍"反坦克导弹

AT – 2 是苏联自行研制并装备部队使用的、拥有首批机载型号的第一代重型反坦克导弹。如图 2 – 37 所示为该弹采用鸭式气动外形布局,2 片三角形小舵面位于弹体头部后方两侧,4 片呈 X 形配置的切梢三角形大弹翼分布在弹体中后部,每片弹翼后缘各有 1 片横滚控制副翼。聚能破甲战斗部和触发引信位于导弹的前舱,穿甲厚度 500 mm。固体火箭发动机位于导弹的后舱,2 个喷管位于弹体两侧的 2 片弹翼之间。在弹体两侧下部弹翼的翼根处各有 1 个光学跟踪用的很长的发光管,从翼根延伸到接近弹体尾端,供直升机或直升机射手对发射后的导弹进行跟踪控制。无线电指令控制装置位于弹体尾部。AT – 2B 使用人工无线电指令制导方式,AT – 2C 使用半自动无线电指令制导方式,在总体性能上属第一代反坦克导弹范畴,主要缺点是射程短,但战斗部质量大。

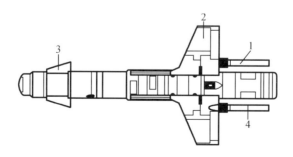

1—发光管;2—翼片;3—舵片;4—发光管。

图 2 – 37 AT – 2B"蝇拍"反坦克导弹结构图

第3章 激光制导原理

激光制导是20世纪60年代才开始发展起来的一种新技术,它是利用激光获得制导信息或传输制导指令使导弹按一定导引规律飞向目标的一种制导方法,主要包括激光寻的制导、激光波束制导和激光指令制导三种制导方式。

3.1 激光寻的制导

激光寻的制导是由弹外或弹上的激光束照射到目标上,弹上的激光寻的器利用目标漫反射的激光形成引导指令,实现对目标的跟踪和对导弹的控制,使导弹飞向目标的一种制导方式。如图3-1所示为激光寻的制导示意图。

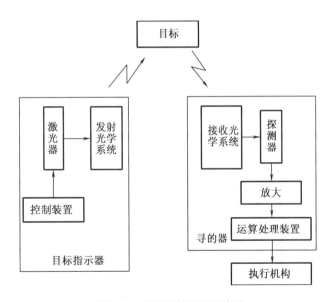

图3-1 激光寻的制导示意图

若寻的制导的激光源(目标指示器)在弹上,则称为主动制导,这种激光制导的自动化程度高,但目前还处在发展阶段。

若寻的制导的激光源位于弹体之外,则称为半主动制导。激光半主动制导又称为激光半主动回波制导,由位于弹体之外的激光目标指示器照射目标,弹上的激光导引头跟踪目标反射的激光信号,并由此信号解算出目标的视线角和视线角速度,再由弹上计算机综合弹体姿态信号并按照给定的制导律处理成控制信号,输给执行机构,使武器跟踪目标直至命中目标。激光半主动制导的优点是制导精度高、抗干扰能力强、结构简单、武器系统成本低。然而,由于在摧毁目标之前需要一直用指示器照射目标,不具有"发射后不管"能力,激光指示器的运载平台有可能遭受敌方的攻击。

实现激光寻的制导必须突破与激光指示器/照射器有关的目标指示/照射技术、脉冲编码技术,与制导弹药有关的高灵敏度抗过载激光探测技术、弹道控制与误差修正技术等关键技术。

3.1.1　激光目标指示/照射技术

激光寻的制导系统需要由激光目标指示器为激光制导武器指示目标。作战时,首先由激光目标指示器发射激光束照射目标,随后激光导引头接收目标漫反射的回波信号,制导系统形成对目标的跟踪和对弹药的控制信号,从而将制导弹药准确地导向目标。激光目标指示器是激光制导系统的重要组成部分,也是决定制导精度的首要因素。

如图 3 - 2 所示,激光目标照射器主要由观察瞄准子系统和激光发射子系统两部分组成。

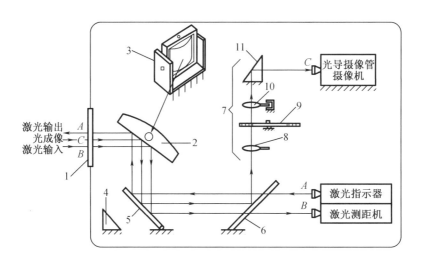

1—窗口;2—可控稳定反射镜;3—陀螺;4—角隅棱镜;5—可调反射镜;6—分束镜;7—光学系统;

8—透镜;9—中性密度滤光镜;10—透镜;11—棱镜。

图 3 - 2　一种激光目标照射器

观察瞄准子系统的核心是瞄准光学系统,瞄准光学系统用于初始捕获瞄准目标,应当有足够的放大倍率、足够的视场以及准确的瞄准线。其中放大倍率和视场相互矛盾,需要根据目标尺寸、气象条件等因素进行折中并确定折中参数。随着光电技术的发展,原始的瞄准光学系统已经被现代光电成像系统所替代,现代光电成像系统将视场内景物以视频图像的形式呈现在操作人员眼前,在视频图像中还叠加了瞄准符号和目标信息,极大地方便了操作人员的操作使用。

激光发射子系统由激光器和发射光学系统组成,激光器是激光目标指示器的关键部件,目前已装备的激光目标指示器大多采用波长为 1.06 μm 的 Nd:YAG(钇铝石榴石)激光器(图3－3)。

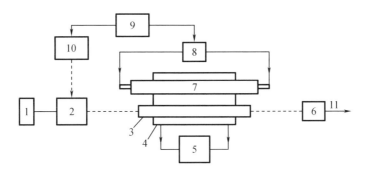

1—全反射镜;2—Q开关;3—激光棒;4—泵浦腔;5—冷却器;6—部分反射镜;7—泵浦灯;8—电源;

9—频率控制/编码器;10—延时器;11—输出巨脉冲。

图3－3　YAG 调 Q 激光器

除激光波长外,脉冲峰值功率、脉冲宽度、重复频率、束散角及光斑的均匀性也是激光目标指示器设计过程中需要考虑的主要因素。脉冲峰值功率由系统总体要求确定,应能保证导引头中的探测器有响应;脉冲宽度应满足探测器的响应时间和放大器带宽要求;重复频率决定了制导控制指令的数据传输率,重复频率越高,可能达到的制导精度也就越高,但重复频率也不能过高,否则会使数据率过大;束散角应尽可能小,避免光斑过大;激光光斑的均匀性关系到制导弹药的飞行误差,这就要求激光光斑应尽可能均匀。发射光学系统则用于进一步减小光束的束散角,并将其发射至要攻击的目标区,发射光学系统应当使指示器发出的激光束满足指示精度的要求。在发射光学系统的设计过程中需要避免镜片各曲面的聚焦对后面的元器件造成损伤。表3－1给出了国外激光目标指示器中激光器的典型性能指标。

表3－1　国外目标指示激光器具有代表性的性能指标

激光波长		1.06 μm
激光束散角(90%能量)		<2.5 mrad
脉冲重复频率(可调、可编码)		10 ~ 20 Hz
激光脉宽		20 ns
激光能量	机载激光目标指示器	>150 mJ
	三脚架激光目标指示器	>100 mJ
	遥控飞行器载/手持式指示器	>50 mJ
激光功率		2 ~ 11 MW
激光效率		≥1%

瞄准光学系统与激光发射光学系统不论在待机时还是在工作中都应该保持同轴或光轴平行,这是确保激光目标指示器指示精度的关键。对于需要兼具测距能力的激光目标指示器,其光学系统除了常见的瞄准光学系统和发射光学系统之外,还需要接收目标反射激

光的接收光学系统。

为了实现战术要求,激光目标指示器除了应该具有足够高的指示精度和恰当的指示距离外,还应该尽可能地降低功耗并减小尺寸。激光目标指示器的指示精度对整个武器系统的精度有很大的影响,取决于瞄准精度、激光束散和大气湍流。

指示器的瞄准精度与下列因素有关:

(1)在激光器运转过程中的温度变化或颠簸振动时引起的激光束相对瞄准线的漂移;

(2)瞄准光学系统与发射光学系统的校准误差;

(3)跟踪目标时的颤动、跳动和偏离目标。

第一个因素取决于激光器而且是随机的,后两个因素则与光学系统和跟踪装置有关。瞄准精度可以通过改进激光器性能、精确校准观察瞄准子系统和激光发射子系统的光轴、减小激光束相对瞄准光轴的漂移和采用阻尼跟踪机构来提高;激光束散用改进激光谐振腔和附加足够倍率的发射光学系统来减小;大气湍流的影响在黑夜可以忽略不计,但在白天却必须考虑。

激光目标指示器的指示距离受激光功率、目标尺寸、指示精度、大气能见度和作战条件等因素的限制。为了降低激光目标指示器的功耗并减小其尺寸,就必须提高激光器的电光转换效率,电光转换效率受激光工作物质、调 Q 元件的开关特性、聚光腔的聚光效率、谐振腔的调校精度及参数匹配、安装结构的刚性等因素的影响。因此可以通过精选激光工作物质、改进激光谐振腔以及设法提高电源效率等措施对激光器进行优化,提高电源效率对于采用独立电源供电的激光目标指示器尤为重要。

3.1.2 高灵敏度、抗高过载激光探测技术

为了将激光制导弹药准确地导向目标,弹上的激光接收器必须能够可靠地探测到激光目标指示器产生的信号。对于激光探测器的要求之一是必须具有非常高的灵敏度;另一个要求则是要能够承受高的过载,这样才适合装到需要高速运动的制导弹药上,特别是在发射时须承受高冲击加速度的制导弹药上。

激光寻的制导弹药激光导引头的作用,一是探测目标反射的激光能量,二是按制导规律将测定的参量送入控制系统。导引头是技术高度密集的光、机、电紧密结合的精确制导部件,它由光学系统和后面的象限探测器两个主要部分组成。根据光学系统或象限探测器与弹体的装配方式不同,导引头的结构可以分为捷联式、万向支架式、陀螺稳定光学系统式、陀螺－光学耦合式和陀螺稳定探测器式五种。捷联式导引头的光学系统和探测器直接固定在弹体上,光轴不跟踪目标,光学系统常采用单透镜或菲涅尔透镜。万向支架式导引头的光学系统和探测器均固定在万向支架上,光轴不独立跟踪目标。陀螺稳定光学系统式导引头的光学系统和探测器均陀螺稳定,而且光学系统通常作为陀螺转子的主要部分,其探测器固定在陀螺的内环上,不旋转但可随光轴运动。陀螺－光学耦合式导引头结构简单、性能良好,应用最广泛。其光学系统的主要部分和探测器均固定在弹体上,陀螺只稳定一个小反射镜。陀螺稳定探测器式导引头采用与前述相反的稳定光轴的方法,光学系统固定在弹体上,探测器用陀螺稳定,这一方法采用了同心光学系统,光学系统的像面是球面,

其球心和反射镜的球心重合,当来自目标的光线的方向不变时,不论光学系统如何倾斜,目标像的位置均保持不动,如果将探测器置于像面上,并用陀螺稳定,则探测器中心与球心中心之间的连线便是稳定的光轴。表 3 - 2 列出了这几种结构的主要特性,在这几种结构中大部分都集成了稳定陀螺,其作用主要是利用陀螺的定轴性保证导引头能够稳定接收来自目标的漫反射激光束,以及利用其进动性快速地捕获目标和自动跟踪目标。

表 3 - 2　导引头五种结构的主要特性

形式简况	捷联式	万向支架式	陀螺稳定光学系统式	陀螺 - 光学耦合式	陀螺稳定探测器式
结构特点	光学系统及探测器均固定在弹体上	光学系统及探测器均固定在万向支架上	光学系统及探测器均由动力陀螺直接稳定	透镜及探测器均固定在弹体上,陀螺只稳定反射镜	光学系统固定在弹体上,陀螺稳定探测器
扫描跟踪能力	无	能独立扫描跟踪,活动范围大	能独立扫描跟踪,活动范围大	能独立扫描跟踪,活动范围中等	能独立扫描跟踪,活动范围中等
视场	视场大	瞬时视场小,动态视场大	瞬时视场小,动态视场大	瞬时视场小,动态视场中等	瞬时视场小,动态视场中等
探测器	尺寸大,时间常数大	尺寸小,时间常数小	尺寸小,时间常数小	尺寸小,时间常数小	尺寸小,时间常数小
背景干扰	大	小	小	小	小
弹体运动影响	大	小	无	无	无
输出信号	目标角误差信号	目标角误差信号、支架角信号	目标角速率信号、支架角信号	目标角速率信号、支架角信号	目标角速率信号、支架角信号
精度	低	中等	高	高	高
复杂性、可靠性	好	中等	差	中等	中等
使用情况	攻击机动性差的大目标	攻击机动性差的大目标	攻击机动性好的小目标	攻击机动性好的小目标	攻击机动性好的小目标

导引头的光学系统位于激光导引头的最前端,功能是接收、会聚目标所反射的激光回波信号。光学系统决定了后面的探测器光敏面的大小,其性能的好坏不仅影响导引头的作用距离以及目标搜索、捕获及跟踪的能力,而且直接关系到整个激光制导武器系统的效能。光学系统既可以是纯透射式的,也可以是折返式的,不管是哪种结构,光学系统通常都包括整流罩、会聚透镜和窄带滤光片等光学元件。整流罩位于整个光学系统的最外面,其外形符合降低气动阻力的要求,可以为导引头中的其他部件提供保护。会聚透镜的作用是缩短

系统焦距,这样有利于进行结构设计,同时还可以平衡系统像差。窄带滤光片只允许所用激光波长透过,因此可以提高系统的信噪比。在具体的系统设计过程中,需要符合以下要求:整流罩内、外表面为同心球面,即其厚度是内、外表面曲率半径之差;陀螺机构以整流罩球心为转动中心,这样做主要是保证系统在搜索过程中光学性能的稳定,也可使搜索运动平稳,转动惯量小;采用类似红外系统冷屏的结构将会聚透镜和滤光片封闭起来,主要是为了消除杂散光,进一步提高系统信噪比;系统的焦距由视场和像高(参照探测器光敏面的大小)决定;系统的有效接收孔径面积则与激光目标指示器的发射功率、导引头与目标的距离、整流罩的透过率、制导武器的作用距离、目标反射率、目标反射角以及大气衰减系数等因素有关。

导引头中的象限探测器用来测定目标相对光轴的偏移量大小和偏移量方位。在激光寻的制导系统中,由于战场环境和工作方式的不同,对象限探测器还有一些特殊要求:(1)光敏面积大。这样有利于获得较大的跟踪视场角,提高导引头的稳定性,有利于导弹发射前锁定。(2)灵敏度高。探测器应该具有较高的响应度和低的暗电流,从而能够更好地接收从目标反射的回波信号。(3)动态范围宽。由于激光能量在大气中的衰减很严重,激光回波信号随着距离的增加而急剧减小,因此探测器必须具有很大的动态范围并进行自动增益控制。实际工程运用中常把象限光电探测器和自动增益控制放大电路封装在一个小型的金属壳体内,制成一个带自动增益控制的象限光电放大器组件,从而提高整个导引头的灵敏度和可靠性。

常用的象限探测器分为二元、三元和四元三种,二元、三元象限探测器由于测量误差较大或无法满足探测器均匀性的要求,因此使用上受到很大的限制。与二元、三元象限探测器相比,四元象限探测器的测量误差较小,因此在实际应用中最为常见。在导弹导引头中还可以同时采用两个象限探测器,这种结构形式可以对来自不同区域的信号采用不同的处理方式,可以根据所处的制导阶段方便地调节导引头的跟踪视场。在目标捕获阶段,两个象限探测器均可接收目标信号,这时跟踪视场角大,便于发现和捕获目标。在自动导引阶段(即线性跟踪阶段),外围信号通道被关闭,导引头跟踪视场缩小,从而能够减少外部杂波的干扰,提高系统灵敏度。双象限探测器的缺点是需要在内外象限之间进行切换,系统结构复杂且成本较高。

四象限探测器由相互独立的四只光电二极管组成,四只光电二极管以光学系统的轴线为对称轴,置于焦平面附近。提高四象限探测器的灵敏度(包括量子效率)及响应速度、降低四象限探测器的噪声(暗电流)并减小其带宽、在高响应度的前提下提高各象限各自的均匀性和对短脉冲的探测能力、减小结电容及各象限间的串扰等,是提高导引头制导精度的关键。激光导引头采用的光电二极管主要有 PIN 光电二极管和硅雪崩光电二极管两种。PIN 光电二极管具有电子线路简单、性能稳定可靠等优点。PIN 光电二极管的工作电压要求不高,且环境温度对其性能影响较小。硅雪崩光电二极管本身由于能够通过雪崩效应产生很大的增益,因此探测器的信噪比较高,通常比 PIN 光电二极管高一个数量级。采用硅雪崩光电二极管的象限探测器的探测距离更远,但是由于硅雪崩光电二极管的光敏面积较小,进而影响到导弹的跟踪视场。此外,它还有工作电压偏高、性能受环境温度影响较大等缺点。相对而言,PIN 光电二极管比硅雪崩光电二极管更有优势。

激光目标指示器发出的激光经目标反射后由光学系统聚焦后在四象限探测器上形成光斑,如图 3 – 4 所示。

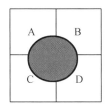

图 3 – 4　四象限探测器原理示意图

A、B、C、D 四个光电二极管分别组成四象限探测器的四个象限。光电二极管产生的光电转换信号经各自的信号放大器放大后形成电压信号,信号幅值与光斑在探测器每个象限的大小有关。光斑位置不同,四个象限输出的电压信号也存在差异,根据这些差异接入和差电路,如图 3 – 5 所示,就可以计算出误差信号,形成制导指令。

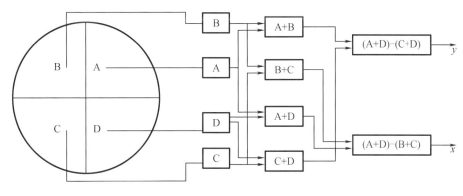

图 3 – 5　和差电路原理图

3.1.3　脉冲编码技术

当激光制导武器攻击目标时,激光指示器需要照射所要攻击的目标,利用目标反射的回波作为制导信息,来导引激光制导武器,为了保证在复杂的战场环境中制导武器能正确识别己方所指示的目标,指示器发射的制导信号要按系统的预先设定编码。

目前,针对激光寻的制导武器系统的干扰技术正迅速发展,主要的干扰方式有:无源干扰(如烟幕干扰和隐身干扰)、有源欺骗干扰(如高重频激光有源干扰、同步转发式干扰和应答式干扰)、致盲干扰。为了对抗有源欺骗干扰,采取的措施主要有:(1)使目标指示信号具有一定规律的编码特征,跟踪系统设置相应的解码电路解码;(2)在跟踪系统上设置脉冲录取波门。通常这两种措施同时被采用,目标指示信号采用编码方式,在激光跟踪系统瞬时视场内出现多批制导信号和干扰信号的情况下能够准确分辨己方的制导信号;而在跟踪系统上设置脉冲录取波门,则是为了使跟踪系统只有在己方的制导信号到达的时刻才开启波门,而在其他时间波门关闭不接受任何信号。

3.1.3.1 激光脉冲编码

采用激光编码技术设置编码,不仅在导引头瞬时视场内出现多个目标时,能够准确攻击指示的目标,还能有效防止敌方的激光干扰。激光目标指示器一般使用 Nd:YAG 激光器进行脉冲编码,其重复频率为 1 ~ 20 Hz 可调,在 10 ~ 20 Hz 之间可以编出 100 组码之多。导引头上有解码电路,一旦接收到预定的编码脉冲,便认为已捕获目标。

由于制导时间短、激光指示器重频不高以及接收信号的弹体反应时间的限制,若采用复杂的编码(如通信编码)会使制导失败。所以对激光寻的制导而言,其可行的编码方式应既简单,又较难被敌方识别。现在最常用的编码方式有周期型编码、等差型编码、位数较低的伪随机编码以及脉宽编码。

激光编码的目的是给激光制导导弹或炸弹提供目标指示信息,必须考虑到解码的可靠性,而在实际战场上电磁环境和光环境均很恶劣,在导引头可能接收干扰脉冲以及可能丢失有效脉冲的情况下,增强导引头工作可靠性的唯一方法就是进行循环编码指示,以便丢失目标后能在极短的时间内重新找回目标。因此,激光编码一般采用周期循环的形式。

激光寻的制导武器一般用于近程(10 km 左右)作战,其有效命中目标的最短发射距离仅为 2 km。因此,以武器飞行马赫数为 1 时计算,攻击时间为 6 ~ 30 s,以重复频率 20 Hz 计算,6 s 的时间内最大有效编码脉冲的数量为 120 个。如果编码位数过长,例如超出 15 位,则最多有 8 组编码。导引头至少需要 1 组编码用于识别,还剩 7 组编码用于指导,在实战环境中可能发生信道阻塞,则用于编码识别的编码不止 1 组,用于制导的编码信号则更少,如此少的制导数据量是难以保证制导精度的。任何编码方案必须兼顾解码的便利和效率,因此在可预计的最高 50 Hz 的重复频率条件下,设计超长编码无任何意义,而且激光目标指示器的编码方案不可能过于复杂,主要可能采用 3 ~ 8 位码,采用 4 位码的可能性最大。需要注意的是,在以下各种码型的基础上,为达到反破译的目的,还可能加入随机干扰信息。

1. 周期型编码

周期型编码有脉冲间隔编码、变间隔码、大周期编码等形式。

脉冲间隔编码又称为固定重频、精确频率、固定位数码。它的脉冲序列具有一定周期,而且一个周期内的各脉冲之间的间隔时间不变。这种码型简单、易实现、易识别。图 3-6 是脉冲间隔编码的生成机理框图,这种编码是在一个固定位数的循环移位寄存器内设置好码型,然后在固定时钟的驱动下循环移位来生成的。

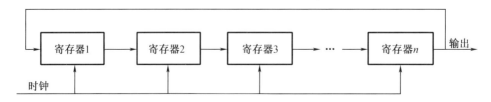

图 3-6 脉冲间隔编码生成机理框图

　　早期的激光寻的制导所采用编码方式较为简单,编码方式多采用基频、4 位脉冲编码,即以某一重频发射的脉冲序列中,每 4 位按一定规律抽取脉冲,其间隔是相同的精确频率码的一种形式。

　　美军激光制导武器使用最为广泛的脉冲间隔编码分为 3 位和 4 位两种,3 位编码的一个周期内包含了 12 个脉位,每 4 个脉位为一组,编码从"111"到"778"变化,即第一位和第二位从"1"到"7",相应的脉冲序列从"0001"到"0111",第三位从"1"到"8",相应的脉冲序列从"0001"到"1000"。4 位编码是在 3 位编码的基础上在其前面加"1"。俄罗斯的 9K25 型 152 mm"红土地"激光末制导炮弹也采用了激光脉冲间隔编码。

　　由于脉冲间隔编码是固定重复频率,故在最小脉冲间隔时间内的脉冲是干扰信号,以此可以快速确定首脉冲和剔除干扰信号。由于脉冲间隔编码的周期性,通常识别两三个周期后即可确定是否为有用信号,在制导途中丢失信号的情况下也可以很快重新锁定信号。

　　变间隔码又称为有限位随机周期脉冲序列,与脉冲间隔码不同,变间隔码的一个周期内的各脉冲之间的间隔时间是变化的,但其脉冲序列具有一定的周期。图 3 - 7 为其示意图,$T_0 \sim T_8$ 代表不同的制导信号脉冲,其中 $T_0 \sim T_4$ 是一个周期,$T_4 \sim T_8$ 是另一个周期。这种码具有重复性,但一个周期内各脉冲之间的间隔时间是随机的,连续接收到几个周期信号后,对其也可以进行识别。

　　若把有限位随机周期脉冲序列的周期内码数的个数增加,使其在一次制导过程中只有一个周期,或第二个周期未完成时制导已结束,这样编码的规律可使敌方很难识别,但同时也增大了己方导引头的识别难度,特别是在制导过程中穿越云层、烟雾等短时丢失目标时。

　　脉冲间隔编码和有限位随机周期脉冲序列是现在最常用的编码方式,各有其特点:脉冲间隔编码能快速确定其首脉冲,易剔除码间干扰信号;有限位随机周期脉冲序列没有固定重频,增大了识别难度。但两种码型都不复杂,且都有周期性可以被识别。

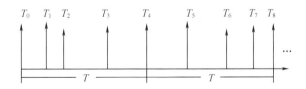

图 3 - 7　有限位随机周期脉冲序列示意图

　　大周期编码又称跳频码,是将不同周期的编码进行组合,可以克服精确频率码和变间隔码存在的固定重频容易被识别的不足。在制导武器攻击过程中,编码信号的周期循环次数很少或不循环,这样被攻击方将很难识别制导信号的编码方式。

　　2. 等差型编码

　　等差型编码是一种脉冲间隔以等差递增或递减进行变化的编码方式,这种编码有一定规律但可实现全程不循环,在连续接收到几个间隔信号后,也可以对这种编码进行识别。

　　3. 伪随机编码

　　伪随机编码是可以通过反馈函数预先设定的,是具有随机序列特性的非随机序列码。

这种码具有周期性和良好的自相关性,其生成原理如图 3-8 所示。它是在固定有限位的移位寄存器内设置好起始码型,而各位码的输出再经过设定好的逻辑函数反馈到寄存器的输入端。只有 8 位的移位寄存器就可以满足在制导过程中不产生重复编码的要求,而实际使用中一般选用 16 位的移位寄存器。

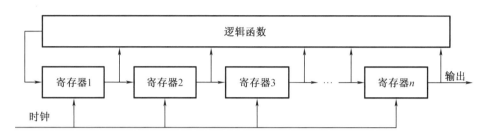

图 3-8　有限位伪随机编码生成原理图

由于反馈的存在,伪随机编码的重复周期大幅度扩展,可能在一次攻击过程中,不会出现重复,所以要想在极短的时间内找到编码规律是不可能的。伪随机编码可以实现在制导武器攻击过程中,编码信号的周期不循环,故对其编码进行识别比较困难。

4. 脉宽编码

激光脉宽编码是激光寻的制导武器抗干扰研究中的一项新技术。脉宽编码技术是利用不同于其宽度的激光脉冲进行编码,基本原理是激光目标指示器采用脉宽可调激光器,并在激光器中应用可编程控制器实现脉宽编码,同时在导引头的信息处理单元中引入相应的脉宽识别电路,对目标信号进行识别、解码,从而能够区分出真目标和干扰信号。

脉宽编码技术实现的关键在于脉宽可调激光器和脉宽识别电路的研制,需要解决脉宽可调激光器的设计及纳秒级激光脉宽的测量等关键技术问题。用于制导的激光脉冲在经过目标漫反射和大气传输后会出现脉冲波形的时域展宽。在大气中传输引起的脉宽变化主要是由大气介质不均匀性引起的,具体机理较为复杂,但是实验研究表明,其引起的脉宽变化很小,在工程应用中可以忽略其影响;经过目标漫反射引起的脉宽变化,主要是由于光斑半径引起激光传输过程中的光程差,从而导致脉宽展宽。因此在设计脉宽码型时,只要令各编码间脉宽间隔大于经目标漫反射可能引起的最大脉宽展宽,即可消除脉宽展宽对脉宽识别的影响。

3.1.3.2　波门设置

激光寻的制导武器系统大都采用信号编码技术,激光导引头利用目标反射的激光信号来寻的,但是导引头与指示器分离,使得制导信号的发射与接收难以在时间上严格同步,从而易使导引头受到欺骗和干扰。因此需要在跟踪系统上设置脉冲录取波门,使跟踪系统只有在己方的制导信号到达时才开启波门,而在其他时间波门关闭不接收任何信号。脉冲录取波门设置的目的是仅接收己方制导信号,剔除干扰信号。波门可设置成固定型和实时型两种,固定型波门是指在确定一组相关制导信号后,以某一个脉冲为同步点,按照约定的方式一次设定好以后所有时刻的波门开启时间。实时型波门是以每一次实际接收的信号脉冲作为下一个波门的同步点,来设定下一个波门开启的时间,其同步点不是一个,波门也不是一次性设定的,实时型波门的设置可以消除波门设置中的累计误差,且波门可以设置得很窄,故被目前大多数激光制导武器所采用。

导引头波门选通的时刻由所选用的编码决定,但由于受激光目标指示器发射激光时刻的漂移、导引头在不同距离接收到激光制导信号的延时差异、指示器与导引头时基的不一致等因素的影响,波门时间宽度不可能无限缩小至仅容一个脉冲通过,通常应设为几十微秒以上,这必然给干扰信号提供了干扰空间,而如果要缩短波门开启的时间宽度,导引头的硬件性能就需要改善,这在短时间内无法实现。

3.1.4　弹道控制与误差修正技术

控制系统是制导弹药中最重要的组成之一,用来控制制导弹药在飞行过程中的弹道,最终实现精确命中目标的目的。不论制导弹药采用多么先进的制导系统,以及利用多么灵活的自动驾驶仪来补偿不利的气动特性,如果控制系统不能将制导系统所产生的控制指令转化为控制力,制导弹药就很难实现精确打击。通常制导弹药的控制力由可以活动的气动舵产生,也就是所谓的气动舵控制,也称为气动力控制。然而,随着对制导弹药机动性的要求越来越高,直接力控制技术越来越多地应用于制导弹药设计中。直接力控制又可细分为推力矢量控制和横向(侧向)脉冲推力控制。

3.2　激光波束制导

激光波束制导又叫作激光驾束制导,是利用激光束照射目标,导弹飞行在激光束中,弹上设备感受导弹在光束中的位置,形成引导指令,使导弹飞向目标的一种制导方式。顾名思义,驾束就是指导弹"骑"着激光束飞行,激光束指向哪里,导弹就飞到哪里,其导引规律为波束(三点)导引,这种攻击方式俗称"投篮战术"。

3.2.1　激光波束制导系统基本组成

激光波束制导系统主要由瞄准具、激光器、引导波束形成装置、激光束和弹上探测器五个部件组成,各部件功能概括如下。

1. 瞄准具

瞄准具是可调焦的光学瞄准系统,用于发现和瞄准目标,并为波束制导提供基准线。

2. 激光器

早期近程导弹大多采用波长为 $0.9\ \mu m$ 左右的半导体激光器,如瑞典的 RBS – 70 和"马帕斯"(MAP – ATS)用的就是这种激光器,其特点是轻、小、可靠,但大气穿透性较差。近期多采用波长为 $10.6\ \mu m$ 的二氧化碳激光器,如欧洲的第三代反坦克导弹 TRIGT。当接收机(探测器)元件附加冷却时,在 $6\ km$ 距离内,有 $10\ W$ 平均功率的激光源已能满足制导要求;当用非制冷的热释电探测器时,则需 $100\ W$ 平均功率的激光源。

3.引导波束形成装置

引导波束形成装置将激光器产生的强功率激光变为引导波束,实现激光编码,其编码方式有激光空间偏振编码、激光条形光束空间扫描编码和激光空间频率编码等。

调制编码器是引导波束形成装置的核心部件,也是使光束赋予导弹方位信息的主要手段,其作用是进行激光束空间位置编码,使飞行在光束中的导弹根据弹上激光接收器收到的光束编码信息,判断其在光束中的位置,从而确定导弹的飞行偏差。利用不同的调制频率、相位、脉冲宽度、脉冲间隔等参数来实现对光束的编码,统称为光束的空间编码。编码时常用的器件是调制盘,最简单的调制盘是在一块金属板上刻上一些能够透过激光的窗口。根据不同的调制方式,窗口的大小和图案是不一样的,而且要使调制盘进行有规律的转动,并使盘的圆心与波束中心线的垂直投影点重合,如图3-9所示。

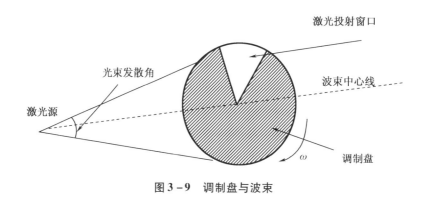

图 3 - 9   调制盘与波束

调制盘转动时对光束进行切割(调制),没有切割到的光束就通过调制盘上的窗口投射出去,被导弹上的四象限探测器所接收。当调制盘旋转一周,激光束就会轮流扫过探测器的每个象限一次,弹上的信息处理器就可以获得一次误差信号。

4.激光束

调制盘在不停地转动,使激光束围绕光束的中心线(即瞄准线)也在旋转,源源不断地给导弹提供方位信息。导弹从发射到击中目标的飞行过程中,光束的发散角是在变化的。刚发射时,导弹离光束投射器很近,为保证探测器的四个象限都能快速接收到信号,光束的发散角应该大一些;当导弹逐渐远离光束投射器时,光束的发散角也应该同步缩小;当导弹到达目标时,光束的发散角已经很小,可使导弹直接命中目标上的光斑。由此可见,在导弹的整个飞行过程中,激光束在导弹处的横截面是一个固定值,这样做的好处是既防止导弹脱靶,又有利于光束能量的集中,提高作用距离和抗干扰。光束发散角的调整过程,实质上是利用程序电路去控制光学系统(透镜)实现自动调整焦距的过程。这一功能类似于我们平时使用"傻瓜"照相机,举手就可拍照而不用人工调焦距,十分方便。虽然两者的构造与性能要求差别很大,但实现原理是一样的。

5.弹上探测器

在激光波束中飞行的导弹,其尾部装有4个"十"字形配置的激光接收器。当导弹在激光波束中心线飞行时,4个接收器接收到的能量相同,此时弹上导引装置不形成导引信号。

当导弹偏离激光中心线时,4 个接收器接收到的能量不一样,从而测定出导弹与激光波束中心线的偏差,由导引装置形成导引信号,控制导弹飞向激光波束中心,直至命中目标。目前,激光炸弹与采用激光制导的空对地导弹都采用这种制导方式。

3.2.2　激光波束制导基本原理

激光波束形成装置发射含有方位信息的光束,光束中心指向目标或前置点。导弹沿导引站和目标之间的瞄准线发射并进入光束。导弹尾部的接收装置把光束内的方位信息转变为导弹的飞行控制信号。光束形成装置的焦距是可变的,它是导弹射程的函数,随着导弹飞离制导站,光束形成装置的焦距不断变大,以便使导弹在整个飞行过程中始终处于一个大小不变的光束截面中。

如图 3 - 10 所示,导引站用激光照射器产生波束,照射和跟踪目标。激光照射器由激光器和目标瞄准跟踪装置组成。导弹进入激光波束后,弹尾的激光接收机接收激光信息(导弹偏离信息光束的方向和量值)。该信息激光经光电转换后输入电子装置,产生出与导弹相对于信息光轴在垂直面和水平面的坐标成比例的电压。该偏差信号通过陀螺仪,转换为弹上旋转坐标系的偏差信号去控制舵机。舵片偏转使空气动力和力矩改变,改变导弹的姿态角,控制导弹的飞行方向,使导弹保持在瞄准线上飞行。

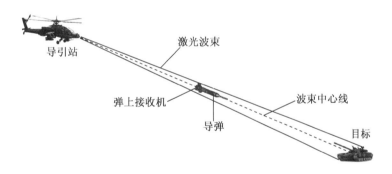

图 3 - 10　激光波束制导原理示意图

为解决激光波束制导在复杂的情况下难以保持瞄准线与光束中心线重合所造成的攻击活动的小目标难的问题,在弹上另加一个红外信标机。当导弹顺瞄准线飞行时,信标机不工作;当导弹偏离瞄准线时,它就发出自我指示的信号。装在发射点的热像仪专门接收、跟踪信标信号和由目标热辐射来的信号。一旦波束中心线与瞄准线之间有角误差,热像仪马上向光束调焦装置发出校正信号和激励激光源增大输出功率,使导弹沿正确的光束中心线飞行。

激光驾束制导系统由一个以光、电为基础的发射器子系统和一个装在运载体(如导弹)上的光接收器子系统组成的。以光电为基础的发射器子系统包括一个激光波束发射器组件和一个光学瞄准组件;导弹上的光接收器子系统包括一个光接收器组件和一个产生制导修正信号的控制组件。

与无线电波束制导相比较,激光波束发散角小、方向性好,故隐蔽性好、抗干扰性强、精度高,且导引精度随导弹飞行距离变化的影响较小。但激光波束易被吸收和散射,易受环境(烟尘污染等)和气象条件(云、雾、雨、雪等)的影响。受功率及目视的限制,激光波束一般只适合在近距离(一般在 10 km 以内)通视条件下使用。所谓通视,是指从发射点到目标之间构成一条无遮蔽的直视空间。采用激光波束制导时,导弹在发射前必须完成对目标的瞄准和跟踪,并确定导弹发射点与目标之间的瞄准线。为保证导弹沿瞄准线"轨道"飞行,激光束的中心线必须沿着瞄准线投射到目标。

3.2.3 旋转正交扫描激光波束制导

旋转正交扫描激光波束制导是一种采用 4 个扫描激光光束旋转正交的方式形成导引激光波束的激光波束制导方式,因具有结构简单、导引精度高等特点而被广泛应用。

3.2.3.1 旋转正交扫描激光波束制导原理

制导站依次产生 4 个扁平状的扫描激光束,先产生激光束 1,并由其起点扫到终点,马上又产生激光束 2,也由其起点扫到终点;间隔时间 Δt 后,产生激光束 3,由其起点扫到终点,马上又产生激光束 4,也由其起点扫到终点。接着产生光束 1,如此循环。令与光束 1,2 扫描相对应的是 $y_1O_1z_1$ 坐标系,与光束 3,4 扫描相对应的是 $y_2O_2z_2$ 坐标系。它们相对观测器坐标系 yOz 旋转 β、$-\beta$ 角。这样光束 1,2,3,4 的运动便形成旋转 – 正交扫描光束,如图 3 – 11 所示。

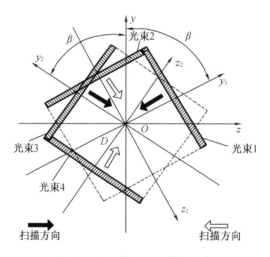

图 3 – 11　旋转正交扫描激光束

设 4 个光束扫描的速度和扫过的长度 L_0 相等,且各光束扫描范围中心与目标瞄准具的光轴重合。若导弹位于图中的 D 点,当光束 1,2 扫过时,导弹接收到两组脉冲信号 S_1、S_2,两组脉冲时间间隔为 Δt_1,T_0 为激光束扫描周期。这里我们只对 S_1、S_2 的间隔感兴趣,所以可将 y_1 轴、z_1 轴按扫描方向连接起来,如图 3 – 12 所示。

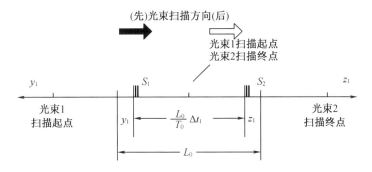

图 3 – 12　扫描光束 1,2 扫过导弹时弹上的脉冲信号

从图 3 – 12 中可以得出

$$L_0 + y_1 + z_1 = \frac{L_0}{T_0}\Delta t_1 \tag{3-1}$$

式中，y_1、z_1 是 D 点在 $y_1 O_1 z_1$ 坐标系的坐标值，即含有符号。

同理，光束 3,4 扫过导弹时，导弹接收到的两组脉冲信号 S_3、S_4 的时间间隔为 Δt_2，则有

$$L_0 + y_2 + z_2 = \frac{L_0}{T_0}\Delta t_2 \tag{3-2}$$

由以上两式可看出，时间间隔 Δt_1、Δt_2 中含有导弹在两个坐标系 $y_1 O_1 z_1$、$y_2 O_2 z_2$ 中所在位置的信息。由坐标系 $y_1 O_1 z_1$、$y_2 O_2 z_2$ 与坐标系 yOz 的转换关系，便可得到导弹在观测坐标系中位置的信息。

坐标系 $y_1 O_1 z_1$、$y_2 O_2 z_2$ 与坐标系 yOz 的转换矩阵为

$$\begin{bmatrix} y_1 \\ z_1 \end{bmatrix} = \begin{bmatrix} \cos\beta & \sin\beta \\ -\sin\beta & \cos\beta \end{bmatrix}\begin{bmatrix} y \\ z \end{bmatrix} \tag{3-3}$$

$$\begin{bmatrix} y_2 \\ z_2 \end{bmatrix} = \begin{bmatrix} \cos\beta & -\sin\beta \\ \sin\beta & \cos\beta \end{bmatrix}\begin{bmatrix} y \\ z \end{bmatrix} \tag{3-4}$$

将式(3 – 1)与式(3 – 2)表示为矩阵形式：

$$\begin{bmatrix} y_1 + z_1 \\ y_2 + z_2 \end{bmatrix} = \begin{bmatrix} \left(\dfrac{\Delta t_1}{T_0} - 1\right)L_0 \\ \left(\dfrac{\Delta t_2}{T_0} - 1\right)L_0 \end{bmatrix} = a + b \tag{3-5}$$

将式(3 – 3)与式(3 – 4)变换为

$$a = BA \tag{3-6}$$

$$b = CA = \begin{bmatrix} 0 & 1 \\ 1 & 0 \end{bmatrix}B\begin{bmatrix} 0 & 1 \\ 1 & 0 \end{bmatrix}A \tag{3-7}$$

即

$$A = \left\{ B + \begin{bmatrix} 0 & 1 \\ 1 & 0 \end{bmatrix}B\begin{bmatrix} 0 & 1 \\ 1 & 0 \end{bmatrix} \right\}^{-1}(a + b) \tag{3-8}$$

由式(3 – 7)、式(3 – 8)可得

$$\begin{bmatrix} x \\ y \end{bmatrix} = -\frac{1}{2\sin 2\beta} \begin{bmatrix} \frac{\Delta t_1}{T_0} L_0 (\cos\beta - \sin\beta) - \frac{\Delta t_2}{T_0} L_0 (\cos\beta + \sin\beta) + 2L_0 \sin\beta \\ -\frac{\Delta t_1}{T_0} L_0 (\cos\beta + \sin\beta) + \left(\frac{\Delta t_2}{T_0}\right) L_0 (\cos\beta - \sin\beta) + 2L_0 \sin\beta \end{bmatrix} \quad (3-9)$$

当 $\beta = 60°$ 时,上式可简化为

$$\begin{bmatrix} x \\ y \end{bmatrix} = \begin{bmatrix} \dfrac{0.211\,3\Delta t_1 + 0.788\,7\Delta t_2}{k} - L_0 \\ \dfrac{0.788\,7\Delta t_1 + 0.211\,3\Delta t_2}{k} - L_0 \end{bmatrix} \quad (3-10)$$

式中, $k = \dfrac{T_0}{L_0}$。

由上式便可根据 1,2 与 3,4 光束扫描,弹上接收到的两个脉冲组信号的时间间隔 Δt_1、Δt_2,确定导弹在观测器坐标系中的坐标值,它们分别是高低角与方位角方向的偏差,弹上设备根据此偏差形成引导指令,控制导弹沿光束扫描中心飞行。

3.2.3.2 激光器和引导波束形成

引导波束的形成装置由变像器、扫描发生器、扫描变换器、坐标转换器、变焦距镜头及活动反射镜等组成,形成装置如图 3 - 13 所示。

激光器一般是多元面阵或线阵半导体激光器,在两个正交扫描期间发出两种重复频率的激光脉冲,一般为几十赫兹,光束截面为圆形。为了在高重复频率下工作,加有制冷装置(如氟利昂制冷器),由温控装置控制。

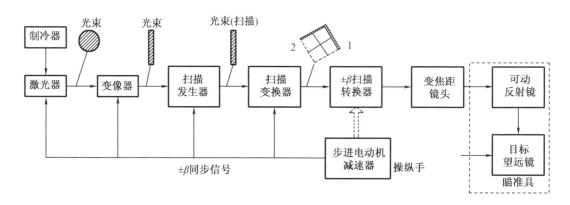

图 3 - 13 引导波束的形成装置

变像器将激光器射出的圆截面光束,在输出窄缝上成像,形成宽几毫米、长几十毫米的扁光束。扫描发生器使变像器的扁平光束实现扫描速度及扫描范围一定的一维扫描。典型的扫描发生器是一个电动机带动的工作于透射状态的八角棱镜。由折射定律可知,棱镜旋转时,将透射出一维扫描光束,如图 3 - 14 所示。

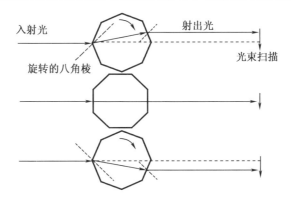

图 3 – 14　棱镜旋转时光束的一维扫描

扫描变换器将扫描发生器送来的一维扫描光束变成两个正交扫描光束。它主要由旋转调制盘和两个传光支路组成。调制盘与八角棱镜以 2:1 转速比同步旋转,而调制盘交替使入射光束射向反射和透射光路。透射光路中装有绕入射光轴右旋 45°的直角屋脊棱镜;反射光路中装有绕入射光轴左旋 45°的直角棱镜;经直角屋脊棱镜和直角棱镜后,入射的一维扫描光束便成为两个扫描中心重合的正交扫描光束,如图 3 – 15 所示。

坐标转换器将两组正交扫描光束相对观测器固连坐标系的 Oy 轴分别旋转 $\pm\beta$ 角。一组正交扫描光束的激光脉冲重复频率为 F_1,另一组为 F_2。变焦距镜头用于实现长焦距和短焦距的转换,改变射向空间的光束宽度和视场。在导弹起飞的初始段,镜头处于短焦距状态,得到大视场的导引光束,以便把导弹引向光轴;在导弹飞行的引导段,镜头处于长焦距状态,得到小视场的引导光束,以便提高引导精度。

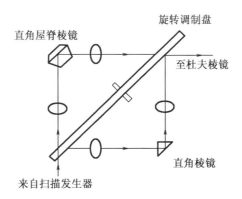

图 3 – 15　扫描变换器示意图

活动反射镜将变焦距镜头送入的扫描光束反射到目标望远镜,以照射目标。活动反射镜由陀螺稳定。

3.2.3.3　导弹坐标检测和引导指令形成

导弹的坐标检测和引导指令的形成装置,主要由光学系统和探测元件等组成的激光接收机、信号处理电路、制导计算机等构成,如图 3 – 16 所示,其功能是检测导弹在观测器坐标系中的位置,得到导弹与光轴的线偏差,并以此形成引导指令,送给弹上控制系统。

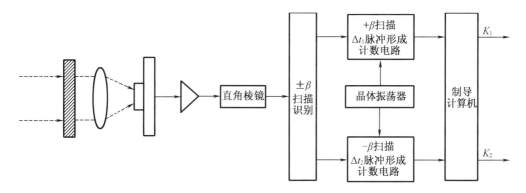

图 3 - 16   导弹坐标检测与引导指令形成装置

激光接收机采用高灵敏度、低噪声光敏探测器,以提高引导距离。接收机还加有滤光片和阈值比较器,对背景光自适应调整,以降低背景光的影响。

扫描识别电路根据光脉冲重复频率的不同来识别 $\pm\beta$ 正交扫描,并选出相应的脉冲组。Δt_1、Δt_2 形成的电路实际上是方波产生器,方波宽度分别为 Δt_1、Δt_2,经计数电路输出 Δt_1、Δt_2 的数字信号。制导计算机根据式(3 - 10)计算导弹的偏差并形成引导指令。

3.3   激光指令制导

激光指令制导是利用激光传输制导指令使导弹按一定导引规律飞向目标的一种制导方式。这种制导方式利用激光代替了有线指令制导中的指令传输导线,从而弥补有线指令制导中指令传输导线容易被拉断的不足。

3.3.1   激光指令制导系统组成

如图 3 - 17 所示,激光指令制导系统一般由目标捕获与跟踪单元、连续波激光器和激光束编码单元等组成。目标捕获与跟踪单元和激光束编码单元安装在一个两轴万向架上,激光器安装在另一个两轴万向架上,由前一个万向架向后一个万向架提供制导控制指令。激光器发射的激光束分别用光学调制器和旋转中性密度滤波器完成空间和时间编码,并随捕获与跟踪单元轴运转,用光电传感器接收被编码激光束,然后产生导弹飞行控制指令,从而将导弹导向目标。

激光捕获与跟踪系统有两个视场,不管导弹是进入导引光束的宽视场还是末端制导的窄视场,在导弹进入引导光束和末端制导阶段都可以改变激光的发散度,而且在导弹飞行中视场和光束的发散度最好是连续变化的,然而这样的系统结构会很复杂。图 3 - 18 是激光束调制机构的设计方案图,在此方案中激光束发散度在导弹进入引导光束和末端制导阶段不能连续变化。

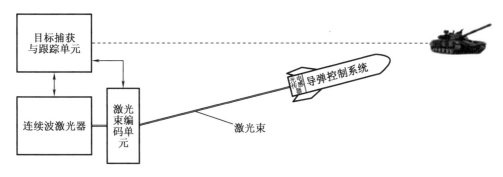

图 3 – 17　激光指令制导系统组成

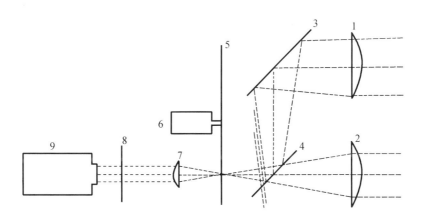

1—扩束准直透镜;2—扩束准直透镜;3—反射镜;4—转换反射镜;5—光学调制器;
6—调制器驱动系统;7—扩束透镜;8—可变中性密度滤波器;9—激光器。

图 3 – 18　激光束调制机构设计方案图

3.3.2　激光指令制导基本原理

　　从导弹制导系统发射被编码的激光束,由导弹尾部的传感器接收经过时间和空间编码的激光束。用旋转激光发射器前的中性密度滤波器实现时间编码在传感器的动态范围内限制激光束的辐射能量,在导弹飞行过程中,中性密度滤波器的密度可以从最大值逐渐减小。用光学调制器完成激光束的空间编码。

　　目标捕获与跟踪系统以及激光束调制器以刚性固定方式安装在万向架的两个轴上,激光器安装在具有两个自由度的另一个万向架上,后一个万向架受前一个万向架指令控制,以使激光束保持与调制器轴对准。假设在某一瞬间捕获跟踪系统对准目标,而导弹与调制器轴和激光束对准。目标上下或左右运动,捕获跟踪系统要以相应的方向跟踪系统轴上的目标,这样可能引起调制轴和激光束之间的偏差,然后对发出的激光束调制,其调制深度与偏差成正比。在这一瞬间,假设导弹位置保持不变,由光电传感器接收被编码的激光束,并产生误差信号。这些误差信号经过处理并输入控制系统,重新使导弹定向,要求瞄准导弹的视线与调制器轴之间的偏差减小。通过调整激光束的方向逐渐减小激光束和调制器之间的偏差,这样可减少控制导弹的误差信号,直到瞄准导弹视线与调制器轴重合,这样可使导弹按照要求的方向连续运动。

3.4 激光成像制导

驾束制导需要在弹体飞行的全程中照射目标,故射程受限,同时也存在激光器及其载体易被敌方发现并击毁的风险。激光半主动寻的制导技术成熟,是目前大多数弹载激光制导武器采用的方式,但该制导方式需要载机或前方战士进入敌占区并靠近敌方目标,用弹外的激光目标指示器对目标实施主动照明,并且在目标被摧毁之前,目标指示器须一直照射目标直至摧毁,从而增加了被敌方发现并击毁的概率,而目标指示器一旦被敌方摧毁,将导致制导武器失灵。此外,载机或前方战士必须靠近敌方目标并保持较长时间,存在着被敌方发现并反击的巨大危险。

随着技术的不断发展,目前的弹载激光制导武器都在向"发射后不管"的主动寻的制导方向发展,和激光半主动寻的制导相比,激光主动成像寻的制导武器不需要在弹外配置专门的激光目标指示器,而是将目标指示和寻的功能集成在弹体上,预先将打击目标的激光成像特征装订在导弹中,采用主动成像方式获得目标的三维图像,并自动识别目标,主动寻的,直到命中目标。弹载激光主动成像的制导方式可以实现实时的智能化打击,同时还可以避免载机或前方战士靠近敌方目标后被敌方发现并反击的巨大危险,将是激光制导武器未来的重点发展方向。

3.4.1 激光成像制导的主要特点

激光成像制导是一种主动式光学成像制导技术,它利用弹上激光成像导引头,接收目标和目标区域反射的激光回波形成激光图像,识别和跟踪目标,导引导弹命中目标。激光成像制导导弹通过特定激光光源发射特定参数的激光束对探测区域进行遍历照射,以光电接收系统接收来自目标的反射激光回波,并通过光电探测器转换为电信号,再由电信号处理、特征提取、模数转换、数据处理、图像生成等手段得到目标及其背景区域的包含时延、灰度(能量)、波形、分布和相位等信息的激光图像。激光成像生成的目标激光图像主要为距离像、强度像、多普勒(速度)像、距离一角度像等,可提供物体大小、形状、表面材料等特征参数。

采用这种末制导技术的导弹可以穿透伪装,探测和识别战场目标特征,找目标的薄弱点进行攻击,以最小的代价摧毁目标;其绘制的三维地形图也为飞机和巡航导弹的低空飞行提供了可能。和其他成像制导方式相比,其具有以下特点。

(1)分辨率高,具有很高的角度、距离、速度和图像分辨率,因而能探测飞行路径中截面积小的障碍物,如电线、电线杆等;具有地形跟随和障碍物回避能力,有利于低空入侵,特别是在夜晚和坏气象的条件下。

(2)图像稳定,激光雷达图像所记录的是目标的三维特性,不受昼夜、季节、气候、温度、照度变化以及各种干扰的影响。根据稳定的激光雷达三维图像所预测的目标特征和所发展的目标识别算法软件,真实、准确和可靠,使导引头能以极低的虚警率可靠地自动识别目标。

（3）能提供目标的三维图像,同时提供目标的距离和速度数据,可使导引头全方位识别目标,此外,还可在实战中选择最佳的角度接近目标。

国外激光主动成像制导技术的发展,美国处于领先地位,且已成功应用到 AGM – 129 先进巡航导弹和低成本自主攻击系统 LOCCAS 上。

3.4.2　激光成像制导系统工作原理

激光成像制导系统结构组成如图 3 – 19 所示,弹体内部的控制中心通过驱动电源控制弹载激光器发射激光,经过激光发射系统进行准直处理后,光束经过大气传输到达目标物体表面,同时进行漫反射,部分反射光的信号被弹载接收光学系统接收到,再经过回波信号探测器完成光电转换后,由信号采集和处理系统对图像进行预处理,目标图像匹配与识别系统进行目标图像信息处理,计算目标的具体坐标位置,一方面送给导引头伺服控制单元实现导引头对目标的随动,一方面将目标物体的参数反馈到弹载计算机进行处理,按照导引算法计算得出控制指令发送至弹上伺服和自驾系统,控制导弹飞向目标,实现对目标的精确打击。其各组成部分的功能如下。

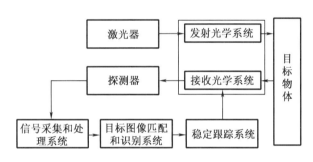

图 3 – 19　激光成像制导系统组成框图

（1）激光器用于产生高重复频率大功率的激光。激光器的选择是激光主动制导的核心,也是很大程度制约激光主动制导实现的困难之一,为了便于搭载携带,应该选择具有体积小、质量小、结构紧凑优势的光源,由于大气中传输损耗的存在,激光器需要具有较高的峰值功率,以保证激光主动制导的最大作用距离。

（2）激光发射和接收系统是激光主动制导系统中探测系统的必要组成,它们决定了激光主动制导的作用距离、分辨率等主要的物理指标。发射光束的准直、发散角的缩小、接收回波的光学接收系统和成像系统等通常都由光学元器件组成,因此需要做好激光光源、发射系统和接收系统的优化设计。激光探测光束在大气中传输过程中,会受到吸收、散射等影响而不断衰减,很大程度影响了激光主动制导的作用距离。大气中的水汽、气溶胶、烟幕、灰尘等微小颗粒会造成反向散射,给接收系统中带入一定噪声,影响最终的成像效果。另外,多个炸弹同时打击造成的相互间干扰和敌方的激光干扰都会对最终结果产生负面影响,甚至造成目标误判和误伤,因此还需要做好回波探测信号抗干扰性的优化设计。

（3）信号采集和数据处理系统也是重要的组成部分,主动制导中对这个过程有较高的速度要求,回波信号要求实现高速采集,由于回波信号在大气传输中受到各类杂质的影响造成了信号很弱,同时伴随着反向散射等杂波干扰,激光探测器在接收回波信号的过程中需要采取一定的技术手段进行噪声抑制和信噪比增强,便于后续的测距和图像采集等一系列的中央处理信息,控制导弹的飞行和击打目标的精确度。

（4）目标图像匹配和识别系统是精确打击目标物体核心技术的组成部分,图像信息采集后进行一系列的数字信息处理,从采集图像中匹配和识别目标物体进行打击。

3.4.3　激光成像制导激光器类型

激光成像制导按激光光源类型可以分为 CO_2 激光成像、固体激光成像和半导体激光成像三种。

3.4.3.1　CO_2 激光成像制导技术

由于 CO_2 激光器的辐射效率高,大气传输特性好,易于实现相干探测和三维成像。20世纪 70 年代至 90 年代初期,各国纷纷进行以扫描体制为主的 CO_2 气体激光器成像雷达及其制导技术的研究。

1981 年,美国林肯实验室成功研制出了 CO_2 激光相干成像雷达系统,用于机载反坦克导弹,该系统可以进行目标的跟踪与识别、动目标成像,还可以利用地形的三维信息进行地形隐蔽飞行、障碍物回避等。在美国国防部远景研究计划局和空军航空系统分部推行的预研计划 CMAG(crusie missle advanced guidance)中,CO_2 激光成像制导技术用在了巡航导弹 AGM-129B 上,用以完成下视光学景象匹配辅助惯导末制导任务,使导弹命中精度由原来的 CEP 40 m 提高到 CEP 3 m。此外,在美国海军和空军制定的先进技术激光主动成像雷达导引头系统计划 ATLAS(advanced technology ladar system)中,以空地导弹 AGM-130 为应用对象研制了前视激光主动成像导引头,并挂在了美空军 F-15 上进行了飞行试验。但 CO_2 激光器尺寸大、成本高,且 HgCdTe 探测器需要低温制冷,制约了 CO_2 激光成像的应用。目前国外已基本停止了基于 CO_2 气体激光器成像雷达及其制导技术的研究工作。

3.4.3.2　半导体激光成像制导技术

半导体激光成像制导技术的研究始于 20 世纪 80 年代中期。半导体激光成像具有体积小、质量小、成本低、寿命长、可靠性高和功耗低等优点,非常适于近程、低成本小型武器反装甲子弹药和灵巧弹药的制导及低速飞行器地形匹配、地形跟随和避障用。20 世纪 80 年代末,美国 Sandia 国家实验室成功研制出供低成本制导用的半导体激光主动成像雷达导引头的实验系统及其信号处理装置和软件,该实验系统采用 12 MW 的 GaAs 半导体激光二极管、4 MHz 的调幅体制、距离－强度成像方式,以 4 Hz 的帧速显示用不同颜色表示的目标距离像和强度像。试验表明半导体激光主动成像雷达导引头可以完成自动导向目标、自动目标识别、自动选择目标上的瞄准点等近程军事任务。SEO 公司为反装甲子弹药研制的半导体激光主动成像导引头成像距离 500 m,帧频 30 Hz,并进行了飞行试验。捕食者无人机 RQ-1B 挂载的低成本自主攻击系统 LOCCAS 上的半导体激光主动成像导引头,采用的就是半导体激光器探测体制。洛克希德·马丁公司研制的低成本自动攻击系统 LOCAAS 采用的半导体主动成像导引头采用有焦平面凝视成像技术,在能见度较好时作用距离可达 900 m,可挂装于 F - 16、F - 22 战斗机,B - 1、B - 2 轰炸机,掠夺者、捕食者无人机。

3.4.3.3　固体激光成像制导技术

固体特别是半导体二极管泵浦固体激光主动成像制导技术于 20 世纪 90 年代开始研究。由于其具有 CO_2 激光主动成像和半导体主动成像雷达的优点,并且弥补了它们的缺点,因此大大提高了制导性能。CO_2 激光主动成像雷达的缺点是体积大、价格高,要求制冷,很难在小尺寸的导弹上使用;优点是功率大,作用距离较远。半导体主动成像雷达的缺点是功率偏低,作用距离近,束散宽,要求大尺寸光学系统,不能满足远作用距离的要求;优点是体积小,质量小,成本低。二极管泵浦固体激光成像介于 CO_2 和半导体激光雷达之间,克服了 CO_2 激光成像系统体积大、价格高的缺点,且探测器无须制冷,是近年来激光成像探测的研究热点。

它采用高重复频率、高峰值功率的二极管泵浦固体激光器和高灵敏度的 APD/PIN 探测器,大多采用直接探测方式,可实现高分辨率的距离和强度成像。美国 Loral - Yought 公司正在为联合攻击弹药计划(JADAM 计划)研制激光主动成像雷达导引头。该导引头采用 GaAs 二极管泵浦激光器,在近红外波段共组,重频达几百千赫兹,脉宽 10 ns,质量 5.4 kg,能以 15 cm 的记录分辨率识别目标,且有敌我识别能力。空军 Wright 试验室和“全球定位系统(GPS)联合发展计划”负责发展的一种先进战术武器制导系统,由半导体二极管泵浦固体激光主动成像制导雷达 + GPS 组成,能在高动态飞行环境中对抗来自多种型号的 GPS 干扰机的混合干扰。

3.4.4　激光成像制导系统成像方式

按照对目标的取样(扫描)方式分,激光成像有扫描成像和凝视成像(非扫描成像、阵列成像)两种;激光成像制导在成像方式上有扫描和非扫描两种。

3.4.4.1　扫描成像方式

扫描成像系统的发射机由准直光学系统和扫描装置两个基本部分组成。准直光学系统的作用是将激光器发射的激光束变成直径和角发散度符合要求的光束。扫描成像系统的分辨率取决于落在目标上的激光光斑的大小。采用较大的准直光学系统,可以得到发散角较小的光束,从而提高成像系统的分辨率,但也使整个系统的体积、质量和成本增加,因此,在设计时需要仔细地权衡。激光扫描装置可采用行扫描和帧扫描两种方式。行扫描时,激光束沿垂直于航向的直线扫过地面,同时载机沿预定航向向前飞行,于是光束就沿一系列平行线扫描目标。帧扫描方式时,激光束同时在两个方向上偏转。影响扫描装置的参数主要有扫描速率、扫描角以及扫描方式。扫描速率较低时,采用摆动发射镜;扫描速率较高时,选用旋转的多变形反射镜。

接收机由接收光学系统和光电探测器组成。其作用是探测被照明区域反射的激光辐射,并将其转变为电信号。接收光学系统可以是反射式、折射式或反射－折射式的;可以利用接收扫描器使视场跟踪发射的激光束;也可以使视场不动,始终观察整个扫描线。光电探测器的设计,主要是确定光电探测器的类型和尺寸。此外,为降低背景的影响,突出各种地面特征,还必须选用适当的滤光片。

扫描成像激光雷达将目标区域分成 $M \times N$(即对目标成像的分辨率)个点(小分区),对各点依次进行捕获,技术相对成熟。激光器发出一个脉宽很窄且束散角极小的探测光脉冲,并由扫描光学系统将其指向目标,逐个扫描照射目标区域的 $M \times N$ 个点元,然后由单点探测器顺序接收各点反射的回波信号,得到对应的强度信息,并测量出探测光脉冲在发射装置和目标各点间的往返时间 $i(i=0,1,\cdots,M \times N)$,从而逐个得到目标上各点的距离信息。经过 $M \times N$ 次探测(探测光脉冲在发射装置和目标之间往返 $M \times N$ 次)后,得到目标区域全部的 $M \times N$ 个点的距离信息,最后经过处理得到目标区域的一幅三维距离图像。扫描工作方式的优势在于测量时对每个点依次进行采样,能量集中,成像距离较远,但其缺点是需用移动的扫描部件,此外,该方式属于串行测量,需要等前一个脉冲返回后才能进行下一点的测量,探测光脉冲的往返时间占据了测量过程中的大部分时间,得到目标区域的一幅三维图像需要费时 $(M \times N) \times i$,导致成像帧频低,实时性差,而且对运动目标易造成图像模糊的现象,因此很难实现目标三维图像实时显示。

激光扫描器对发射机发射的激光和从目标反射回来的激光进行同步扫描,确保目标发射回来的激光始终在接收机接收视场内。基于扫描体制的激光成像导引头的组成如下所示。半导体激光成像雷达具有测距和目标三维轮廓成像能力,其精确的测距能力可提高命中率,使弹头以最佳的距离投射;其三维轮廓成像能力可提高目标识别能力,减小虚警率,选择最佳目标命中点从而提高摧毁率。

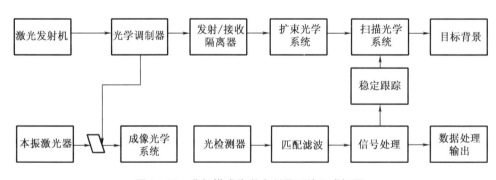

图 3 - 20　非扫描成像激光制导系统组成框图

3.4.4.2　凝视成像方式

非扫描工作方式,由于没有机械扫描装置,具有高侦察力、宽视场、体积小、可靠性高的特点。非扫描成像激光雷达对目标区域各点(同样分成 $M \times N$ 个点)同时进行捕获,不需要复杂笨重的扫描装置。激光经扩束后照明整个目标区域,并使用阵列探测器进行接收,且发射光脉冲视场对应于整个阵列探测器的接收视场,每发射一个激光脉冲,探测器阵列上的所有单元都可以接收到回波信号,并通过集成的读出电路得到目标区域各个点的距离和强度值,实现了目标区域 $M \times N$ 个点的并行测量,即只需对目标区域的一次激光照射即可获得一幅完整的目标三维图像,实现单脉冲瞬间成像。因为没有扫描结构,所以系统的结构紧凑,外形尺寸小,此外,对目标各点同时进行捕获,帧率不会受到分辨率和测量距离的限制,很好地解决了高分辨率三维信息的高帧率捕获难题,成为目前大信息量、实时三维测距成像的有效手段。

图 3 – 21　LOCAAS 激光成像导引头对坦克所成的距离 – 强度图像

1997 年,美国橡树岭国家实验室在 10.6 μm 相干激光成像雷达研究中采用 30 × 30 阵列的 HgCdTe 探测器进行成像,提高了成像速率。1996—2004 年,美国空军研究实验室先后研制了响应波长在 1.1 μm 以下的 32 × 32 阵列探测器、响应波长为 1.5 μm 的 64 × 64 阵列探测器和 128 × 128 阵列探测器,且每个像元都集成了距离测量和脉冲峰值测量电路,可进行单脉冲 3D(角度 – 角度 – 距离)成像,探测距离达 1 km,距离分辨率可达 0.05 m,成像速率为 30 Hz。

2000—2003 年,美国 Raytheon(雷锡恩)公司开展了新型高速激光单脉冲 3D 成像焦平面阵列探测器的研究工作,研制了对人眼安全(响应波长为 1.4 ~ 1.8 μm)、高性能的 10 × 10 和 64 × 48 HgCdTe APD 焦平面阵列探测器,采用该探测器的激光成像雷达系统可探测到 1.5 km 距离处直径 1 cm 的电线和 4 km 外的卡车。2007 年,该公司又研制了更高性能、基于 MBE 的 2 × 128 HgCdTe APD 探测器,采用该探测器的激光成像雷达系统在高塔试验中获得的 3D 图像具有极佳的空间和距离分辨率。从 2002 开始,该公司开始为弹道导弹防御组织(BMDO)的下一代拦截导弹研制激光成像雷达,系统采用距离分辨多普勒成像(RR-DI),用于增强陆基中段防御的外大气层拦截器的识别能力。

2002—2007 年,美国麻省理工学院林肯实验室研制了非扫描、单脉冲三维成像激光雷达,用于探测和识别经过伪装或隐藏于树林中的目标,激光器采用被动调 Q 二极管泵浦 Nd:YAG 固体倍频微片激光器,探测器采用 32 × 32 像元、基于盖革模式的 APD 阵列,且每个像元集成了 500 MHz COMS 数字计时电路,系统能达到单脉冲成完整的 3D(角度 – 角度 – 距离)图像,成像速率为 5 ~ 10 kHz,距离分辨率为 0.15 m。

3.4.5　激光成像制导探测方式

激光成像制导探测技术从探测方式上可分为相干探测和直接探测。激光成像在武器装备中的应用,主要是远距离成像,所以目前及未来一定时间内,基本都是采取大功率激光的脉冲调制和直接探测接收(非相干探测)的工作方式,这种工作方式通常叫作直接探测激光成像,本书所涉及的激光成像目标侦察就是以这种工作体制的激光成像为基础的,后续内容所提及的激光成像也基本专指这类直接探测激光成像。

直接探测是指将接收到的回波激光能量聚焦到探测器光敏面元件上,光电效应直接将能量转换为电压或电流信号,产生的电压或电流与入射功率成正比,但是在光电转换中丢失了相位、频率等信息。直接探测激光雷达原理:激光器发射的激光,经光学系统准直后,形成发散角较小的近似平行光束,发射到目标,目标对激光进行反射,回波信号经光学系统接收会聚作用于光电探测器,经放大、整形电路进行时刻鉴别、时间间隔测量等。图 3 - 22 是直接探测方式激光雷达结构图。

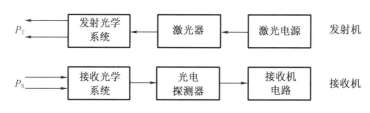

图 3 - 22 直接探测方式激光雷达结构图

直接探测激光成像以接收激光回波脉冲信号,并通过获取其一系列脉冲时延、脉冲能量(灰度)、脉冲波形、取样分布等信息为途径,而生成激光图像,但是并不采集激光回波的相位信息。此时,它对激光脉冲重复频率、发射功率、接收灵敏度、扫描方式、时延和波形测量精度有一定的要求。

相干激光雷达是利用激光相干检测技术进行探测的雷达。将激光回波信号和某一参考信号混频,实现光混频,再经探测器接收,其差频信号保留了被探测目标光场信息特征。发射光源发出的激光经过分光片形成两束光:本振光和信号光。本振光直接传送到接收机处,信号光经过光学系统处理后发射到探测目标。接收部分包括接收光学系统、分光片、探测器及相关电路。从目标反射回来的光由接收光学系统接收,这样,由光学接收系统接收的信号光与本振光在分光片处合光,经光电探测器进行光电转换,再由接收电路进行处理。图 3 - 23 为相干探测方式激光雷达结构图。

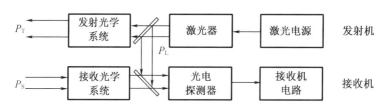

图 3 - 23 相干探测方式激光雷达结构图

相干探测激光成像需要提取回波激光信号的相位、频率、偏振等信息,或者利用激光的外差接收方法,接收微弱的激光幅度或能量信号。激光相干探测成像在接收灵敏度和速度分辨率方面要高于直接探测激光成像,但相干探测激光成像对系统的要求更高:

(1)发射激光的相干性要特别好;

(2)有本振信号,对本振信号的稳定度要求特别高;

(3)对光学系统要求更严格;

(4)易受到传输路径对激光相干性的影响;

(5)信息处理部分更为复杂。

从理论上讲,相干探测技术比直接探测技术好。其具有如下的优点。

(1)转换增益高。

(2)可获得全部信息。采用相干探测方法时,光电探测器接收回波信号,经光电转换输出的光电流的振幅、频率和相位等信息都会随着信号光的振幅、频率和相位的变化而产生变化。而采用直接探测方式时,光电探测器对信号光的相位、频率等信息是不能响应的,只是输出的光电流大小随信号光的振幅或强度的变化而产生变化。

(3)良好的滤波性能。相干探测方式对背景杂散光的滤波性能比直接探测方式要好。由相干探测原理可知,要求本振光和信号光必须在空间方向严格地调准,由于背景光的入射光方向是杂乱无章的,因此就得到有效抑制。在直接探测过程中,由于光电探测器探测的是回波信号的能量,因此在接收信号光的同时,不可避免地有背景杂散光入射到光电探测器上。为了抑制背景杂散光产生的干扰,提高信噪比,可以通过在光探测器的前端放置小孔光阑或窄带滤波片的方式。

在实际系统研制时,应综合考虑技术难度、实际应用背景、系统复杂性、稳定性、成本等诸多因素。激光成像雷达系统一般采用相干探测技术,以单元或阵列探测器作为回波信号接收单元;二极管泵浦全固体激光器及半导体激光器一般采用直接探测技术,采用探测器或阵列探测器或面阵探测器进行回波信号接收。

3.5 典型直升机/无人机机载激光制导装备

3.5.1 AGM – 114M"海尔法"导弹

3.5.1.1 AGM – 114M 导弹组成及工作过程

从 20 世纪 70 年代初到 90 年代初,美国先后研制、生产、装备了激光半主动式制导的 AGM – 114A/B/C/F/K/M 系列"海尔法"空地导弹,"海尔法"空地导弹是继"陶"之后采用激光半自动制导的反坦克导弹,其通过诱导导弹头捕捉射向目标的激光反射波,从而命中目标。AGM – 114M"海尔法"导弹的结构组成如图 3 – 24 所示。

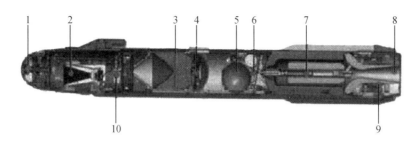

1—改良型半自动激光诱导弹头;2—前部弹头;3—主弹头;4—信管;5—空气螺栓;6—飞行控制装置;
7—火箭/马达装置;8—喷管;9—飞行控制鳍板启动装置;10—电子装置。

图 3 – 24　AGM – 114M"海尔法"导弹的结构组成图

如图 3 – 25 所示为 AGM – 114M"海尔法"导弹工作过程示意图,作战时,机上观瞄指示系统(具有照射功能的昼夜观瞄装置或昼夜侦察装置等)搜索目标,发现并捕获目标后跟踪目标,并将测量到的目标位置信息、载机信息、导弹操控信息传给发射电子单元,构成发射条件后,射手按下击发按钮,导弹发射离轨。此时导弹按程控弹道先爬升再平飞,当导引头接收到来自激光目标指示器(也称照射器)照射到目标上产生的激光漫反射信号后,导弹转入比例导引,直至命中目标。在本机照射模式下,导弹命中目标前射手须一直跟踪目标,使照射器始终对准目标,并按照规定时序延迟一定的时间后开始照射目标,直到导弹中靶。在非本机照射模式下,导弹发射离轨后,对目标的照射由地面照射手或他机进行,此时射手即可停止瞄准目标,载机可适时撤离。

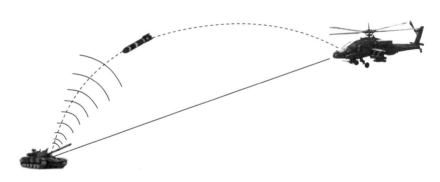

图 3 – 25　AGM – 114M"海尔法"导弹工作过程示意图

3.5.1.2　AGM – 114M 导弹激光寻的器

如图 3 – 26 所示,AGM – 114M"海尔法"导弹激光寻的器采用陀螺稳定光学系统式结构,目标反射的激光脉冲经头罩 5 后由主反射器 4 反射聚集在不随陀螺转子转动的激光探测器 7 上,其前有滤光片 8,主要光学元件均采用了全塑材料(聚碳酸酯)。为防止划伤,在头罩上有保护膜;为了提高反射率,主反射器 4 表面镀金。

寻的器稳定系统包括一个装在万向支架 9 上动量稳定的转子永久磁铁 3,其上附有机械锁定器 10 和主反射器 4,这些部件一起旋转增大了转子的转动惯量。激光探测器 7 装在内环上,不随转子旋转。机械锁定器 10 用于在陀螺静止时保证旋转轴线与寻的器的纵轴重合。这样,转子既可保持运输时不动,又可保证旋转时陀螺转子与弹轴的重合性。陀螺框架有 ±30° 的框架角,设有一个软式止动器和一个碰合开关 1 用以限制万向支架,软式止动器装于陀螺的非旋转件上,当陀螺倾角超过某一角度时,碰合开关闭合,给出信号,使导弹轴转向光轴,减小陀螺倾角,避免碰撞损坏。

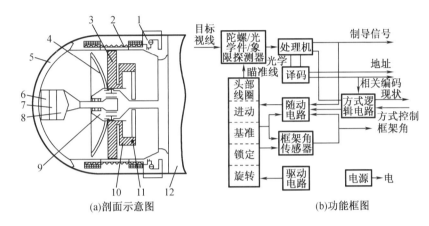

(a)剖面示意图　　　　　　　　　　(b)功能框图

1—碰合开关;2—线圈;3—磁铁;4—主反射器;5—头罩;6—前放;7—激光探测器;8—滤光片;

9—万向支架;10—锁定器;11—章动阻尼器;12—电子舱。

图 3 – 26　AGM – 114M"海尔法"导弹寻的器

寻的器壳子 2 上有调制圈 4 个,旋转线圈 4 个,基准线圈 4 个,进动线圈 2 个,锁定线圈 4 个,锁定补偿线圈 2 个,其用途和配置与"响尾蛇"导弹的寻的器类似。

寻的器的功能如图 3 – 26(b)所示,图中设有解码电路以便与激光目标照射器的激光编码相协调,方式逻辑电路控制寻的器的工作方式,以电的形式锁定、扫描、伺服、捕获和跟踪目标,从外边控制这些功能。

3.5.1.3　AGM – 114M 导弹攻击方式

AGM – 114M 导弹有三种攻击方式,分别为本机攻击本机照射、本机攻击他机照射和本机攻击地面照射,简称为本攻本照、本攻他照和本攻地照。

1. 本攻本照模式

本攻本照模式是激光制导导弹作战的主要攻击模式,在攻击机自身能够跟踪、瞄准、照射目标,或者目标对攻击机存在直接威胁需要在最短时间内完成对目标的攻击等情况下,应该选择该种模式,如图 3 – 27 所示。

2. 本攻他照模式

本攻他照模式通常用于计划攻击(接收指挥中心/指挥机的攻击指令),通过双机或多机协同完成对某一目标或多个目标的攻击。由于要双机或多机协同,通常其攻击准备的时间较长。该工作模式一般用于攻击中远距离的目标。

如图 3 – 28 所示,照射机与攻击机之间通信畅通(数据链或可靠的语音通信),照射机与攻击机上的定位装置工作正常,且能够协调工作(照射机为攻击机提供目标信息,攻击机解算出目标相对于自己的位置并为照射机提供导弹发射信息、照射延迟时间及命中目标时间),随动挂架随动于机目线,飞行员依据显示屏指示快速调整直升机航向,以保证飞机方位角在允许发射的范围。

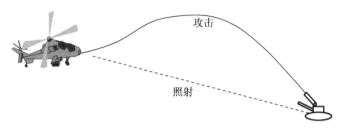

图 3 – 27 本机照射单发发射攻击示意图

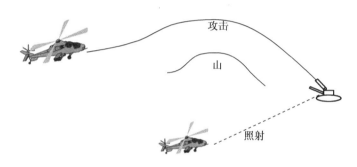

图 3 – 28 他机照射单发发射攻击示意图

3. 本攻地照模式

本攻地照模式一般用来攻击远距离或被地形遮挡的目标,本机上的昼夜侦察装置看不见目标,由地面人员携带激光照射器对目标进行侦察定位,并将目标信息传送给攻击直升机,由攻击直升机发射导弹对目标发起攻击,地面激光照射器为导弹指示目标。

3.5.2 ZT – 35"鹰威"导弹

ZT – 35"鹰威"导弹是在 ZT – 3"褐雨燕"导弹的基础上为满足从直升机上打击现代城市中的建筑、观察哨所、指挥掩体、机场、机库等目标而研制的一种激光驾束制导导弹,该弹的多用途导弹战斗部不仅具有侵彻功能,还具有爆破功能。ZT – 35 激光驾束制导导弹武器系统由制导仪和导弹组成。射手通过瞄准装置瞄准目标并发射导弹,同时与发射装置瞄准线同轴安装的激光发射装置向目标空间发射经编码调制的激光束,激光束在导弹飞行过程中形成控制场,导弹发射后在激光束中飞行,导弹尾部装有可以感应导弹偏离激光控制场中心的光电探测装置。当导弹偏离控制场中心时,弹上探测装置可以测出偏离的大小和方向,弹上控制装置将此偏离信号运算处理后,形成控制信号,对导弹进行修正,直至命中目标。ZT – 35"鹰威"导弹弹重 29 kg,与美军的"陶"式反坦克导弹类似,采用折叠翼,射程 5 km,可直升机载发射,使用触碰引信,战斗部前有探针,用来摧毁反应装甲,聚能战斗部对均质装甲破甲深度达到 1 000 mm。ZT - 35"鹰威"导弹结构组成图如图 3 - 29 所示。

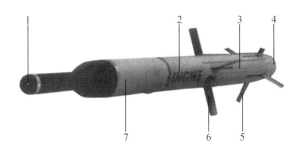

1—探针;2—火箭发动机;3—制导控制设备舱;4—弹上激光接收器;5—控制舵面;6—稳定翼;7—战斗部。

图 3 - 29　ZT - 35"鹰威"导弹结构组成图

3.5.3　ZT - 3"褐雨燕"反坦克导弹

ZT - 3"褐雨燕"反坦克导弹是南非陆军装备使用的新一代近距反坦克导弹,采用导管发射、红外光学跟踪、激光指令制导体制。该弹采用与美国的"陶"式相同的正常式气动外形布局,4 片矩形稳定弹翼位于弹体中部,4 片与弹翼成 45°角的矩形控制舵面位于弹体尾部。弹翼和尾舵均为折叠式,处于发射筒时,前者向后折叠,后者向前折叠;离开发射筒时,两者分别向前、后展开。该发射筒既是导弹发射器,又是导弹运输箱和贮存器。

弹体呈圆柱形,头部呈半球形,尾部呈截锥平底形,弹体内部采用模块化舱段结构,分为前、中、后 3 个舱段:前舱装空心装药聚能破甲战斗部、触发引信和保险执行机构,穿甲厚度 100 mm,中舱装 1 台固体火箭主发动机,用以使导弹加速飞行。其 2 个喷管位于弹体中部两侧的弹翼前部,中舱外部是 4 片稳定弹翼;尾舱内装制导控制设备,包括所有电子线路、电源、控制舵机、激光指令接收机、脉冲式红外光源和冷气瓶等,在尾舱内部中央装有 1 台固体火箭发动机,在其四周尾舱外部则是 4 片控制舵面。该发动机作为助推器用于导弹发射,使导弹获得飞离发射筒的能量,随后主发动机点火工作,使导弹达到 330 m/s 的巡航速度,在 18 s 内飞行 4 km,试射时曾命中 5 km 处的坦克。该弹在性能水平上属于第三代反坦克导弹。ZT - 3"褐雨燕"反坦克导弹结构组成如图 3 - 30 所示。

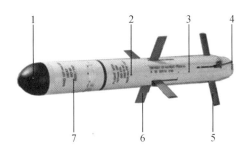

1—触发引信;2—固体火箭发动机;3—制导控制设备舱;4—激光指令接收机和脉冲式红外光源;

5—控制舵面;6—稳定翼;7—战斗部。

图 3 - 30　ZT - 3"褐雨燕"反坦克导弹结构组成图

该弹的机载型装备在南非陆军的努依瓦克武装直升机以及其他武装直升机,如法制"美洲豹"和波兰"猎鹰"直升机。作战使用时须与机载火控系统配合工作。由机载红外自动跟踪装置对发射后的导弹尾部的脉冲式红外光源进行跟踪,由测角仪测定导弹偏离瞄准线的偏差,并由飞行员通过激光指令发射机向导弹发出相应的编码激光指令,由导弹的激光指令接收机接收并输给伺服控制舵机,控制导弹飞向目标。当多架飞机同时向一个方向发射导弹时,以不同的编码发出激光指令,以保证互不干扰。

3.5.4 AT-12"旋风"反坦克导弹

AT-12是苏联/俄罗斯自行研制并装备部队使用的第三代反坦克导弹,也是专用于空对地攻击的新一代反坦克导弹,由位于图拉的希普诺夫仪器制造设计局设计。该系列反坦克导弹广泛装备苏联/俄罗斯的 m-24"雌鹿"、m-28"浩劫"、卡-50"蜗牛"等武装直升机。导弹结构组成如图3-31所示。

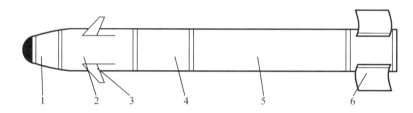

1—激光导引头;2—控制舵机;3—舵片;4—聚能装甲战斗部;5—固体火箭发动机;6—弹翼。

图3-31 AT-12"旋风"反坦克导弹结构组成图

AT-12在气动外形布局和结构上,与苏联/俄罗斯的第二代反坦克导弹——9M114(AT-6/AT-9)相似,均采用导管发射方式。但该导弹在发射管内的配置有所不同,弹头露在发射管外,无扁平头盖。在内部结构上的主要区别,是用半主动激光制导取代无线电指令制导,故该弹头部呈半球形,内装激光导引头,随后为控制舵机,在其外表面两侧各有1片弹出式舵面,控制导弹的飞行方向。聚能破甲战斗部位于中部,但穿甲厚度增大,达到900~1 000 mm。1台两级推力固体火箭发动机构成导弹的后舱段,4片紧贴弹体的矩形圆弧式尾翼位于尾端,飞离发射管时翼片弹出并高速旋转,使导弹稳定飞行。在不发射时,导弹除头部外均位于发射管内,用作导弹的储存箱;在发射时,该发射管用作导向装置。

该系列导弹的改进型为AT-16。主要改进之处是采用了加长的固体火箭发动机,增大了推力,提高了射程,同时改进了发射管头部结构,增加了带前下方观察口的头罩,使导弹的头部全部处于发射管内,但其激光导引头仍能接收来自前下方目标的反射信号。该改进型导弹1992年首次在英国范堡罗航展上露面,挂在卡-50攻击直升机短翼外侧的复式挂架上。该复式挂架共挂6枚导弹,分两组各3枚集束悬挂,同两组导弹相连的挂架底部带有联轴节,使整个导弹可向下转动达10°,从而使载机实现对地攻击时无须俯冲而在平飞或悬停状态下发射导弹,提高了载机的攻击和生存能力。

3.5.6　GBU－12"宝石路"激光制导炸弹

宝石路(paveway),也译为"铺路石",是美国于20世纪60年代中期在Mk80系列标准炸弹的基础上加装激光制导系统和弹翼发展而成的一种精确打击武器。其中宝石路Ⅱ是20世纪80年代后在宝石路Ⅰ基础上推出的改良型号,其采用MK82通用炸弹,具有折叠式弹翼,能滑翔较大的距离,并拥有较好的航电系统。"宝石路"Ⅱ系列GBU－12激光制导炸弹结构如图3－32所示。

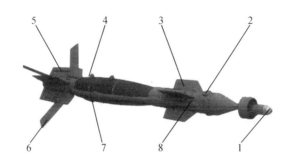

1—激光导引头;2—GPS接收天线;3—鸭翼;4—挂架;5—可折叠尾翼;

6—气动组件;7—"宝石路"组件连接器;8—导航计算和加密组建。

图3－32　"宝石路"Ⅱ系列GBU－12激光制导炸弹结构图

激光导引头(图3－33)是一个小圆柱体,其后部装有稳定环。激光导引头和控制舱通过类似万向接头的装置连接。激光导引头用来接收目标反射回来的激光,只要反射回来的激光在视角范围内,就可以导向目标。

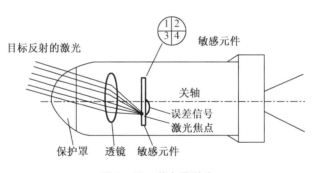

图3－33　激光导引头

控制舱内装有计算机、舵机和制导用的电源。控制舱内装有可控制的舵面,根据探测器接收到的激光焦点产生的误差,由计算机对误差信号进行处理,产生控制舵面的指令,操纵舵面改变炸弹的飞行轨迹。MQ－9死神无人机可以携带4枚GBU－12宝石路Ⅱ激光制导炸弹执行对地攻击任务,如图3－34所示。

图 3 – 34　MQ – 9 死神无人机

第4章 雷达制导原理

雷达通过不同物体对电磁波的反射或辐射能力的差异性来发现目标和测定目标的位置。

雷达寻的制导又称雷达自动导引或自动瞄准,它是利用装在导弹上的设备接收目标辐射或反射的无线电波,实现对目标的跟踪并形成引导指令,引导导弹飞向目标的一种导引方法。和其他制导方法一样,在制导过程中,雷达寻的制导需要不断地观测和跟踪目标,形成控制信号,送入自动驾驶仪,操纵导弹飞向目标。控制点只起选择目标、发射导弹的作用,有时也提供照射目标的能源。导弹发射后,观测和跟踪目标、形成控制指令以及操纵导弹飞行都是由弹上设备完成的。

4.1 雷达寻的制导系统

4.1.1 雷达寻的制导系统类型

雷达寻的制导系统工作时,需要接收目标辐射或反射的无线电波这种无线电波可能是由弹上雷达辐射后经目标反射的,也可能是由其他地方用专门的雷达辐射经目标反射的,或者由目标直接辐射的。根据能量来源的位置不同,雷达寻的制导系统可分为主动式寻的制导系统、半主动式寻的制导系统和被动式寻的制导系统三种。

1. 主动式雷达寻的制导系统

主动式雷达寻的制导系统的导弹上装有雷达发射机和雷达接收机。弹上雷达主动向目标发射无线电波。寻的制导系统根据目标反射回来的电波,确定目标的坐标及运动参数,形成控制信号,送给自动驾驶仪,操纵导弹沿理论弹道飞向目标,如图4-1(a)所示。其主要优点是导弹在飞行过程中完全不需要弹外设备提供任何能量或控制信息,可以做到"发射后不管";其主要缺点是弹上设备复杂,设备的质量、尺寸受到限制,因而这种系统的作用距离不可能很大,多作为复合制导系统的末制导方式使用。

2. 半主动式雷达寻的制导系统

半主动式雷达寻的制导系统的雷达发射机装在地面(或飞机、军舰)上,雷达发射机向目标发射无线电波,而装在弹上的接收机接收目标反射的电波,确定目标的坐标及运动参数,形成控制信号,送给自动驾驶仪,操纵导弹沿理论弹道飞向目标,如图4-1(b)所示。其主要优点是制导站在导弹以外,可设置大功率"照射"能源,因而作用距离可较远;弹上设备比较简单,质量和尺寸也比较小。其缺点是导弹在杀伤目标前的整个飞行过程中,制导站必须始终"照射"目标,易受干扰和被攻击。

3. 被动式雷达寻的制导系统

被动式雷达寻的制导系统是利用目标辐射的无线电波进行工作的。导弹上装有雷达接收机,用来接收目标辐射的无线电波。在导引过程中,寻的制导系统根据目标辐射的无线电波,确定目标的坐标及运动参数,形成控制信号,送给自动驾驶仪,操纵导弹沿理论弹道飞向目标,如图4-1(c)所示。被动式寻的制导过程中,导弹本身不辐射能量,也不需要别的照射能源把能量照射到目标上。其主要优点是不易被目标发现,工作隐蔽性好,弹上设备简单;主要缺点是它只能制导导弹攻击正在辐射能量(无线电波)的目标,由于受到目标辐射能量功率的限制,作用距离比较近。

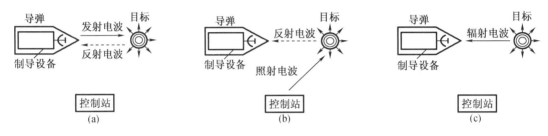

图4-1 雷达寻的制导系统的类型

4.1.2 雷达寻的制导系统工作原理

主动式、半主动式、被动式寻的制导系统在结构上各不相同,观测目标所需的无线电波的来源也不相同。但它们的实质,都是在寻的制导过程中,利用目标反射或辐射的无线电波确定目标坐标及运动参数,而且从观测目标到形成控制信号和操纵导弹飞行,都是由弹上设备完成的,因此,这三种寻的制导系统的工作原理基本相同。

雷达寻的制导系统一般由雷达导引头、制导规律形成装置、弹上控制系统(自动驾驶仪)及弹体等部分组成,如图4-2所示。

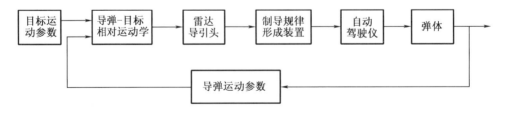

图4-2 雷达寻的制导系统的基本组成框图

在寻的制导过程中,雷达导引头不断地跟踪目标,测出目标相对于导弹的运动参数,将该参数送入控制信号形成装置,形成控制指令,然后再将控制指令送入自动驾驶仪。自动驾驶仪根据控制信号,改变导弹飞行姿态。导弹飞行姿态改变之后,雷达导引头又测出目标相对于导弹的新的运动参数,形成新的控制信号,控制导弹飞行。这样往复循环,直至命中目标为止。

4.1.3　雷达导引头

雷达导引头的任务是捕捉目标,对目标进行角坐标、距离和速度的跟踪,计算控制参数和形成控制指令,操纵导弹击毁目标。

按作用原理的不同,雷达导引头雷达导引头可分为主动式、半主动式和被动式导引头;

按测角工作体制的不同,雷达导引头可分为扫描式(圆锥扫描、扇形扫描、变换波瓣等)、单脉冲式(幅度法单脉冲、相位法单脉冲和幅度 – 相位法单脉冲)及相控阵导引头;

按工作波形特点的不同,雷达导引头可分为连续波、脉冲波和脉冲多普勒式导引头;

按导引头测量坐标系相对于弹体坐标系的位置关系不同,雷达导引头可分为固定式和活动式(活动非跟踪式和活动跟踪式)导引头。

按作用原理、测角体制和工作波形分类后的雷达导引头的主要工作特性,有关雷达书籍中已有详细介绍。因此,下面只说明固定式和活动式导引头的主要工作特性。

4.1.3.1　雷达导引头的一般组成

雷达导引头的主要任务是捕捉目标、跟踪目标和形成引导指令。

捕捉目标是指在进行自导引之前,导引头按目标运动方向和速度获得指定的目标信号。为此,导引头天线应先使波束在预定空间扫描(一般用于末制导的导引头)或执行控制站给出的方向指令,使天线基本对准目标。之后按目标的接近速度(即按多普勒频移)对天线视场内的目标进行搜索。收到目标信号后,接通天线角跟踪系统,消除导引头的初始方向偏差,使天线对准目标。

跟踪目标包括对目标的速度跟踪和对目标的连续角跟踪。对目标的速度跟踪,是利用目标反射信号的多普勒效应,采取适当的接收技术,从频谱特性上对目标信号进行选择和连续跟踪,以排除其他信号的干扰;对目标的角度连续跟踪,一般是利用天线波束扫描(如圆锥扫描等)或多波束技术(如单脉冲技术),取得目标的角偏差信息,实现天线对选定目标的连续角跟踪,同时得到目标视线的转动角速度 $\dot{\varphi}$。

形成引导指令是以导引头给出的 $\dot{\varphi}$ 为基础形成按比例接近法的引导指令。

因此,主动式、半主动式和被动式雷达导引头的组成一般包括天线及其传动装置、发射机(主动式雷达导引头)、接收机、选择器、同步接收机(半主动式雷达导引头)、终端装置和其他一些补偿装置,如图 4 – 3 所示。

导引头的天线装在稳定平台上,平台采用万向支架悬挂的形式,力矩电机 M_{ys}、M_{zs} 装在万向支架轴上。

导弹发射前,雷达导引头对选定的跟踪目标进行瞄准,控制站向导弹装定表示目标方位的初始跟踪指令。这些指令以电信号形式加到放大器上,放大后再加到力矩电机 M_{ys}、M_{zs} 上,电机产生使万向支架旋转的力矩,陀螺便产生进动,平台改变位置,使天线基本对准目标。当然,这种靠初始跟踪指令的驱动,天线跟踪目标的精度是有限的。所以,在初始跟踪指令装定之后,便转入自动跟踪状态,为此,转换开关调整到"2"的位置。

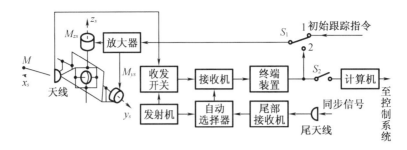

图4-3 雷达导引头组成示意图(活动式跟踪导引头)

天线辐射或控制站的照射信号经目标反射后,被天线接收,经天线收发开关送给接收机,该信号含有目标 M 偏离导引头坐标轴 Ox_s 的大小和方向的信息。它被接收后在终端装置形成角误差信号,经开关 S_1 加到放大器,使稳定平台转动相应的角度,目标视线便和导引头 Ox_s 轴重合,于是系统在方向上便自动跟踪目标。

自动选择器按速度和距离自动选择目标信号。来自导引头发射机或控制站照射雷达的信号(即零距离信号)被尾部接收机接收到自动选择器。自动选择器也是在发射前由控制指令选取目标的,在跟踪中排除其他目标信号,并把选择的信号送入接收机中。

导弹发射后,在指定的时间内开关 S_2 闭合,角误差信号不但送给力矩电机,而且加到计算机中,以形成引导指令,加至自动驾驶仪控制系统。假定采用比例接近法引导,应满足:

$$\dot{\theta} = K \dot{\varphi} \qquad (4-1)$$

式中 $\dot{\theta}$——导弹速度矢量转动的角速度;

$\dot{\varphi}$——目标视线转动的角速度;

K——引导系数。

由于采用的是跟踪导引头,天线轴 Ox_s 不断向目标视线转动直至重合,导引头输出正比于 $\dot{\varphi}$ 的电压 $u_{\dot{\varphi}}$,即

$$u_{\dot{\varphi}} = K_{\dot{\varphi}} \dot{\varphi} \qquad (4-2)$$

式中 $K_{\dot{\varphi}}$——比例系数。

而 $\dot{\theta} = \dfrac{a_n}{v_d}$,用加速度计可测得 a_n 值,导弹速度 v_d 已知,可得到与 $\dot{\theta}$ 成比例的电压 $u_{\dot{\theta}}$。这样,误差信号可由 $\Delta\theta = K\dot{\varphi} - \dot{\theta}$ 得到,即

$$u_{\Delta\dot{\theta}} = k \frac{K}{K_{\dot{\varphi}}} u_{\dot{\varphi}} - u_{\dot{\theta}} \qquad (4-3)$$

式中 k——变换系数。

由误差信号 $u_{\Delta\dot{\theta}}$ 可得到引导指令。

4.1.3.2 雷达导引头的基本要求

一般来说,设计一个雷达导引头应重点考虑的性能参数有:发现和跟踪目标的最大作用距离;导引头的视界角;导引头框架的转动范围等。

1. 发现和跟踪目标的最大作用距离

主动式、半主动式、被动式雷达导引头的最大作用距离分别为

$$R_{主} = \left[P_{主} G_1 G_2 \lambda^2 \sigma / (4\pi)^3 P_{\min} \right] / 4 \qquad (4-4)$$

$$R_{半} = \left[P_{半} G_1 G_2 \lambda^2 \sigma / (4\pi)^3 P_{\min} \right] / 4 \qquad (4-5)$$

$$R_{被} = \left[P_{被} G_1 \lambda^2 \sigma / (4\pi)^2 P_{\min} \right] / 2 \qquad (4-6)$$

式中　$P_{主}$、$P_{半}$、$P_{被}$——导引头的发射机发射功率、照射雷达发射功率和目标辐射的功率;

　　　G_1——导引头接收天线的增益系数;

　　　G_2——主动式导引头发射天线的增益系数及半主动式导引头照射雷达天线的增益系数;

　　　λ——工作波长;

　　　σ——目标雷达截面积;

　　　$P_{\min}$——导引头接收机灵敏度。

下面对 $P_{主}$ 和 $P_{半}$ 做比较。假定主动式用同一天线进行发射和接收,即对主动式 $G_1 = G_2$,在 λ、σ、$P_{\min}$ 相同的情况下,有

$$\frac{R_{半}}{R_{主}} = \left(\frac{P_{半} G_2}{P_{主} G_1} \right)^{\frac{1}{4}} \qquad (4-7)$$

由于照射雷达的发射功率和天线尺寸总是大于弹上导引头的发射功率及天线尺寸,即

$$P_{半} > P_{主}, G_2 > G_1$$

所以 $R_{半}$ 总是大于 $R_{主}$,即半主动式雷达寻的制导系统的最大作用距离总是大于主动式雷达寻的制导系统的最大作用距离。

2. 导引头的视界角

导引头的视界角(Ω)是一个立体角,在这个范围内观测目标。雷达导引头的视界角由其天线的特性(如扫描、多波束等)与工作波长决定。要使导引头的角分辨力高,视界角应尽量小;而要使导引头能跟踪快速目标,又需要视界角大。

对于固定式导引头,其视界角应不小于系统滞后时间内目标角度的变化量,即

$$\Omega \geqslant \dot{\varphi} t_0 \qquad (4-8)$$

式中　t_0——系统的滞后时间;

　　　$\dot{\varphi}$——目标视线的角速度。

由于目标角速度最大值发生在导弹、目标距离最小时,此时 $\varphi_{\max} = 57.3 v_{\mathrm{m}} / r_{\min}$。固定式导引头的视界角一般应为 $10°$ 或更大一些。对于活动式跟踪导引头,由于能够对目标自动跟踪,其视界角可以大大减小。但由于信号的起伏、闪烁及系统内部的噪声,会产生跟踪误差。因此,视界角也应符合要求值。

3. 导引头框架的转动范围

很多导引头装在一组框架(万向支架)上,它相对弹体的转动自由度受到约束。在自动导引中,导弹相对目标视线会自动产生前置角,如目标不机动,导弹便会沿直线飞向遭遇点,如图 4 - 4 所示。设导弹的迎角为零,则导引头天线转动的角度为 φ_{d};若目标、导弹分别以速度 v_{m}、v_{d} 等速接近,则由

$$v_{\mathrm{m}} \sin \varphi_{\mathrm{m}} = v_{\mathrm{d}} \sin \varphi_{\mathrm{d}} \qquad (4-9)$$

得导引头天线转过角度为

$$\sin \varphi_{\mathrm{d}} = \frac{1}{K} \sin \varphi_{\mathrm{m}} \qquad (4-10)$$

式中　$K = v_{\mathrm{d}}/v_{\mathrm{m}}$。

对给定速度比 K，当 $\varphi_{\mathrm{m}} = 90°$时，导引头天线转角最大。而一般多为迎头攻击或尾追攻击，$\varphi_{\mathrm{m}} < 90°$时，再考虑导弹允许的迎角为 $\pm 15°$，则一般要求导引头框架的转动范围在 $\pm 40°$以内。

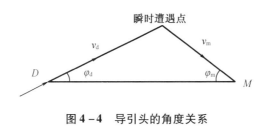

图 4 - 4 　导引头的角度关系

4.2　被动式雷达寻的制导系统

用被动方式工作的雷达导引头，主要用于反辐射导弹微波及毫米波被动雷达导引头的寻的。

4.2.1　反辐射导弹导引头

雷达站是现代战争的眼睛。摧毁敌方的雷达设施是重要的战术手段之一。反辐射导弹（ARM）正是为攻击雷达设施而专门设计的。它利用雷达辐射的电磁波能量被动跟踪，可以一直追寻到雷达所在地，摧毁目标。

反辐射导弹导引头实际上是一部被动雷达接收机。它的基本工作原理如图 4 - 5 所示。导引头又分高频和低频两部分。导引头高频部分将平面四臂螺旋天线所接收的信号加以处理，形成上下、左右两个通道共 4 个波束信号。若导弹正好对准目标，则这两个通道的 4 个波束信号强度相等。信号经检波、放大、相减，其误差信号输出均为零，控制系统不工作。

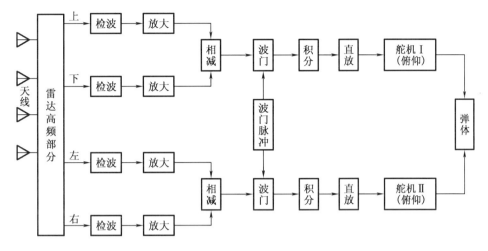

图 4 - 5   反辐射导弹导引头工作原理图

若导弹偏离了目标,则上下两波束信号不等,形成误差信号。误差信号的大小反映了导弹纵轴与目标连线在垂直平面上的夹角。同理,左右两波束形成的误差信号的大小反映了水平方向上导弹纵轴与目标连线在水平面上的夹角。两路误差信号分别进行脉冲放大和变换,通过一个波门电路后进行检波积分,将视频信号变成直流信号,此输出的直流信号正比于误差角的大小。接着再对直流信号进行坐标变换,把垂直平面及水平平面的误差信号变成与俯仰和航向两对舵面相对应的控制信号,经差分放大器送至舵机的电磁线圈,然后控制舵机做相应的动作。

该系统采用波门控制。其主要目的是抑制和除去地面及多目标信号的干扰,以利于导弹准确地搜索到目标。

4.2.2   反辐射导弹导引头的发展

下面以美国的三代反辐射导弹导引头发展的实例,介绍反辐射导弹导引头的发展概况。

1. "百舌鸟"(shrike)反辐射导弹

"百舌鸟"(AGM - 45)是美国第一代反辐射导弹,曾在越南战争、第四次中东战争、美国袭击利比亚等战争中多次使用过。

早期的"百舌鸟"导引头有许多缺点:导引头覆盖频率范围窄,每种型号只能对付特定频率的雷达目标;采用近似跟踪法,导引精度差。20 例战例分析表明,距离目标小于 20 m 爆炸的次数仅为 7 次;无记忆功能。越南战争中常采用关闭雷达的手段使"百舌鸟"失去目标,使其命中率降为 3% ~6% 。

经过改进的"百舌鸟"反辐射导弹加装了记忆电路,提高了导弹的飞行速度,同时还提高了导引头接收机的灵敏度。导引头能寻找到雷达发射机的寄生辐射及接上假负载的雷达发射机泄漏信号。当寄生辐射功率为 1 W 及 10 W 时,"百舌鸟"导引头的作用距离为 5 km 和 10 km,导弹的射程为 8 ~145 km,发射高度为 1.5 ~10 km。

2. "标准"（standard）反辐射导弹

"标准"（AGM-78）是美国第二代反辐射导弹,与"百舌鸟"相比,其导引头的优点是频率覆盖范围较大。两种型号的导引头可覆盖大多数雷达的工作频率;具有目标位置及频率记忆功能;同时采用被动雷达加红外导引头复合制导,抗干扰能力强;杀伤力较大,对人员杀伤半径为100 m。其缺点是质量较大,能够装备的机种有限。

3. "哈姆"（HARM）反辐射导弹

"哈姆"高速反辐射导弹是性能较好的美国第三代反辐射导弹。其采用的新技术及特点如下。

（1）采用新型无源宽带雷达导引头,其频率覆盖范围大,达0.8～20 GHz。因此,只需一种雷达导引头就能覆盖较多防空雷达的工作频段。导引头灵敏度较高,能从旁瓣甚至后瓣寻找到目标雷达,能对付目标雷达使用的频率捷变、新波形及瞬间发射技术。

（2）采用捷联惯导基准加被动雷达寻的复合制导。导弹具有目标雷达位置记忆及频率记忆功能,一旦目标雷达关机,导弹就转入惯性制导攻击目标,因而即使关机仍有较高的命中率。

（3）采用可编程信号处理机。导弹飞行过程中可探测到新的威胁信号并对其进行识别,选择威胁最大者实施攻击。

（4）导弹马赫数可达4,射程可达40 km。"哈姆"导弹的造价较高,是"百舌鸟"的9倍,其中导引头的造价占全弹的57%。

4.3 主动式雷达寻的制导系统

主动式雷达自动导引可以实现人们对导弹制导技术期望的目标之一,即"发射后不管"的工作方式,这也是现代战争对导弹制导技术发展的必然要求。未来空中威胁的特点是多目标、多方位、多层次的饱和攻击,只有"发射后不管"的主动式自动导引技术,才能做到数弹齐发,以密集的火力对多目标进行"饱和式"反攻击。

用雷达作导引头的主动式制导系统,实际是一部完整的雷达系统,既有接收机,又有发射机,可在一定空域内自动完成对目标的搜索、截获、跟踪直到拦截。

美国"不死鸟"空空导弹采用一个可工作在半主动与主动寻的状态下的复合式雷达导引头。导引头采用相参脉冲多普勒体制,频率为X波段。速调管发射机额定功率为35 W,天线口径为396 mm,接收机灵敏度为-132 dBmW。法国SAAM舰载防空系统采用主动式雷达导引头,工作在Ku波段,导弹有效射程为10 km,可拦截飞行马赫数为2.5、机动过载为15g的目标。西德的MFS-90地空导弹,其主动式雷达导引头工作在Ku波段,发射机功率为500 W,采用脉冲多普勒信号体制,作用距离为10～15 km。在反舰导弹系列中,法国的"飞鱼"导弹是较早采用主动式雷达导引头的导弹之一,主动式雷达导引头工作在X波段,单脉冲体制,搜索距离大于15 km。此外,还有些工作在毫米波段的主动式雷达导引头的实例,不过作用距离较短,一般在5 km左右。

按导引头信号的形式,主动式雷达导引头主要有脉冲式和连续波式两种。

4.3.1　脉冲主动式雷达导引头

脉冲信号既可以测距,又可以通过时分的方式方便地解决收发系统的隔离问题,因而是较早采用的信号形式之一。由两点法自动导引规律可知,在导引导弹飞向目标的过程中,距离信息是不影响导引方法的。但是,具有测距功能的导引头却能有效地克服一些杂波及多目标的干扰,利用距离跟踪的办法提高对目标的鉴别能力。

这类导引头没有速度分辨能力,抗固定的杂波及海杂波的能力较差,适用于对付大反射截面积、低速度的军舰目标,多用于亚声速飞行的反舰导弹。导引头的天线伺服系统机构通常仅在方位平面内对目标搜索和跟踪,在俯仰平面内导引头天线指向轴保持一个恒定的俯仰角。

4.3.2　连续波主动式雷达导引头

连续波雷达由于波形在时间上连续,不能从时间域分隔。因此,收发隔离一直是连续波雷达最难解决的问题之一。弹上条件的限制,使得主动式连续波雷达导引头的收发隔离变得更难解决。如果接收机灵敏度为130 dBmW,发射机发射的功率为50 W,则要求收发隔离度为176 dB。这是一个很难达到的指标,美国的"麻雀"Ⅱ导弹曾想制成主动式连续波导引头,受当时技术的限制,该方案未能使用。

在现在的条件下,如果适当分配上述指标,解决收发隔离问题,原则上是可以实现主动式连续波导引的。

要实现主动式连续波雷达导引头的方案,另一个关键问题是需要高频率稳定度、低调频噪声指数的固态功率放大式发射机。否则,这些杂乱谱线将对多普勒通带内的信号产生遮蔽,影响接收机检测目标的灵敏度,甚至根本无法检测。

工程上较为理想的抗泄漏、抗饱和以及抗噪声与信号交叉调制的接收机是全倒置接收机,该接收机的窄带多普勒滤波器接于接收机前置中放之后,使噪声进入接收机主中放之前被抑制掉40～50 dB,所以全倒置接收机是实现主动式连续波雷达导引头的有效措施之一。

总之,实现连续波主动式雷达导引在工程上是有一定难度的。

4.4　半主动式雷达寻的制导系统

半主动式雷达自动导引起源于20世纪60年代,是第二代防空导弹的主要制导体制,其代表型号是美国的"霍克""改进霍克""麻雀系列"、苏联的"萨姆－6"等。尽管美国出现了以"爱国者"为代表的第三代导弹系统,但属于第二代产品的"改进霍克"以其优良的性价比,目前仍占有较大的国际市场,以连续波半主动式雷达为导引头的导弹仍是目前防空导弹的主战型号。本节对半主动式雷达导引头的主要技术和几种典型的半主动式连续波雷达导引头进行介绍。

4.4.1 半主动式连续波雷达导引头的主要技术

半主动式自导引系统工作时的几何关系如图4-6所示。目标被其他载体(如飞机、军舰等)或地面上的雷达照射,导弹接收具有多普勒频移的目标反射信号,并和直接接收的照射信号(尾部接收信号)比较,获得目标信号。目标信号的获得利用了相干接收技术,在相干接收中,可得到一个频谱,其中目标信号的频率大致和导弹、目标的接近速度成正比。为了提取目标信号并得到制导信息。接收机中用窄带频率跟踪器连续地跟踪目标回眺以使目标信号从杂波和泄漏中分离出来。其中,杂波来自地物和背景,泄漏也叫馈通,是指从导引头天线后波瓣收到的照射功率。

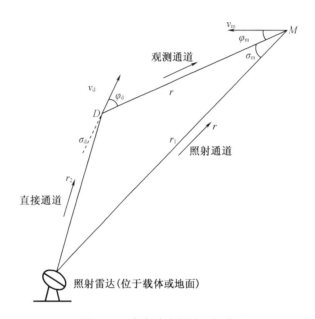

图4-6 半主动式导引几何关系

半主动自导引中多普勒预谱可参照图4-6求出。导引头尾部天线收到的信号频率 f_b 为

$$f_b = f_0 + f_{db} \tag{4-11}$$

式中　f_0——照射雷达发射信号的频率;

　　f_{db}——由导弹与照射雷达间相对速度引起的多普勒频率。

显然,由图4-6可知:

$$f_{db} = -\frac{v_d}{\lambda}\cos\delta_d \tag{4-12}$$

式中　λ——照射信号的波长。

导引头头部天线收到的信号频率 f_a 为

$$f_a = f_0 + f_{da} \tag{4-13}$$

式中　f_{da}——头部天线收到的目标多普勒频率,它是由照射雷达、目标间的相对速度以及目标对速度引起的多普勒频率之和。

由图 4 - 6 得

$$f_{da} = \frac{v_m}{\lambda}\cos\delta_m + \frac{v_m}{\lambda}\cos\varphi_m + \frac{v_d}{\lambda}\cos\varphi_d \qquad (4-14)$$

导引头收到的多普勒频率 f_d 为

$$f_d = f_{da} - f_{db} = \frac{v_m}{\lambda}\cos\delta_m + \frac{v_m}{\lambda}\cos\varphi_m + \frac{v_d}{\lambda}\cos\varphi_d + \frac{v_d}{\lambda}\cos\delta_d \qquad (4-15)$$

迎头攻击时,若 $\varphi_m = \delta_m = \varphi_d = \delta_d = 0$,则

$$f_d = \frac{2(v_m + v_d)}{\lambda} \qquad (4-16)$$

式(4 - 17)表明导引头接收到的多普勒频率 f_d 与导弹、目标间的相对速度成正比,与波长成反比。

若考虑杂乱回波和馈通,半主动式导引头收到的信号多普勒频谱如图 4 - 7 所示。图中,f_{dd} 为导弹速度引起的多普勒频率,f_{dm} 为目标速度引起的多普勒频率,f_{dp} 为载体速度引起的多普勒频率。

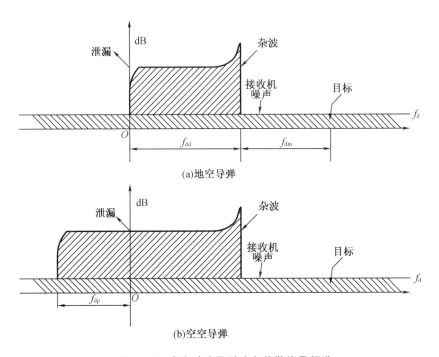

图 4 - 7　半主动式导引头多普勒信号频谱

由图 4 - 7 的多普勒频谱可见,半主动导引头必须解决下列技术问题。

(1)必须和杂波及馈通斗争。杂波、馈通强度一般比目标信号大几个数量级,因发射初或接收机本振的调频噪声,图 4 - 7 的频谱要变宽。这就要求本振源的噪声必须很低,否则目标多普勒信号会被馈通及杂波掩盖。

（2）导引头接收机的动态范围必须大到足以防止馈通和杂波掩盖目标信号。

导引头必须防止交叉调制和互相调制。因为这两种调制会产生假目标或使目标信息变差。

此外，还应解决连续波的照射和跟踪问题。跟踪用的连续波照射雷达通常采用双碟形天线（如"霍克"导弹系统），以使收发间充分隔离。如果空间不允许（如空空导弹系统），则用脉冲雷达或脉冲多普勒跟踪，由另一台连续波发射机对天线系统注入。

4.4.2 半主动式雷达导引头

4.4.2.1 从"零频"上取出的 f_d 连续波导引头

图4-8给出的连续波半主动式雷达导引头原理图，曾是早期的"霍克"（HAWK）采用的方案。它的 f_d 是从"零频"上取出的。

所谓从"零频"上取出 f_d，即采用头部接收机的目标"回波"与尾部接收机收到的照射雷达的"直波"的中频信号"同频"混频方式提取多普勒信号。

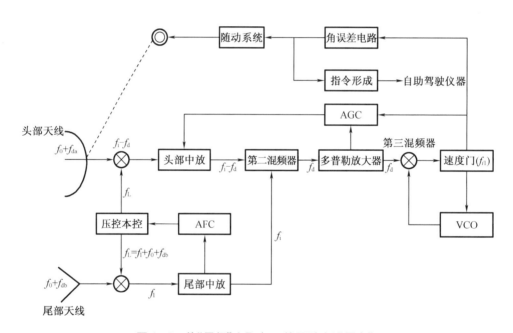

图4-8 从"零频"上取出 f_d 的导引头（"霍克"）

尾部接收机的目的是为头部目标信号的检测提供一个相参基准。尾部信号变换成中频 f_1 以后，首先与AFC控制回路闭合，并提供作为中频相参检波器（第二混频器）的基准信号。具体关系为：头部天线收到的回波信号为 f_0+f_{da}，第一混频器输出则为

$$f_L - (f_0 + f_{da}) = f_L - f_0 - f_{da} = f_1 - f_d \tag{4-18}$$

式中 f_0——照射雷达频率；

f_L——接收机本振频率；

f_{da}——头部接收机的目标多普勒频率；

f_1——接收机中频频率；

f_d——多普勒频移，$f_d = f_{da} - f_{db}$。

从尾部天线收到的直波信号为 $f_0 + f_{db}$，尾部混频器的输出为

$$f_L - (f_0 + f_{db}) = f_1 \qquad (4-19)$$

式中　f_{db}——导弹相对于照射雷达运动而产生的多普勒频率。

头、尾信号分别经过中放以后，在第二混频器混频，输出则为

$$f_1 - (f_1 - f_d) = f_d \qquad (4-20)$$

至此，完成了从"零频"上取出多普勒频率的过程。目标的发现和跟踪由速度门控本振频率的扫描和跟踪来实现。f_d 经较宽带的多普勒放大器（$\Delta f_{多} > f_{dmax}$）后，进入图 4-9 所示的多普勒频率跟踪环路。

速度门实际上是一个带宽很窄的滤波器，设其中心频率为 f_{i1}，带宽为 Δf_1，速度门本振工作在搜索与跟踪两种状态下。当工作在搜索状态时，其 VCO 的起始振荡频率为 $f_{i1} + f_{dmin}$，其中 f_{dmin} 为 f_d 可检测的最小值，且有

$$B = f_{dmin} - \frac{2v_m}{\lambda} > \frac{1}{2} \Delta f_1 \qquad (4-21)$$

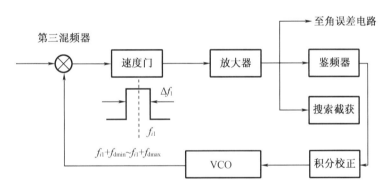

图 4-9　多普勒频率跟踪环路

带宽 B 可避免环路误跟踪杂波谱线。鉴频器中心频率为 f_{i1}，其工作带宽 $\Delta f_{鉴} > \Delta f_{i1}$。

搜索电路使 VCO 频率变化的最大值为 $f_{i1} + f_{dmax}$，VCO 的频率搜索范围为

$$f_{i1} + f_{dmax} - f_{i1} - f_{dmin} = \Delta f_d \qquad (4-22)$$

Δf_d 恰好覆盖了可检测的目标多普勒频率范围，如图 4-10 所示。

当多普勒放大器输出的多普勒频率 $f_{d1} < f_{dmin}$ 时，f_{d1} 经第三混频器在速度门无信号输出，环路不跟踪，这是因为目标的多普勒频率太低，已落入杂波区，环路很可能跟踪杂波而产生错误，所以对于 $f_{d1} < f_{dmin}$ 的多普勒目标，环路没有检测跟踪能力。

当然，对于超过 f_{dmax} 的区域，即 $f_{d2} < f_{dmax}$，也无须搜索，以免浪费搜索时间。

只有当多普勒放大器输出的频率落入 Δf_d 中，如 $f_d = f_{dmin}$ 时，第三混频器的输出为

$$(f_{i1} + f_{dmin}) - f_{dmin} = f_{i1} \qquad (4-23)$$

此频率恰好落入速度门之中,速度门有输出,此信号经放大后送入鉴频器和搜索截获电路,系统从搜索状态转入跟踪状态。由于输入到鉴频器上的信号为 f_{i1},鉴频器输出为零,VCO 工作在起始状态,其振荡频率为 $f_{i1} + f_{dmin}$,从而完成闭合速度跟踪环路。

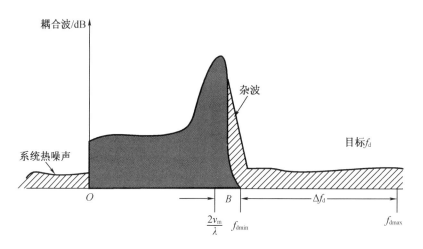

图 4 – 10　目标多普勒检测跟踪范围

如果目标速度增大,即 $f_d \to f_{d1}$,此时从第三混频器输出的信号大于 f_{i1},鉴频器测出了这一频率变化,其输出信号经积分网络变成直流电压作用于 VCO 上,使压控振荡器 VCO 的频率变为 $f_{i1} + f_{d1}$,从而使第三混频器输出的信号仍为 f_{i1},跟踪环路可闭合工作。实际上,不一定要求第三混频器总是输出理想的 f_{i1} 值,只要输出频率落入速度门之内某点即可跟踪。

导引头对目标的探测是通过对速度门本振 VCO 的频率在多普勒带宽上进行扫描来完成的。当速度门输出的信号超过检测门限时,搜索状态停止;判断确实为相干的目标信号而不是噪声引起的虚假信号时,系统转入跟踪状态,在频率(速度)上跟踪真实的目标。

如果测角系统采用锥扫体制,则被接收信号的幅度调制在速度门中得到恢复,并分解到两个垂直的"俯仰"和"方位"轴上。这些角度误差信号驱动天线伺服系统,使天线波束跟踪目标运动。为使制导误差信号在整个目标信号幅度的动态范围内归一化,接收机中要有自动增益控制,该自动控制电压应在速度门之后获得,并用来控制前面的中放增益。

从"零频"上提取 f_d 的主要缺点是 f_d 具有"零频"的"对称折叠"效应。这样,接收机的噪声来自两个边带。噪声功率的增加使导引头的探测灵敏度下降。为了克服这个缺点,到了 20 世纪 60 年代便出现了从副载频上取出 f_d 的连续波半主动式雷达导引头。

4.4.2.2　从"副载频"上取出 f_d 的连续波导引头

所谓 f_d 从"副载频"上取出,即采用"回波"与"直波"的中频信号"异频"混频的方式来提取多普勒信号 f_d,其工作原理见图 4 – 11,这是苏制防空导弹"萨姆 – 6"(SA – 6)的导引头方案。

从"副载频"上取出多普勒频率的优点在于避免了从"零频"取出时产生的一些缺点,对提高系统性能大有好处。缺点是把第二混频器引入了基准通道,因而破坏了"基准通道"和

"回波通道"之间结构的对称性,而这种对称性对于保证两通道间的时间延迟的一致从而抵消调频噪声是大有益处的。

在这种方案中,泄漏信号或地物杂波不是出现在"零频"上,而是出现在"负载频"f_M频率处,因为此时第三混频器的输出为

$$(f_M - f_i) + (f_i - f_d) = f_M - f_d \tag{4-24}$$

VCO 输出的频率为

$$f'_M - f_{dmin} \tag{4-25}$$

式中,f'_M的选择应满足$f_M - f'_M = f_{i1}$。

当地杂波频率$f_d = \dfrac{2v_m}{\lambda}$时,多普勒放大器的输出为$f_M - \dfrac{2v_m}{\lambda}$,第四混频器的输出为

$$f_M - \frac{2v_m}{\lambda} - (f'_M - f_{dmin}) = f_{i1} + B > f_{i1} + \frac{\Delta f_1}{2} \tag{4-26}$$

落于速度门之外,从而消除了地物杂波的影响。速度跟踪回路的工作原理同前,不再重述。

SA-6 导弹导引头的频率取值为$f_M = 1.8M_C$,$f'_M = 1.55M_C$,$f_{i1} = 250K_C$。f_d从"副载波"上取出的另一种变化形式便是"准倒置"连续波半主动式雷达导引头方案。

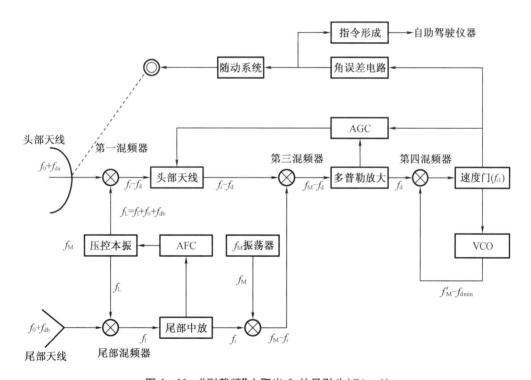

图 4-11　"副载频"上取出f_d的导引头(SA-6)

4.4.2.3　准倒置连续波导引头

准倒置接收型连续波导引头不是完全的倒置型导引头。其可以看作从"副载频"上取出f_d的另一种变化形式,只不过其速度门跟踪环是在第二中频上闭合的。使中频的等效带宽与速度门带宽相同,从而在抗泄漏、抗杂波干扰方面优于前面提到的两种导引头。

英制"海标枪"地空导弹导引头就采用了此种方案,其工作原理如图 4 – 12 所示。与图 4 – 11 的工作原理很相似,只是 f_L 的频率应设计成低于照射雷达的频率 f_0,速度门本振在搜索状态时,VCO 的频率应能覆盖住多普勒频率范围 Δf_d。

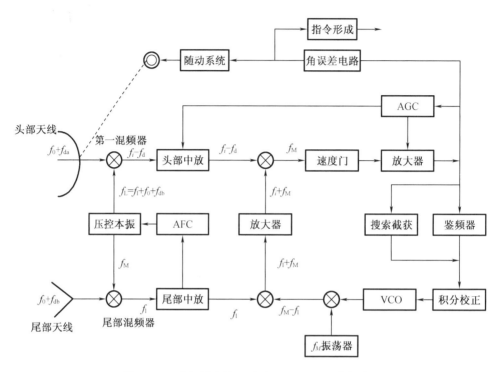

图 4 – 12　准倒置连续导引头工作原理图(海标枪)

4.4.2.4　全倒置连续波导引头

倒置接收机首先由美国提出,20 世纪 70 年代进入实用阶段。美国的"改进霍克"首先使用了倒置接收机式导引头,接着美国的"不死鸟"空空导弹、英国的"天空闪光"空空导弹、意大利的"阿斯派德"空地导弹导引头中都采用了倒置接收机技术。图 4 – 13 为倒置接收机工作原理图。"改进霍克"采用的是裂缝式天线单脉冲测角体制。为简化,图 4 – 13 仅给出了该导引头倒置接收机部分电原理图。

导引头头部天线接收的反射信号为

$$f_a = f_0 + f_{da} \tag{4-27}$$

导引头尾部天线接收的照射雷达直波信号为

$$f_b = f_0 + f_{db} \tag{4-28}$$

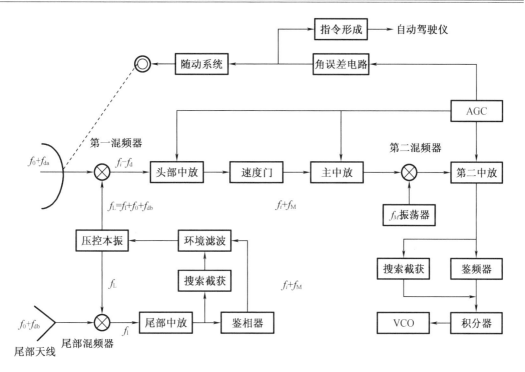

图 4 – 13　倒置接收机导引头工作原理图 (改进霍克)

假设本振信号的频率为 f_L ,它的频率比照射雷达的频率 f_0 高一个中频频率(f_i 和 f_{da})。 f_{da} 之所以能够调制在本振频率上,是由于频率跟踪回路跟踪天线收到了目标多普勒频率 f_{da} 的结果。故 f_L 应为

$$f_L = f_0 + f_i + f_{da} \qquad (4-29)$$

本振信号与尾部天线收到的信号混频,即由式(4 – 29)减去式(4 – 28),得到尾部中频信号频率为

$$\begin{aligned}
f_{ib} &= f_L - f_b \\
&= f_0 + f_i + f_{da} - f_0 - f_{db} \\
&= f_i + f_{da} - f_{db} \\
&= f_i + f_d \qquad (4-30)
\end{aligned}$$

本振信号与头部天线收到的信号混频,即由式(4 – 29)减去式(4 – 27),得到头部中频信号频率为

$$\begin{aligned}
f_{ia} &= f_L - f_a \\
&= f_0 + f_i + f_{da} - f_0 - f_{da} \\
&= f_i \qquad (4-31)
\end{aligned}$$

由式(4 – 29)可看出,由于回路对频率的跟踪作用,当头部天线收到的多普勒频率 f_{da} 变化时,压控本振的频率也跟随着变化,其作用与前面讨论过的速度门本振一样,从而保证第一混频器差拍出的中频正好是中放的中心频率 f_i ,它的频谱又很窄,所以头部天线收到的目标多普勒信号就能通过窄带晶体滤波器。

由式(4-30)可看出,由于目标的多普勒频率f_d被调制于尾部中频上,所以尾部中放的带宽必须大于所有可能的目标多普勒频率f_d的总范围,即

$$\Delta f_{ib} > f_{dmax} - f_{dmin} = \Delta f_d \tag{4-32}$$

头部中频信号经过窄带滤波器和主中放放大以后,为了避免在一个频率上放大量过大,另外也为了实现调试的方便,用固定频率f_c与f_i差拍,变成第二中频f_{i1},然后再经第二中频放大器放大,所以振荡源f_c亦称频率转换振荡器。第二中放输出的信号f_{i1}经鉴频器鉴频、积分后去控制VCO的频率。速度门本振信号与尾部中频信号鉴相,输出误差信号去控制压控本振的频率,使从第一混频器输出的频率保持在f_i为止。

整个频率(速度)跟踪环路有两套搜索和截获电路。尾部直波锁相环路在一定频率范围内搜索并截获目标。设此时速度门本振起始频率为f_i/f_{dmin}。尾部的直波环路搜索时,环路滤波器断开,搜索电路控制压控本振的频率在$f_L = [f_0 + f_i + f_{damin}, f_0 + f_i + f_{damax}]$的范围内变化,直到实现从尾部混频器的输出为

$$f_i + f_{dmin} \tag{4-33}$$

时为止,锁相环截获并转入跟踪状态。

此刻,本振频率为

$$f_L = f_0 + f_i + f_{damin} \tag{4-34}$$

而第一混频器的输出为$f_L - (f_0 + f_{da}) = f_i + f_{damin} - f_{da}$。该值落于中心频率为$f_i$,带宽为$\Delta f$的窄带速度门滤波器通带之外,滤波器无输出,因而使得速度门环路的搜索电路继续搜索,搜索电压控制速度门本振VCO的频率在$[f_i + f_{dmin}, f_i + f_{dmax}]$的范围内变化。

速度门本振VCO频率的变化,使得尾部直波锁相环路的鉴相器有输出,经滤波控制压控本振的频率,使f_L变为

$$f_L = f_0 + f_i + f_{da} \tag{4-35}$$

即当f_L附加的多普勒频率恰与头部天线收到的多普勒频率相同时,第一混频器的输出为

$$f_0 + f_i + f_{da} - f_0 - f_{da} = f_i \tag{4-36}$$

这时,第二中放输出f_{i1}被速度跟踪环路截获,环路断开搜索电压,接上跟踪电压。此时,整个频率(速度)跟踪环路完成了搜索与目标截获过程。

4.5 毫米波雷达寻的制导系统

微波时代开始以来,人们用了近50年的时间才取得一项重要突破——进入与微波具有同样前景的毫米波频谱区域。毫米波的波长为1 mm ~ 1 cm,其频率范围在30 ~ 300 GHz之间,它介于微波频段与红外频段之间,兼有这两个频段的固有特性,是导弹精确制导武器系统较为理想的频段。

4.5.1　毫米波雷达导引头的主要特点

1. 导引精度高

导引精度取决于对目标的空间分辨率。由于毫米波的波束窄,因此毫米波雷达导引头能提供极高的测角精度和角分辨率。分辨率高,跟踪精度就高。而且窄波束还能使导引头"看到"目标更多的细节,有一定的成像能力。

2. 抗干扰能力强

毫米波雷达导引头工作频率高,其通频带比微波大,在单位时间内能发射较多的信息,而接收时敌方不易干扰。由于频谱宽,可使用的频率多,除非预知确切使用频率,否则是很难干扰的。毫米波天线的旁瓣可以做得很小,而且以低功率、窄波束发射,抗干扰能力强,敌方截获困难。

3. 多普勒分辨率高

由于毫米波的波长短,同样速度的目标,毫米波雷达导引头产生的多普勒频率要比微波雷达大得多,因此毫米波雷达导引头的多普勒分辨率高,从背景杂波中区分运动目标的能力强,对目标的速度鉴别性能好。

4. 低仰角跟踪性能好

毫米波频段波束较窄,减小了波束对地物的照射面积。地物散射小,可以减少多路径干扰及地物杂波,有利于低仰角跟踪。

5. 有穿透等离子体的能力

导弹弹头在飞行时,在某一高度、某段时间内,由于气动加热而对空气热电离,使导弹周围形成等离子体,对无线电波会有严重的反射和衰减。而其电子密度取决于冲击层流场中空气的温度和密度。所以,只要选用 G 波段以上频率工作的导引头,特别是用远远高于导弹再入时产生的等离子体频率的毫米波,其传输时呈现的反射和衰减就会很微弱,对制导不会产生明显的影响。

6. 穿透云雾尘埃能力强

与光电导引头相比,毫米波雷达导引头有较好的穿透云雾能力;穿过战场污染物(烟、尘埃、稀疏枝叶)时有较好的能见度;区别金属目标和周围环境的能力强;只是在大雨的影响下工作才受到限制。可以说它基本具有全天候工作的能力。

毫米波雷达导引头的主要缺点是,由于大气的吸收和衰减,即使在气候条件较好时,其作用距离也只有 $10 \sim 20$ km。当有云、雾和雨时,作用距离还要减小,而且大气损耗随频率增高而增大。对某些型号导引头来讲,作用距离短不一定是主要问题,因为这一点通常可被更小的尺寸及更高的精度所弥补。对许多机载空空导弹来讲,作用距离短些完全可以满足战术技术指标要求。

7. 体积、质量小

毫米波天线尺寸小,元器件尺寸也小。20 世纪 80 年代后,使用悬挂带状线、微带等毫米波集成电路取代波导,使毫米波制导系统体积、质量小,非常适合于作受弹体尺寸限制的弹上末制导系统。

4.5.2 毫米波雷达导引头的工作模式

1. 主动模式导引头

采用主动式雷达进行截获和跟踪到遭遇目标的寻的头称为主动模式导引头。毫米波雷达工作体制有锥扫和单脉冲两种形式。单脉冲型抗干扰能力强、跟踪精度高。但这些是靠增加射频组件获得的。锥扫导引头成本较低,其天线常采用喇叭馈源反射器或喇叭透镜装置。发射机类型的选择可以根据不同的要求决定。需要连续波时可选用耿氏二极管发射机,需要脉冲波形可选用雪崩二极管发射机。

主动式毫米波雷达导引头用于空空导弹,可以"发射后不管",极大地提高了载机的安全性。美国的 AMRAAM 导弹、法国的 SAMAT3 导弹均采用主动式导引头。主动式导引头存在的主要问题是,离目标较近时受目标闪烁噪声影响较大。闪烁噪声由两个或更多目标亮点产生,它干扰回波的幅度和相位,引起雷达瞄准点漂移。

2. 被动模式导引头

采用被动式雷达进行截获和跟踪到遭遇目标的寻的头称为被动模式导引头。

毫米波被动雷达导引头实际上就是一个测量目标毫米波辐射的毫米波辐射计。被动模式工作能大大减少目标闪烁噪声影响,提高近距离跟踪精度;被动模式不发射能量,其探测、截获、跟踪目标是在不易被敌方发现的情况下进行的,抗干扰能力强。被动模式不发射能量,只接收目标辐射的能量,使得探测距离受到限制。

3. 主动 – 被动模式导引头

当要求增大作用距离、提高跟踪精度、抑制目标闪烁噪声时,常采用主动 – 被动双模式工作导引头,即主动模式扫描搜索、截获转跟踪、主动跟踪转被动跟踪目标直到命中。其顺序可用图 4 – 14 来描述。

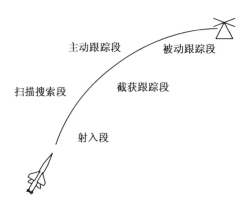

图 4 – 14　主动 – 被动式导引头工作顺序

主动 – 被动模式转换一般是由微型计算机控制开关来完成的。实战中,发射后采用锁定工作方式。在扫描搜索期间,朝前飞行的导引头与天线搜索相结合,对某一空域进行搜索。当捕捉到目标后截获并转为跟踪。与控制系统相联系的闭环万向支架系统能在最短时间内使天线瞄准轴与目标线相重合,保证系统的锁定。与目标相距一定距离时(300 ~

500 m),微型计算机自动控制转为被动模式跟踪直到与目标相遇。

4.5.3 毫米波雷达导引头的发展

毫米波雷达导引头的关键部件是射频组件。射频组件包括发射机、双工器、天线以及馈电网络。战术应用中要求毫米波雷达导引头性能好、小尺寸、轻封装、低功耗、低成本。

20 世纪 70 年代,毫米波雷达导引头中大量采用常规的波导元件,重点研究基本原理的正确性,目标特征数据的录取。80 年代,研制重点是微波集成、单片集成、发射机、接收机一体化,以及高功率发射器件的研制。到 90 年代,开始研究利用砷化钾单片集成电路代替混合微波集成电路功能,进而减小射频组件尺寸、质量,使其更适用于导引头的要求。目前,世界上碰撞式雪崩渡越时间二极管振荡器在 35 GHz 频段内的平均功率为 3 W,效率为 11.8%,它不满足一个具有较远作用距离的主动式导引头的要求。例如在脉冲多普勒体制中,峰值功率为 50 W,若采用高重复频率工作,其平均功率范围是 15 ~ 60 W。解决办法是采用微波注入锁相式功率合成技术,即由一个高频率稳定度 SSLO 锁定 4 ~ 5 个 IMPATT 振荡器,然后将其功率相加,是提高功率的途径之一。

发展微带、集成或模块化收发组件,发展毫米波复合制导,发展信息处理技术,利用单片机实现导引头多普勒信号的截获、跟踪和滤波等,都是毫米波雷达导引头的研究课题。

毫米波雷达导引头将在各种近程战术导弹上广泛应用。美、英、法等国正在研制的毫米波精确制导武器有 20 多种,其范围包括战略和战术导弹末制导、地空导弹、空地导弹、空空导弹及反坦克导弹等。

4.7 典型直升机/无人机机载雷达制导装备

4.7.1 AGM – 114L"长弓 – 海尔法"导弹

"海尔法"导弹是由美国洛克威尔国际公司为美国陆军研制的一种反坦克导弹,由于采用了模块化设计理念,发展了一系列导弹型号,可根据战术需要和气象条件选用不同制导方式,配备不同导引头。

AGM – 114L"长弓 – 海尔法"导弹是美国二代"海尔法"导弹众多衍生型号中的一种,该导弹装备有毫米波寻的器,使用高爆弹头,适合 AH – 64D"长弓阿帕奇"直升机在恶劣气象条件下打击目标,具有全天候作战能力。

AGM – 114L"长弓 – 海尔法"导弹采用主动毫米波制导,导弹发射后,由安装在导弹前端的主动式毫米波雷达导引头发射雷达电波,同时接收从目标反射回来的雷达电波信号,从而实现目标的截获与跟踪,输出偏差信号,形成制导指令,将导弹导向目标。导弹攻击全过程不需要直升机平台参与,具有发射后不管能力。AGM – 114L"长弓 – 海尔法"导弹结构组成如图 4 – 15 所示。

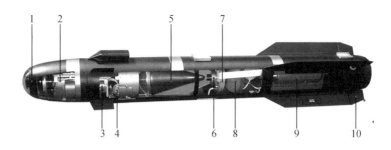

1—毫米波雷达导引头;2—数字式自动驾驶仪电子组件;3—俯仰陀螺仪传感器;4—偏航/横滚陀螺仪传感器;

5—成型装药战斗部;6—电子保险和解保装置;7—环形气动蓄压器;8—弹载电池组;

9—无烟发动机;10—控制舵机舵面。

图 4 – 15　AGM – 114L"长弓 – 海尔法"导弹结构组成图

其弹体呈棍状,采用两组控制面,第一组位于弹体后部,4 片舵面对称安装,径向长度较大,后端有切角,翼展不大;第二组位于弹体前部,尺寸较小,呈方形。导弹最大攻击距离为 9 km,最大飞行马赫数为 1.1。

4.7.2　Brimstone"硫磺石"导弹

"硫磺石"导弹是英国在 1996 年启动研制并于 2003 年 10 月成功进行空中发射试验的一种反坦克导弹。在设计上以 AGM – 114F 地狱火为基础,但采用了毫米波雷达导引头(工作波长为 94 GHz),因此尽管在尺寸质量射程等方面与 AGM – 114F 非常接近,但从作战能力上看更类似于 AGM – 114L"长弓 – 海尔法"导弹,同样具有发射后不管和昼夜全天候打击能力。

基型"硫磺石"导弹,弹长 1.8 m,直径 0.178 m,重约 50 kg。1 部发射架可挂载 3 枚"硫磺石",主要挂装在 AH – 1W、AH – 64D 等直升机和旋风 GR4/GR4A、鹞式 GR7/GR9 等战斗机上。每套"硫磺石"武器系统由 1 部导轨式发射器和 3 枚导弹组成,既可单独发射也可齐射。毫米波雷达导引头天线罩位于导弹头部,紧随其后的是引信、串联式战斗部(重 6.2 kg)和控制设备,弹体后部为固体燃料发动机,其结构组成如图 4 – 16 所示。"硫磺石"导弹采用固体燃料发动机,飞行马赫数可达 1.3 以上,但最大飞行速度的准确数据迄今仍未公布。

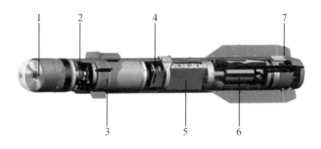

1—毫米波雷达导引头;2—引信;3—串联式战斗部;4—惯性测量单元;

5—自动驾驶仪组件;6—固体火箭发动机;7—控制舵机舵面。

图 4 – 16　"硫磺石"导弹结构组成图

"硫磺石"的导引头工作在毫米波高段,可综合利用高分辨率图像和雷达回波的极化特性实现目标实时分类和识别,并通过多普勒处理进行区分,将运动中的装甲目标列为最高优先级目标。在目标搜索阶段,"硫磺石"开启毫米波雷达导引头,对正前方和两侧的区域进行大范围扫描,搜索飞行路径上有无目标,监控接收到的雷达信号,并与存贮器内已知的目标信号特征相比较,之后自动抑制不相匹配的目标(如卡车、公共汽车和建筑物)回波,并继续搜索和比较,直至识别出有效目标。搜索正前方的地面目标时,导引头会辐射低功率信号。发射功率约为 100 mW,且采用扩频技术,使其不易被截获。这样,即使装甲目标具有辅助防御设备,也没有机会实施对抗。一旦识别出目标,会立即对目标进行扫描,优化瞄准点,实施致命打击。而且,为安全飞越友军上空,可通过编程使导弹在到达规定航点后停止搜索,或者通过编程使目标搜索局限于安全的攻击区域内,或者仅搜索设定区域内的目标。如果在飞越设定区域时未能发现目标,那么在到达规定的"停止线"时,导弹会停止搜索,实施自杀式摧毁。"硫磺石"导弹虽然从设计上也能用于超视距发射,但通过减小战斗部尺寸(其杀伤半径远小于小直径炸弹)和编程可使其只攻击设定区域,因而可将附带损伤降至最低。

4.7.3　AGM –65H"幼畜"导弹

"幼畜"是美国原休斯飞机公司、现休斯导弹系统公司(Hughes Missile Systems)为美国海/空军研制的新型战术空地导弹,用以攻击坦克、装甲车、机场飞机、导弹发射场、炮兵阵地、野战指挥所等小型固定或活动目标以及大型固定目标。

该导弹在基本型基础上不断改进发展,形成了一个由 AGM –65A/B/C/D/E/F/G/H 共 8 个型号组成的完整的战术空地导弹系列,其性能水平跨越第 2,3 代空地导弹。由于采用模块化舱段设计,使得该系列导弹能根据作战要求,由不同的载机(直升机或战斗机)选择适用的导弹型号,因而具有全天候、全环境作战使用能力,抗干扰性能好,可靠性高,广泛用于现代战争,尤其是 20 世纪 90 年代由美国牵头发动的四次高技术局部战争,且取得较好战绩。

AGM –65H"幼畜"导弹为主动毫米波雷达型,1990 年在 AH –1W"眼镜蛇"(Cobra)武装直升机上试射,以该型导弹装备武装直升机的可行性进行验证,在 AH –64"阿帕奇"(Apache)武装直升机上装备 4 枚该型导弹。其主要改进之处是在 F/G 型基础上改装主动毫米波雷达导引头,获得昼夜、全天候作战,发射后不管,固定、活动目标以及多目标攻击能力。AGM –65H"幼畜"导弹结构组成如图 4 –17 所示。

AGM –65H"幼畜"导弹最大攻击距离 43.4 km,最小攻击距离 0.6 km,最大飞行马赫数 1.2,用于提高直升机防区外打击能力,降低伤亡率。

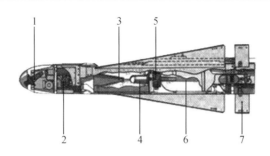

1—毫米波雷达导引头;2—自动驾驶仪电子组件;3—成型装药战斗部;4—电子保险与解保装置;

5—弹载电池组;6—固体火箭发动机;7—控制舵机舵面。

图 4 – 17　AGM – 65H"幼畜"导弹结构组成图

4.7.4　AGM – 122A"响尾蛇"反辐射导弹

　　AGM – 122A"响尾蛇"反辐射导弹是美国海军和海军陆战队使用的机载近距反辐射导弹,由攻击直升机和固定翼攻击机用来攻击敌高炮射击指挥雷达和近距地空导弹制导雷达,其名称"赛德阿姆"为"响尾蛇反辐射导弹"(sidewinder anti-radiation missile,side ARM)的英文缩写的音译,也可意译为"佩枪"。

　　1981 年,美国海军武器中心在 AIM – 9C"响尾蛇"半主动雷达导引头基础上设计被动雷达导引头,由原来研制 AIM – 9C 半主动雷达导引头的莫托罗拉公司进行生产。该弹采用与 AIM – 9C 完全相同的气动外形布局,并采用其标准的引信战斗部舱、发动机舱、弹翼和鸭翼组件,以及改进设计的制导控制舱组合而成,头部改为半球形天线罩。制导控制舱的更改部分是射频检测和信号处理装置,导引头位标器的陀螺稳定环架和伺服机构仍相同。引信改用 AIM – 9L 的主动激光引信。AGM – 122A"响尾蛇"反辐射导弹结构组成如图 4 – 18 所示。

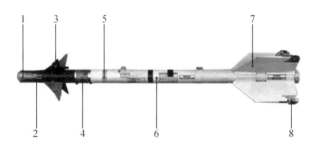

1—宽频带被动雷达导引头;2—射频检测和信号处理装置;3—翼片;4—主动激光引信;

5—战斗部;6—火箭发动机;7—弹翼;8—滚转安定翼。

图 4 – 18　AGM – 122A"响尾蛇"反辐射导弹结构组成图

　　AGM – 122A"响尾蛇"反辐射导弹采用宽频带被动雷达寻的制导,最大射程 5 km,杀伤半径 10 ~ 11 m。由于全部是由 20 世纪 70 年代中期进入库存的将近 900 枚 AIM – 9C 半主动雷达型导弹改进而来,整个计划项目的费用很低,使库存武器重新获得作战使用能力。随后,在 AGM – 122A 型基础上发展了 AGM – 122B 改进型,采用全新的被动雷达导引头,20世纪 90 年代中期服役。该导弹的后继型"阿尔格姆"(advance anti-radiation guided missile,AARGM),于 2000 年开始服役。

第5章　红外点源制导原理

红外点源制导导弹是直升机空空导弹家族中的重要一支,红外点源制导导弹具有弹上制导设备简单、体积小、质量小、成本低、工作可靠、可实现"发射后不管"的特点,是武装直升机空空导弹最早采用的一种制导方式。红外点源寻的制导是利用目标辐射的红外线作为信号源的被动式自寻的制导,也叫红外非成像寻的制导,是红外寻的制导的一类。

5.1　红外辐射

5.1.1　红外辐射的基本性质

红外辐射是一种热辐射,由物质内分子热振动产生,其辐射的电磁波波长为 $0.75 \sim 1\,000\ \mu m$,在整个电磁波谱中位于可见光与无线电波之间,如图 5-1 所示。它辐射的电磁波的波谱位于可见光的红光之外,所以被称为红外线。

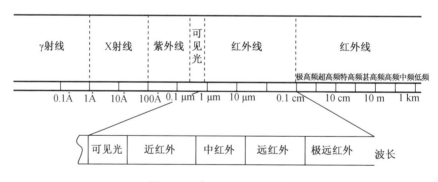

图 5-1　电磁波的频谱分布

任何物体在绝对温度在零度以上都能辐射红外线,红外辐射能量随温度的上升而迅速增加,物体辐射能量的波长与其温度成反比。红外线和其他物质一样,在一定条件下可以相互转化。红外辐射可以是由热能、电能等激发而成,在一定条件下红外辐射又可转化为热能、电能等。能量转化原理是光电效应、热电效应等现象的理论基础,我们可以利用光电效应、热电效应制成各种接收、探测红外线的敏感元件。

红外线与可见光一样都是直线传播,速度同光速一样,具有波动性和粒子性双重特性,遵循光学的折射、反射定律。可见光的成像、干涉、衍射、偏振、光化学等理论都适用于红外线,因此可以直接应用这些理论来研制红外仪器。

红外线除了具有可见光的一切物理特性外,在制导领域中其还具有独特的优势,其是不可见光,有很好的隐蔽性;波长较长,在大气中传播时的衰减比可见光小,因此传播距离比可见光远;具有通过辐射反映出来的热效应,红外制导技术利用的正是它的这种特性。

5.1.2　目标及背景的红外辐射

目标是导弹等武器攻击的对象物(它可以是进攻武器攻击的对象,也可以是防御武器拦截的对象),而背景是指目标之外的一切物体。通常,目标和背景总是同时出现在探测系统前面的,而目标与背景都在不断地进行热辐射。为了准确攻击目标,导弹的红外寻的制导系统必须能把目标从背景中区分开来,最大限度地提取有用信号。因此,为了对目标进行探测和识别,必须了解目标与背景的辐射特性,最重要的是要了解目标与自然背景的不同点,以便于区分和识别。

目标和背景的辐射特性一般是指:辐射强度及其空间分布规律;辐射的光谱分布特性;辐射面积的大小。其中前两点与红外系统所接收到的有用能量有关,第三点与目标在红外装置中的成像面积大小有关。

5.1.2.1　目标的红外辐射

下面以喷气机为例来说明航空飞行器的红外辐射特点。

1. 发动机尾喷管加热部分的辐射

喷气飞机发动机的辐射主要是由尾喷管内腔的加热部分发出的。其辐射强度可以用下式表示:

$$J = \frac{\varepsilon \sigma T^4 A_\mathrm{d}}{\pi}(W/sr)$$

式中,$\sigma = 5.6697 \times 10^{-12}(\mathrm{W \cdot cm^2 \cdot K^{-4}})$,称为斯蒂芬 – 玻耳兹曼常数。

上式表明,喷口辐射强度与喷口温度 T、喷口面积 A_d 及比辐射率 ε 有关。

图 5 – 2 是几种喷气式飞机喷口辐射的积分辐射强度,该图是在地面条件下,距飞机1.5 km 测试所得的结果。由图 5 – 2 可以看出,在后半球发动机轴两侧 0°～40°范围内辐射比较集中。因此,采用红外寻的制导的导弹,对以上几种目标适合于从后半球一定角度范围内进行攻击。

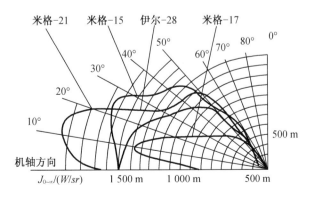

图 5 – 2　4 种飞机积分辐射强度的平面分布图

计算表明,若喷口内腔温度 $T=500\ ℃$,则喷口红外辐射的峰值波长为 $3.74\ \mu m$。

2. 废气的辐射

喷气式发动机工作时,尾喷口排出大量的废气。废气是由碳微粒、二氧化碳及水蒸气等组成的。废气向喷口以 $300\sim400\ m/s$ 的速度排出后迅速扩散,温度也随之降低。图5-3为美制波音707喷气式发动机在海平面在有/无加力时喷出气柱的等温线的变化情况。

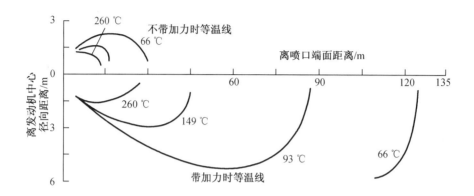

图5-3　喷气式飞机在海平面有无加力时喷出气柱的等温线

废气辐射呈分子辐射特性,在与水蒸气及二氧化碳共振频率相应的波长附近呈较强的选择辐射。据测量,光谱分布主要集中在 $2.7\ \mu m$、$4.4\ \mu m$ 和 $6.5\ \mu m$ 附近,如图5-4所示。

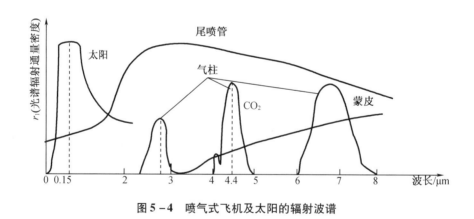

图5-4　喷气式飞机及太阳的辐射波谱

3. 飞机蒙皮因气动加热而产生的辐射

目标速度的马赫数达 $2\sim2.5$ 时,由于激波和高速气流流过飞机表面时受到阻滞,飞机蒙皮的温度约升高到 $150\sim220\ ℃$,辐射出波长为 $5\sim9\ \mu m$ 的红外线,从而增加了飞机前后和两侧的红外线辐射强度。通常,把这种情况下飞机表面温度的升高称作气动加热,新型红外制导导弹可以探测到飞机蒙皮的气动加热。因此,导弹也可以从高速飞机的迎头和侧向进行攻击。

在上述3种辐射中,起主要作用的是尾喷管的辐射,因此喷气式飞机辐射特性主要由尾喷管辐射所决定。

5.1.2.2　背景的红外辐射

1. 太阳及月亮的辐射

太阳通常可看作温度为 5 800 ~ 6 000 K 的绝对黑体,其辐射的最大值对应的波长约在 0.5 μm 处,其辐射能量有99%以上是在0.15 ~ 4 μm 范围内,大致有50%以上以可见光形式出现,其余的为红外线和紫外线等。实验结果告诉我们,太阳对红外系统影响比较大,特别是在与太阳垂直入射方向成0° ~ 20°角范围内影响更大,所以一般空空导弹和地空导弹的制导导弹在使用中常明确规定,导弹的发射方向应偏离太阳与弹的连线方向20°以上。

2. 大气的辐射

在晴朗的白天,大气分子和一些固体微粒会对太阳光产生散射,散射光的峰值波长和太阳辐射光的相同,在0.5 μm 附近。另外,大气中所含的水蒸气、二氧化碳及臭氧等分子在大气中的含量会有很大的差异,因此,这类辐射有很明显的随机性。它与大气光程有关,也与仰角有关。

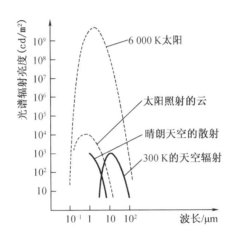

图 5 - 5　白天天空的散射及太阳的辐射

白天天空可以看作300 K 的黑体辐射加上天空散射。夜晚就只剩下大气的辐射了。图 5 - 5、图 5 - 6 分别示出了白天和夜晚天空的辐射情况。

3. 云团的辐射

云团表面能反射太阳辐射,因而它也是较强的辐射源,它的这部分辐射主要在3 μm 以下。另外云团本身也会产生热辐射,这部分辐射主要集中在6 ~ 15 μm 区域内。云团的有效面积、反射发射率都随着气象条件、所处高度和地区的不同而不同,并且有时差异很大,所以,云团辐射的随机性也是十分明显的。小块的云团边缘和目标的辐射面积可以相比拟,因此,云团辐射带来的干扰比起大气辐射来要严重得多,它是红外装置应特别注意的问题。

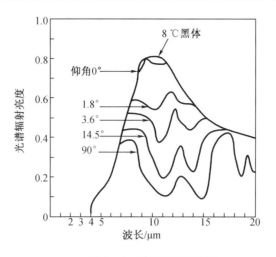

图 5 - 6　晴朗夜空的辐射

4.大地的辐射

白天地球表面的辐射包括两大部分,一是反射和散射的太阳光,二是大地自身的热辐射。因此,它的光谱分布也有两个峰值,短波峰值在 0. 5 μm 处,是太阳辐射产生的。长波峰值在 10 μm 处,是由地球表面的热辐射产生的。在两个波峰之间有一个波谷,其最小值出现在 3 ~ 4 μm 波长范围内,如图 5 - 7 所示。在夜间,太阳辐射的反射和散射消失了,只剩下大地本身的辐射。

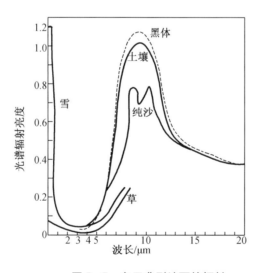

图 5 - 7　白天典型地面的辐射

5.1.3　大气的透过窗

红外辐射在经过大气传播的过程中要受到空气中各种粒子的作用,这种作用主要有两种,一种是吸收,一种是散射。

大气的主要成分是氮气和氧气,这两种气体对相当宽的红外辐射没有吸收作用,但大气中的一些次要成分,主要是水汽、二氧化碳等对红外辐射的传播却有重要的影响,他们在红外波段中都分别有相当强的吸收带,大大影响了红外线的传播;大气中的微粒,如尘埃、燃烧产生的碳粒、云及雾等还会对红外辐射产生一定的散射作用。红外辐射在大气中传输时,要受到上述两种作用而衰减。图 5 - 8 给出了从 1 μm 到 15 μm 的红外辐射通过一海里长度的大气透射比。

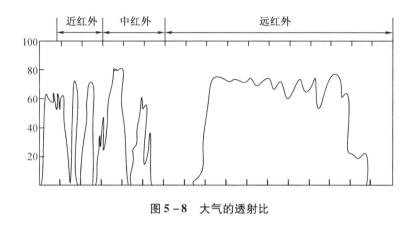

图 5 - 8　大气的透射比

从图 5 - 8 中可以看出,在 15 μm 以下,有 3 个具有高透射率的区域:2 ~ 2.6 μm,3 ~ 5 μm,8 ~ 14 μm。这些区域称为大气透过窗。其中波长在 3.4 ~ 4.2 μm 之间透过红外线能量最强,而喷气式发动机喷口辐射的红外线峰值波长就在这个范围内,这正是红外线自导引系统所利用的。在 15 μm 以上没有明显的大气窗口,因此,红外导引头的工作波长必须选在 15 μm 以下。

5.2　红外点源寻的制导的发展历程

作为红外技术在军事的重要应用,红外制导导弹是一种非常有效的精确制导打击力量,其研究始于第二次世界大战期间,而最早用于实战的红外制导导弹是美国研制的 AIM - 9B "响尾蛇"空空导弹。由于红外制导导弹具有制导精度高、抗干扰能力强、隐蔽性好、效费比高、结构紧凑、机动灵活等优点,经过半个世纪的发展,已广泛发展为反坦克导弹、空地导弹、地空导弹、空空导弹、末制导炮弹、末制导子母弹以及巡航导弹等。目前,红外制导导弹已发展到 70 多种,尤其是红外空空导弹,几经改进,其发展型、派生型在美国等国已发展到 17 种以上,历经 70 多年长盛不衰。发达国家已完成 3 代红外空空导弹的研制生产,现已进入第四代更先进的红外空空导弹的研制阶段。

武装直升机在空战时多承担近距空中格斗,而红外制导技术作为一种被动自寻的,具有"发射后不管"特点,因此此种制导方式的空空导弹在武装直升机上得到了广泛应用。如美国的 AIM - 9L"响尾蛇"、ATAS"毒刺",俄罗斯的 R - 60(AA - 8"蚜虫"空空导弹)、AA - 6 空空导弹、R - 73(AA - 11 空空导弹),法国的 R - 550"魔术"1/2 导弹和南非的 V3B 空空导弹等。

红外点源制导技术的发展至今大致可分为三个时期,相应地有三代制导武器的发展,都与红外探测器技术的发展以及所攻击的目标性能有关。

1. 第一代红外点源寻的导弹(20 世纪 40 年代—1957 年)

第一代红外点源寻的导弹工作波段为 $1 \sim 3 \mu m$,采用非制冷硫化铅探测器。此种导弹作用距离近,而且导引头只能探测飞机的喷气式发动机尾喷管的红外辐射。因此,这类导弹的攻击范围只限制在目标后方狭窄的扇形区域内,故其战术使用只能进行尾追攻击,且背景和气象条件对红外辐射吸收影响较大,不能全天候作战,抗干扰能力弱,使战术性能受到很大限制。第一代红外点源寻的导弹的典型代表有美国的 AIM – 9B "响尾蛇"、Redeye "红眼睛",俄罗斯的 K – 13 和 SAM27 等导弹。

2. 第二代红外红外点源寻的导弹(1957—1966 年)

第二代红外红外点源寻的导弹工作波段在 $3 \sim 5 \mu m$ 间,探测器采用制冷技术,光敏元件为锑化铟探测器。此种导弹导引头可以同时探测喷气式发动机喷管和发动机排出的 CO_2 废气的红外辐射,甚至可以探测到机体蒙皮温度升高产生的红外辐射。由于工作波段向中波方向伸展,有效减小了阳光辐射的干扰,从而提高了制导系统抗背景辐射干扰的能力。这一时期的红外制导导弹扩大了攻击区,可以从后方攻击机动目标,但其攻击范围仍未超过后半球,不能实现全向攻击。第二代红外点源寻的导弹的典型代表有英国的 Red Top "红头"导弹、美国的 AIM – 9D "响尾蛇"导弹和法国的 R530 玛特拉导弹。

3. 第三代红外点源寻的导弹(1967 年以后)

第三代红外点源寻的导弹为近距格斗导弹,其红外制导系统普遍采用了高灵敏度的制冷锑化铟光敏元件,并且改变了以往光信号的调制方式,多采用圆锥扫描和玫瑰线扫描,亦有非调制盘式的多元脉冲调制系统,具有探测范围大、跟踪角速度高等特点,有的还具有自动搜索和自动截获目标的能力。因此,这一代的红外制导导弹可以在近距离内全向攻击机动能力大的目标。第三代红外点源寻的导弹的典型代表有美国的毒刺导弹和 AIM – 9L / M "响尾蛇"导弹、R·550 法国的魔术导弹、苏联的 R – 73E 导弹和以色列的怪蛇 23 及法国的(Mistral)"西北风"空空导弹。武装直升机一方面进行的是近距格斗,另一方面由于其空战要求提出的较晚,此时红外点源技术已发展得较为成熟,因此其挂载的都是第三代红外点源寻的导弹。

以上红外制导武器都是采用非成像制导系统,都是把被攻击的目标视为点源,用调制盘或者圆锥扫描、章动扫描等方式,对原信号进行相位、频率、幅度、脉宽等调制,以获得目标的方位信息。这种系统结构简单、造价低、分辨率高、使用方便、不依赖于复杂的火控系统等,有许多优点,但这种系统对存在强辐射红外干扰的环境,特别是对于攻击复杂红外背景的地面坦克、装甲目标,就显得无能为力了。为了解决鉴别假目标和对付红外干扰的问题,20 世纪 80 年代初开始发展双色红外探测器,使用两种敏感不同波段的探测器来提高鉴别假目标的能力,如某末制导反坦克炮弹双色红外探测器分别采用硒化铅和硫化铅两种探测器。硒化铅敏感波段为 $1 \sim 4 \mu m$,阳光火焰等构成的假目标红外辐射在 $2 \mu m$ 波段较强,在 $4 \mu m$ 波段较弱,而地面战车的红外辐射在 $4 \mu m$ 波段较强,$2 \mu m$ 波段较弱。硫化铅敏感

波段为 $2\sim3~\mu m$，对 $4~\mu m$ 波段不敏感，它所探测的信号反映了假目标信号，把两种探测器得到的信号在信号处理设备中进行比较，可提取地面战车的信号特征，从而提高鉴别假目标的能力。

此时，工作在 $8\sim14~\mu m$ 波段的长波探测元件研制成功，特别是高性能的 CMT 线列阵红外器件的工程应用和红外成像技术的日趋成熟，促使红外技术产生了一个大的飞跃，出现了红外成像精确制导的红外制导武器。

红外点源寻的制导导弹采用红外导引控制技术，具有动力，是能自动跟踪目标并有效摧毁目标的机载制导武器。它具有以下明显的优点。

（1）制导精度高，红外制导是利用红外探测器捕获和跟踪目标本身所辐射的红外能量来实现寻的制导，其角分辨率高，且不受无线电干扰的影响。

（2）可"发射后不管"，以目标发动机喷口、发动机尾焰以及机体的红外辐射为目标信息，武器发射系统发射后即可离开，导弹本身不辐射用于制导的能量，也不需要其他的照射能源，攻击隐蔽性好。

（3）弹上制导设备简单，导弹的控制系统采用弹体气动铰链力矩反馈闭合的转矩平衡系统，直接利用舵机控制力矩与舵面铰链力矩的平衡，实现对横向过载的控制。

（4）气动外形一般采用鸭式布局，控制舵面在前，稳定翼面在后，舵、翼面成 $x\text{—}x$ 布局；当采用正常式气动外形时，一般翼面在前，舵面在后。

（5）一般尺寸较小、质量较小，对载机的火控系统的要求较低，使用方便，适用性较强。

它同时也存在以下不足。

（1）不具备全天候使用的能力，尤其受太阳、云层等背景的干扰，在正对太阳方向 $12°\sim15°$ 范围内的目标，导弹不能截获，称为"抗太阳干扰夹角"。

（2）对目标的探测距离较近，目前较先进的导弹也只有 $8\sim10~km$。

正是由于导弹自身的特点，随着技术的发展和武器系统功能的细化，红外型空空导弹在追求射程的同时，更多强化了导弹的机动性，适用于空战中的"近距格斗"的作战模式。

5.3　红外点源寻的制导系统的组成和原理

人体和地面背景温度为 $300~K$ 左右，相对应最大辐射波长为 $9.7~\mu m$，涡轮喷气发动机热尾喷管的有效温度为 $900~K$，其最大辐射波长为 $3.2~\mu m$，红外自寻的制导系统正是根据目标和背景红外辐射能量不同从而把目标和背景区分开来，以达到导引的目的。

点源寻的制导是把所探测与跟踪目标辐射的红外线作为点光源处理，故称为红外点源寻的制导，或称红外非成像寻的制导。红外点源寻的制导利用弹上设备接收目标的红外线辐射能量，通过光电转换和滤波处理，把目标从背景中识别出来，自动探测、识别和跟踪目标，引导导弹飞向目标。

红外点源制导空空导弹一般由制导系统、引战系统、推进系统、弹体系统组成，其典型的组成如图 5-9 所示。

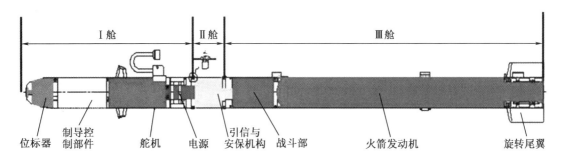

图 5 - 9　红外点源空空导弹的组成

5.3.1　红外点源寻的制导系统的组成

1. 组成

制导系统利用目标的红外辐射,捕捉并跟踪目标、测定目标的空间位置,控制导弹按照预定的制导规律实现对目标的全自动跟踪其制导系统原理如图 5 - 10 所示。红外点源寻的制导系统一般由红外导引头、弹上控制系统、弹体及导弹目标相对运动学环节等组成。

红外导引头用来接收目标辐射的红外能量,确定目标的位置及角运动特性,形成相应的跟踪和导引指令。由导弹导引头得到的目标误差信号,只能用来使陀螺进动,使光学系统光轴跟踪目标,而不能直接控制导弹飞行。误差信号需要进一步送到导弹控制系统中去,对其进行放大变换,形成一定形式并有足够大功率的制导信号,才能操纵执行装置,从而控制导弹飞行。

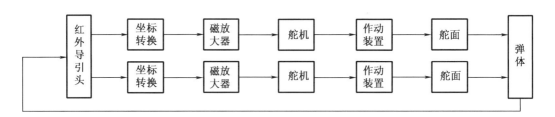

图 5 - 10　红外点源寻的制导系统原理框图

红外寻的制导系统通常采用两对舵面操纵导弹,做两个相互垂直方向的运动,即双通道控制系统。由红外导引头所测得的极坐标形式的误差信号,不能直接用来控制两组舵面使导弹跟踪目标,必须把极坐标信号转换成直角坐标信号,这种转换任务是由控制信号形成电路来完成的。

控制信号形成电路由两个完全相同的相位检波器组成,也称坐标转换器或比相器。把导引头测得的目标误差信号与两组基准电压线圈得到的相位差为 90° 的 72 周正弦信号送入相位检波器,形成两个通道的控制信号,经放大后可供舵机使用。

2. 控制信号的形成

误差信号处理电路输出的信号电压可用下式表示:

$$u = k\Delta q\sin(\Omega t - \theta)$$

式中　Δq——目标视线与光轴的夹角,反映目标相对光轴偏离量的大小;

　　　θ——初相角,反映目标偏离光轴的方位必为导引系统放大系数。

这是一个极坐标形式的交流信号,而弹上的执行装置是按直角坐标控制的,在驱动舵机时,必须把它分解成两个相互垂直的控制通道上的分量。

图 5 – 11 为直角坐标系上目标偏差信号的坐标分解,若 Ox_1 为导弹纵轴,一对舵面位于 x_1Oz_1 平面上,称为 Z 通道,而另一对舵面则位于 x_1Oy_1 平面上,称为 Y 通道。

误差信号转换成直角坐标时,它在 Z 通道与 Y 通道的分量为

$$Oa = \Delta q\sin\theta, Ob = \Delta q\cos\theta$$

即控制系统纠正导弹偏差时,必须给两个舵机以相应的控制信号(即与 Oa、Ob 成正比的直流信号)来控制舵面偏转。

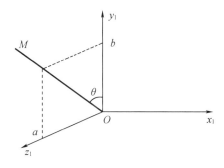

图 5 – 11　目标偏差信号的坐标分解

为了把误差信号转换成两个相互垂直通道上的分量,导引头陀螺系统中有两对基准信号线圈,分别与两对舵面的位置相对应,在配置上相差 $90°$。基准信号与误差信号共同输入相位检波器进行相位比较,来形成相互垂直通道上的两组舵机的控制信号。

相位检波器由两个结构相同的桥式电路组成,每个桥式电路上有两个输入,误差信号作为每一个电桥的一个输入,基准信号电压作为每一个桥式电路的另一个输入。通过对桥式电路的分析可知,每一电桥输出平均电流的大小正比于输入误差信号的幅值乘以误差信号与基准信号相位差的余弦,因为两个基准信号相位差为 $90°$。

3. 控制信号的放大

由相位检波器输出的控制电流信号是比较微弱的,必须进行功率放大后才能供舵机使用。在导弹控制系统中一般采用磁放大器进行功率放大,主要是因为这种放大器能承受相当大的过载,而不怕振动与撞击,工作较为可靠。弹上还设有归零电路,它的任务是使导引头在导弹离轨后的片刻(零点几秒)磁放大器不工作,控制系统不输出控制信号,使导弹在发动机推力作用下自由飞行,当导弹离开载机一定距离,速度达到超声速后再转入控制飞行。控制信号形成和放大原理如图 5 – 12 所示。

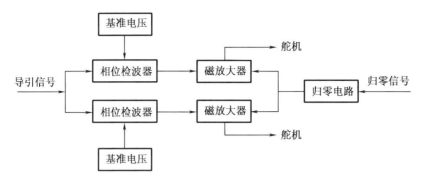

图 5 – 12　控制信号形成和放大原理图

5.3.2　红外点源导引头组成及其工作原理

5.3.2.1　组成

红外点源导引头由光学接收器、光学调制器、红外探测器及其制冷装置、信号处理系统、导引控制系统等部分组成,如图 5 – 13 所示。

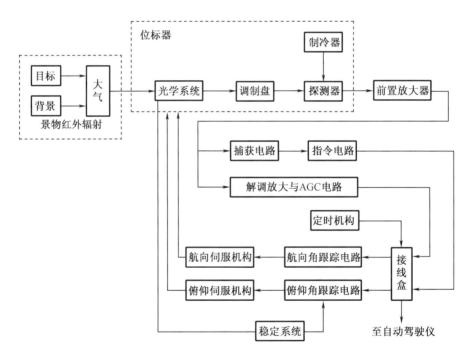

图 5 – 13　导弹红外点源导引头组成框图

光学接收器:类似于雷达天线,它会聚由目标产生的红外辐射,并经光学调制器或光学扫描器传送给红外探测器。

光学调制器:光学调制器有空间滤波作用,它通过对入射的红外辐射进行调制编码实现;另外,红外点源导引头还有光谱滤波作用,通过滤光片实现。

红外探测器及其制冷装置:红外探测器将经会聚、调制或扫描的红外辐射转变为相应的电信号。一般红外光子探测器都需要制冷,因此,制冷装置也是导引头的组成部分之一。

信号处理系统:红外点源导引头的信号处理主要采用模拟电路,一般包括捕获电路和解调放大电路等。它将来自探测器的电信号进行放大、滤波、检波等处理,提取出经过编码的目标信息。

导引控制系统:红外点源导引头对目标的搜捕与跟踪是靠搜捕与跟踪电路、伺服机构驱动红外光学接收器实现的。它包括航向伺服机构、航向角跟踪电路和俯仰伺服机构、俯仰角跟踪电路两部分。

5.3.3.2　工作原理

当红外点源导引头开机后,伺服随动机构驱动红外光学接收器在一定角度范围进行搜索。此时稳定系统将光学视场稳定在水平线下某一固定角度,保证弹体在自控段飞行,俯仰姿态有起伏时,视场覆盖宽于某一距离范围。稳定系统由随动机构、稳定陀螺仪、俯仰稳定电路和脉冲调宽放大器组成。

光学接收器不断将目标和背景的红外辐射接收并会聚起来送给调制器。光学调制器将目标和背景的红外辐射信号进行调制,并在此过程中进行光谱滤波和空间滤波,然后将信号传给探测器。探测器把红外信号转换成电信号,经由前置放大器和捕获电路后,根据目标与背景噪声及内部噪声在频域和时域上的差别,鉴别出目标。捕获电路发出捕获指令,使光学接收器停止搜索,自动转入跟踪。

红外点源导引头在航向和俯仰两个方向上跟踪目标。其角跟踪系统由解调放大器、角跟踪电路和随动机构组成。

在红外导引头跟踪目标的同时,由航向、俯仰两路输出控制电压给自动驾驶仪,控制导弹向目标攻击。

5.4　光　学　系　统

光学系统的作用是减少消除噪声,接收来自目标辐射的红外能量,并把接收到的能量在调制器上聚焦成一个足够小的像点。

5.4.1　光学系统的分类

红外光学系统可分为望远镜和显微镜两大类。它们都用一个通用的“物镜”产生辐射源的像,然后由某一聚光元件对这个像进行观察,并将辐射能量输送到红外探测器上。这个聚光元件实际上就是一种准直元件,在它的焦点上有一个经过物镜聚焦而形成的辐射源。光学设计的目的就是通过物镜增加辐射的角密度,并使经过准直的辐射充满在整个探测器上。

通常我们采用的红外光学系统是望远镜系统或接近望远镜系统。它最重要的部件是望远物镜。望远物镜可大体分为反射式、折射反射式和折射式三种。

5.4.1.1 反射式系统

大多数红外反射式光学系统是在天文学家们设计的古典反射系统的基础上发展起来的。反射式光学系统一般由两块反射镜组成,入射光线首先遇到的反射镜称为初反射镜(或主反射镜),第二个反射镜称次反射镜。主反射镜可以是球面、抛物面或其他曲面,次反射镜可以是平面、球面或其他曲面。反射式系统通常有以下三种。

1. 牛顿系统

牛顿系统用一个旋转抛物面作主反射镜,次反射镜是个平面镜,它将焦点引到系统的外面,这样便于观测或放置探测器组件,如图5-14(a)所示。平行于光轴的光束在光轴上形成的像无球差,然而轴外仍有彗差。

2. 卡塞格伦系统

卡塞格伦系统由旋转抛物面的主反射镜和旋转双曲面的次反射镜组成,如图5-14(b)所示。旋转双曲面次反射镜放在主镜和主镜的焦点之间,并使双曲面的焦点与抛物面焦点相重合,因此经双曲面反射的光线必通过其另一焦点。通过改变双曲面的形状及其主镜之间的距离,可以使物镜的焦距改变。这种系统无球差,彗差也小,镜筒短,结构紧凑。会聚光束通过主反射镜中心的孔,便于放置探测器组件,它在导弹的红外探测系统中得到了广泛的使用。为了便于加工,主反射镜也可用球面镜代替,当然它与抛物面相比,球差、彗差均会增大。

3. 格雷果里系统

格雷果里系统由旋转抛物面的主反射镜和旋转椭圆面的次反射镜组成,如图5-14(c)所示。其中主反射镜的焦点 F_1' 位于椭圆镜的几何焦点之一上,物镜的焦点 F' 则位于椭圆镜的另一个焦点上。这样可使物镜的球差和彗差达到最小,从而在较大的相对孔径下,轴上也能有良好的成像。变换椭圆反射镜的形状和相应地改变它与给定形状的抛物面镜间的距离,就可改变物镜的总焦距。

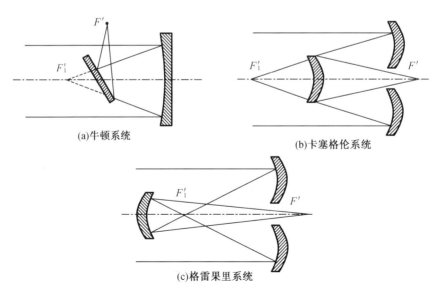

(a)牛顿系统

(b)卡塞格伦系统

(c)格雷果里系统

图5-14 反射式系统

三种系统在主反射镜直径相同、系统等效焦距相同的条件下,卡塞格伦系统的轴向尺寸最短,如图 5 – 15 所示,这对于系统的小型化是很有用处的。

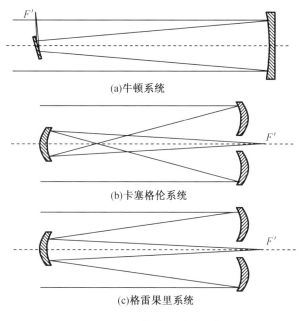

(a)牛顿系统

(b)卡塞格伦系统

(c)格雷果里系统

图 5 – 15　反射式系统的比较

5.4.1.2　折射反射系统

对于球面反射镜,大视场时一般相差较大。为了在大视场范围内获得良好的像质,应选用折射反射系统。这种系统在红外探测系统中应用也较多,由一个主反射镜和一个薄透镜组成。它主要有下面三种型式。

1. 施密特系统

施密特系统由球面主反射镜和一块位于主镜曲率中心的非球面校正透镜组成,如图 5 – 16(a)所示。校正透镜的中央部位具有正透镜作用,边缘部分则具有负透镜作用。这样刚好和主反射镜的球差相抵消。这种透镜在大视场范围内像质很好。但它的校正透镜形状复杂,加工困难,且它的镜筒长度较大,为主反射镜焦距的两倍。

2. 包沃斯 – 马克苏托夫系统

包沃斯 – 马克苏托夫系统由一个球面反射镜和一个弯月透镜组成,如图 5 – 16(b)所示。弯月透镜产生的是负球差,正好可以抵消球面反射镜的正球差。弯月透镜的朝向也可以凸面朝外,这样,它正好可以作为导弹头部的整流罩。

3. 曼金反射镜

曼金反射镜由一个球面镜和一个与之相接的薄透镜组合而成,如图 5 – 16(c)所示。实际上它是一个单一的光学元件,因为透镜第二表面上的反射膜就是一个球面反射镜。透镜的作用是校正球面反射镜的球差。由于曼金反射镜的两个表面都是球面,因此制造容易,安装也比较方便,但是它与前面两种折反系统比较起来,像质较差。

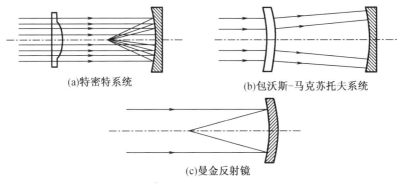

(a)特密特系统   (b)包沃斯-马克苏托夫系统

(c)曼金反射镜

图 5 - 16　折射反射系统

5.4.1.3　折射系统

折射系统可以由单透镜组成,也可以由复合透镜组成。与反射系统相比,它不挡住中央部分的光线,但是它对材料的均匀性、透光性要求很高,其加工性能不如反射镜。因此,在受光面积较大的红外探测系统中很少用折射系统作其物镜。

5.4.2　光学系统的参数

5.4.2.1　视场角

视场角是光学系统能感受目标存在的空间的立体角。当一束平行于光轴的光线(当目标离导弹的距离与光学系统的焦距相比很大时,目标辐射到导弹处的红外线可以近似地认为是平行光线)入射到光学系统时,目标的像点将位于光轴的焦点上;当从目标来的光线与光轴成某一角度,即偏离光轴时,目标的像点将偏离光轴而位于距光轴为 r 处的 m 点,如图 5 - 17 所示为视角场示意图。

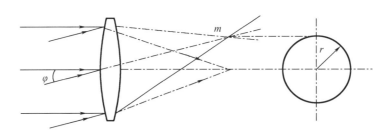

图 5 - 17　视场角示意图

视场角是红外导引头的一个主要指标,也是光学系统的一个重要参数。它决定着光学系统观察到的景物大小或物面大小,可用线尺寸表示,也可用角度值表示,在红外导引头中多用角度值表示。为了易于发现目标及跟踪时不易丢失目标,希望有较大的视场角,但视场角的增大会增加背景的干扰,同时要求探测元件面积增大,增加探测器的噪声。所以,选择视场角时要综合考虑。

5.4.2.2　F 数

组成光学系统的透镜、反射镜等光学元件都有一定的孔径大小,它们将限制通过光学系统光束的大小。除此之外,固定这些光学元件的机械结构及附加的一些限制光束通过的机械元件(如光栏)也对成像光束的截面积起限制作用。在光学系统中,无论有多少个限制元件,其中只有一个起决定性作用的孔径光栏,它起着控制进入光学系统总辐射能的作用,即入射光瞳。如孔径光栏前没有光学元件,则入射光瞳就是孔径光栏本身;如在孔径光栏前有光学元件,则孔径光栏被它前面光学元件成的像就成了光学系统的入射光瞳 D。系统的焦距 f' 与入射光瞳 D 的比值 f'/D 叫作 F 数。像面的照度与 F 数的平方成反比,F 数越小,像面的照度越大。为了红外导引头有大的作用距离,一般要求 F 数尽可能小,其理论极限为 0.5,合理的值为 1 左右。

5.4.2.3　光学增益

一束辐射能经光学系统聚集后落到探测器(面积为 A_d)上的辐射能强度与未经光学系统时直接落在它的入瞳处(假如此处有一探测器,其面积等于入瞳面积 A_e)的辐射强度之比称为光学增益。若光学系统的透过率为 τ,则对于点源系统,光学增益为

$$G = \tau \frac{A_e}{A_d}$$

上述红外导引头光学系统的主要参数是互相制约的,不能同时要求大视场、大孔径、小 F 数、光学增益大,而只能根据具体情况确定相对合理的数值。对于点源系统,在轴向尺寸许可时,可将物镜的 F 数取的大一些,即焦距长一些,使像质容易保证,或在同样的像质条件下,光学系统可尽量简化结构。同时,采用辅助光学系统或二次成像系统,缩小整个系统的 F 数,使探测器有小的尺寸,以保证整个系统有高的性能。

5.4.3　像质的主要影响因素

5.4.3.1　衍射

纯几何光学认为一个物点通过理想的光学系统,仍能成像为一个点。实际上由于光的波动性质,一个物点的像不再是一个点,而是一个边缘模糊不清的光斑。由波动光学中的菲涅尔圆孔衍射理论可推导出,一个完善的球面波在平面上所成的光斑是一个明暗相间的光环,图案中央是亮斑,理论计算得出,它占总能量的 84% ,而其他各亮环上的能量大约只有 16% ,如图 5 – 18 所示。一般能被人眼或探测器感觉到的仅是中央亮斑。中央亮斑一般称为艾利圆,其角直径 δ 为

$$\delta = \frac{2.44\lambda}{D} \ (\text{mrad})$$

式中　　D——入瞳直径,mm;

　　　　λ——辐射源波长,μm。

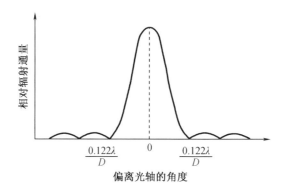

图 5 – 18　衍射光斑的辐射能量

5.4.3.2　像差

实际的光学系统是由不同结构参数的光学零件组成的,并有一定的通光孔径和一定大小的视场。通过光学系统的成像光束由不同波长的光线所组成,对不同波长的光线通过同一的光学材料反应出的折射率不同。因而实际光学系统的成像与理想的光学系统存在偏差,这种偏差称为像差。根据像差理论得知,实际光学系统存在七种像差,其中五种单色差(球差、彗差、像散、场曲、畸变),两种色像差(轴向色差、垂轴色差)。

1. 球差

由光轴上同一物点发出的单色宽光束,经过离光轴不同高度的光学系统后,交于光轴上的不同位置以现象称为球差,如图 5 – 19 所示。纵向或轴向球差是近轴光焦点到边光线在光轴上交点的距离;横向球差是从光轴到边光线与近轴像面交点的垂直距离 H'。

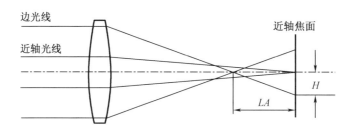

图 5 – 19　透镜的球差

2. 彗差

轴外物点发出的单色光对称于主光线的宽光束,经光学系统后,在近轴像面上的像不再对称,而变成一个像彗星状的弥散斑,称为彗差,如图 5 – 20 所示。

3. 像散和场曲

非近轴物点发出的细光束,经光学系统在距理想像面不同距离的地方,形成彼此垂直的两条直线,一条位于子午面,一条位于弧面,这种现象称为像散。这两条直线在光轴上的投影到理想像面距离 x_2 与 x_1 之差称像散差,如图 5 – 21 所示。

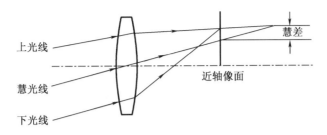

图 5 - 20 彗差

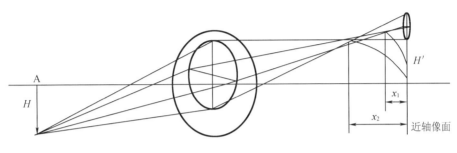

图 5 - 21 像散和场曲

4. 畸变

畸变也是细光束的特性,以理想像高(主光线与理想像面交点的高度)与主光线实际像高之差的大小来衡量,有正畸变和负畸变两种形式。它只影响像的变形,而不影响像的清晰,如图 5 - 22 所示。

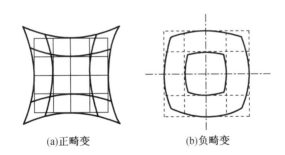

(a)正畸变   (b)负畸变

图 5 - 22 畸变

5. 轴向色差

物点发出的多色光,经光学系统后,各色光在轴上的像点不在同一点上,其差即为色差或位置色差,如图 5 - 23 所示。

6. 垂轴色差

物点发出的多色光,经光学系统后,各色光对应的像高不同,它们的高度差称为垂轴色差或倍率差,如图 5 - 24 所示。

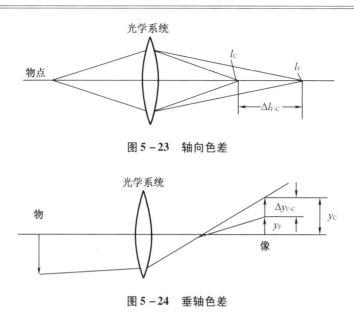

图 5 – 23　轴向色差

图 5 – 24　垂轴色差

5.4.4　辅助光学系统

在多数红外光学系统中,红外辐射经过主光学系统后,要经过光学调制才照射到探测器上。因为焦平面上要放置调制盘,所以探测器一般不能放在焦平面上。当探测器离开焦平面一定距离后,要接收全部的辐射通量,一定要使探测器面积比图 5 – 25 中视场光阑的尺寸大,这将使探测器的噪声增加。为了能全部接收辐射能量而又不增加探测器的面积,可以采用场镜、光锥和浸没透镜等辅助光学元件。下面我们就分别介绍一下它们的作用。

5.4.4.1　场镜

场镜是使入射光束汇聚到更小的面积上的透镜。它放置在视场光阑后面,如图 5 – 25 所示。场镜的焦距比较小,入射光通过场镜折射后,可以汇聚到比较小的面积上。另外场镜还可使照射到探测器上的光线变得均匀。这点也很重要,因为大多数红外探测器的响应在敏感面上是逐点变化的,如果探测器的辐射通量分布不均匀,可能会产生虚假信号。

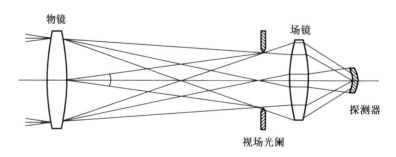

图 5 – 25　场镜的作用

5.4.4.2　光锥

光锥是另一种有效的聚光元件,它是一个锥形空腔,内壁具有高的反射率,如图 5 – 26

所示。光锥的大端处于物镜焦平面附近,一般紧贴调制器,光线从大端射入,经过连续几次反射后,把光线导到光锥的另一端,此端通常安放探测器。所以光锥能起与场镜同样的聚光作用,入射光在光锥内多次反射,使射到光敏面上的辐射通量也分布均匀了。通常光锥内表面应在真空中蒸发上一层金属,然后抛光。

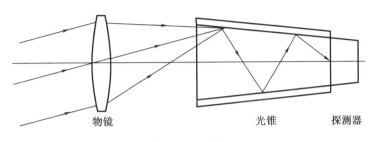

物镜   光锥   探测器

图 5 - 26 光锥

5.4.4.3 浸没透镜

红外系统中经常用到的一种场镜是与光敏面黏合在一起的一种半球形透镜。透镜的平表面与探测器进行光学接触,能防止全反射,这种接触与显微镜中的油浸没物镜的情况类似,所以相应的透镜称为浸没透镜。若探测器前不放置浸没透镜,要满足视场的要求时,探测器的大小如图 5 - 27 所示,而假如在探测器前放置一个半球形浸没透镜,球心与探测器中心相重合,入射光线经过半球浸没透镜折射后,像的尺寸将减小,这样就起到了聚光作用。

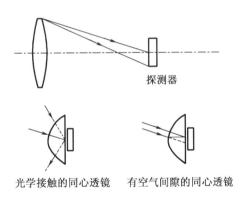

探测器

光学接触的同心透镜   有空气间隙的同心透镜

图 5 - 27 场镜的作用

5.4.5 典型光学系统举例

红外导引头的光学系统有多种形式,但多采用折反式,因为这种形式占的轴向尺寸小。光学系统靠镜筒安装成一个整体,它一般由整流罩、主反射镜、次反射镜、校正透镜等组成,如图 5 - 28 所示。

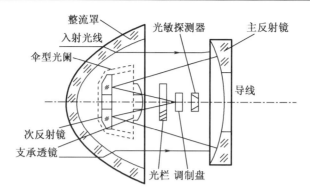

图 5 - 28　红外导引头光学系统示意图

（1）整流罩：是一个半球形的同心球面透镜，为导弹的头部外壳。应有良好的空气动力特性，并能透射红外线。若整流罩由石英玻璃制成，则对 6 μm 以下波长的红外线有较好的透射能力，这与喷气飞机发动机喷口辐射的红外波谱相对应。整流罩的工作条件恶劣，导弹高速飞行时，其外表面与空气摩擦产生高温，内表面因舱内冷却条件好，使罩子内外温差较大，可能使其软化变形，甚至破坏。另外，高温罩子将辐射红外线，干扰光电转换器（探测器）的工作。因此，整流罩的结构必须合理，材料必须选择适当，加工要精密。

（2）主反射镜：用于会聚光能，是光学系统的主镜。它一般为球面镜式抛物面镜。为了减小入射能的损失，其反射系数要大，为此镀有反射层（镀铝或锡），使成像时不产生色差，并对各波段反射作用相同。

（3）次反射镜：位于主反射镜的反射光路中，主反射镜会聚的红外光束，经次反射镜反射回来，大大缩短了光学系统的轴向尺寸。次反射镜是光学系统的次镜，一般为平面或球面镜，镀有反射层。

为了提高光学系统性能，该系统还可增加如下组件。

（1）校正透镜：是一个凸透镜，用来校正像差（即用光学系统的成像与理想像间的差），提高像质。可用场镜来提高光学系统的会聚能力，减小探测元件尺寸，增大作用距离。

（2）滤光片（滤光镜）：用来滤除工作波段范围外的光，只使预定光谱范围的辐射光照在探测器上。目前多用吸收滤光镜（利用各种染料、塑料和光学材料的吸收性能制成）和干涉滤光片（利用光的干涉原理制成）。如锗滤光片把波长小于 1.8 μm 的红外线吸收滤掉；两面镀有红外透光膜的宝石（Al_2O_3）干涉滤光片，对波长小于 2.2 μm 的红外线透过率为零，对波长大于 2.3 μm 的红外线透过率为 90%。

（3）浸没透镜：使用浸没型光敏电阻（把光敏电阻层黏合到一个半球或超半球的球面透镜的底面），以形成光学接触，会聚光束，提高光敏元件的接收立体角，减少光敏元件的面积，降低噪声。

（4）伞形光栏：用来防止目标以外的杂散光照射到探测器上。

光学系统的工作原理是：目标的红外辐射透过整流罩照射到主反射镜上，经主反射镜聚焦、反射到次反射镜上，再次反射并经伞形光栏、校正透镜等进一步会聚，成像于光学系统焦平面的调制器上。这样，辐射的分散能量聚焦成能量集中的光点，增强了系统的探测能力。红外像点经调制器调制编码后变成调制信号,再经光电转换器转换成电信号,因目标像点在调制器的位置与目标在空间相对导引头光轴的位置相对应,所以调制信号可确定目标偏离导引头光轴的误差角。

为了讨论方便,用一个等效凸透镜来代表光学系统,二者的焦距相等,目标视线与光轴的夹角用 $\Delta\varphi$ 表示,如图 5 – 29 所示。

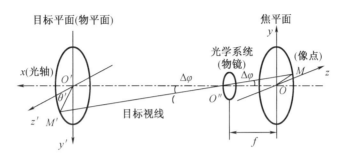

图 5 – 29　目标和像点的位置关系

当 $\Delta\varphi = 0$ 时,目标像点落在 O 点;当 $\Delta\varphi \neq 0$ 时,目标像点 M 偏离 O 点,设距离偏差 $OM = \rho$,由于 $\Delta\varphi$ 很小,则 $\rho = f\tan\Delta\varphi \approx f\Delta\varphi$,即距离 ρ 表示了误差 $\Delta\varphi$ 的大小。f 为光学系统的焦距。图 4 – 27 中,坐标 yOz 与 $y'O'z'$ 相差 180°,目标 M' 位置与 Oz' 轴的夹角为 θ',像点 M 与 OZ 轴的夹角为 θ(像点方位角),由图可得 $\theta = \theta'$。即像点 M 的方位角反映了目标偏离光轴的方位角。

可见,光学系统焦平面上的目标像点 M 位置参数 ρ、θ 表示了目标 M' 偏离光轴的误差角 $\Delta\varphi$ 的大小和方位。

5.5　红外调制器

经光学系统聚焦后的目标像点是强度随时间不变的热能信号,如直接进行光电转换,得到的电信号是个直流信号,只能表明导引头视场内有目标存在,无法进行处理,获得方位信号。为此,必须在光电转换前对它进行调制,即把接收的恒定的辐射能转换为随时间变化的辐射能,并使其某些特征(幅度、频率、相位等)随目标在空间的方位而变化,调制后的辐射能,经光电转换为交流电信号,便于放大处理。

调制器是导引头中的关键部件。目前广泛应用的调制器是调制盘。

5.5.1　调制盘的构造与功用

调制盘的功用是提供目标的方位信息并抑制来自背景的干扰。

调制盘种类繁多,若按扫描方式,调制盘一般可分为旋转调制盘系统、圆锥扫描系统和章动系统三类;按调制方式,调制盘可分为调幅式、调频式、调相式、调宽式和脉冲编码式。但调制盘的图案基本上都是在一种合适的透明基片上用照相、光刻、腐蚀方法制成的。图

5-30 显示出了几种调制盘的图案。

图 5-30　几种调制盘的图案

5.5.2　调幅式调制盘

调幅式调制盘及其调制脉冲如图 5-31 所示。

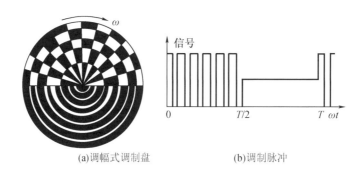

(a)调幅式调制盘　　　　　　　(b)调制脉冲

图 5-31　调幅式调制盘及其调制脉冲

图 5-31(a)中上半圆是调制区,分成 12 个等分的扇形区,黑白区相互交替;下半圆是半透明区,只能使 50% 的红外辐射能量通过。在上半圆调制区内是黑白相间的辐射状扇形花纹,白条纹区的透过率 $\tau = 1$,黑条纹区的透过率 $\tau = 0$。这样,对大面积背景来说,上、下半圆的平均透过率都是二分之一,产生相同幅度的直流电平,便于滤除。

5.5.2.1　确定目标方位

调制盘放在光学系统的焦平面上,调制盘中心与光轴重合,整个调制盘可以绕光轴匀角速度旋转,在调制盘后配置场镜,把辐射最终聚到探测器上。当导弹与目标的距离大于 500 m 时,目标辐射的红外线可以认为是平行光束射到光学系统上的。光学系统把它汇聚成很小的像点,落在调制盘上,当目标在正前方时,落在调制盘中心的像点直径大约 0.25 ~ 0.28 mm。当目标偏离导引头光轴时,像点落在调制盘的扇形格子半圆上,由于调制盘的旋转,使目标像点时而透过调制盘,时而不透过调制盘,所以目标像点被调制成相同的 6 个脉冲信号。脉冲的形状由像点大小和黑白纹格的宽度之比决定。若搜索跟踪系统对脉冲形状有要求,可根据像点大小来设计黑白纹格的宽度。假设像点大小比黑白扇形宽度小得多,则产生矩形脉冲。当目标像点落在黑白线条的下半圆上时,目标像点占有的黑、白线条数目几乎相等,此时,目标辐射不被调制,而通过的热辐射通量为落在此半盘上的50%。这样就形成了图5-31(b)所示的信号,该信号经光敏元件后便转换成相应的电脉冲信号。

由于导弹和目标都是空间运动的物体,因此,目标像点可以出现在调制盘上的任意位置,下面分析像点落在调制盘上不同位置时,所产生的脉冲序列的形状。

(1)当目标位于光轴上时,失调角 $\Delta q_1 = 0$,像点落在调制盘中心,如图5-32中位置"1"。当调制盘旋转一周后,由于调制盘两半盘的平均透过率相等,光敏电阻输出一个常值电流信号,如图5-33(a)所示。此信号送入放大器要经过一个电容耦合,由于电容隔直流的作用,故信号输出 u'_{F_1} 为零,误差信号 u_{Δ_1} 为零。上述结果是自然的,因为目标在光学系统轴上,输出电压也应该为零。

图5-32　目标像点的不同位置

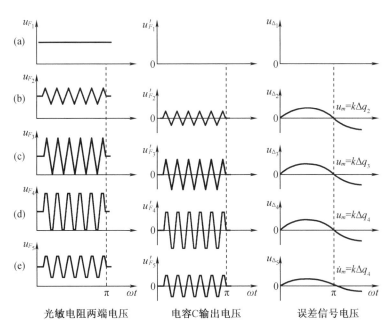

图5-33　像点在调制盘上不同位置输出的信号波形

（2）目标像点落在调制盘上位置"2"时，失调角为 Δq_2，偏离调制盘中心的距离为 $\Delta \rho_2$，由于此处栅极弧长较小，目标像点大于一个格子，即像点不能全部透过白色格子，也不能全部被黑格子所挡住，调制盘转动一周后所获得的脉冲信号幅度值较小。如图 5 – 33（b）所示，此信号经耦合电容滤去直流分量后输出信号为 u'_{F2}，并由电子线路处理放大，检波之后得到误差信号 $u_{\Delta 2}$，其幅度值与目标偏差角 Δq_2 成正比。Δq_2 是随时间变化的，可用下式表示：

$$u_{\Delta 2} = k \Delta q_2 \sin 2\pi f_b t = U_{m_2} \sin \omega t$$

式中　k——比例系数；

　　　ω——调制盘旋转的角速度，$\omega = 2\pi f_b$。

（3）当目标像点落在调制盘"3"位置时，像点大小刚好为一个格子大小。调制盘旋转一周后，获得的电脉冲幅度值最大，如图 5 – 33（c）所示。放大器输出的误差信号电压 $u_{\Delta 3}$ 为

$$u_{\Delta 3} = k \Delta q_3 \sin 2\pi f_b t = U_{m_3} \sin \omega t$$

（4）当目标像点落在调制盘"4"位置时，脉冲信号幅度值也为最大。但是由于弧度较长，目标像点透过和被挡住的时间也比较长，所以电脉冲信号的前后沿变得陡直些，并且最大幅度值保持一定时间。调制盘旋转一周后，光敏电阻上获得的电信号如图 5 – 33（d）所示。此时获得的误差电压 $u_{\Delta 4} = u_{\Delta 3}$。

（5）当像点落在调制盘上的"5"位置时，此处的特点是格子的弧度更长了，但格子的宽度却小于目标像点的直径，因此，电脉冲的幅度开始减小，而脉冲信号的宽度增加。调制盘旋转一周后，光敏电阻上获得的电信号如图 5 – 33（e）所示。此时误差信号的幅值将小于 $u_{\Delta 4}$ 的幅值，即 $U_{\Delta 5} < U_{\Delta 4}$。

（6）当目标像点落在调制盘上的"6"位置时，透过的热辐射通量始终为 50%，即与位置"1"的情况相同，光敏电阻输出的直流信号经耦合电容后为零。因目标机动，偏差信号在不断变化，像点不可能始终位于"6"的位置。

从上面的分析可以看出，当像点落在调制盘中心位置及其附近时，光敏电阻的输出电压差不多等于零，在调制盘中心附近的小范围内对热辐射实际上没有进行调制，这一区域称为"盲区"。当目标像点偏离调制盘中心后，光敏电阻输出的电压随着偏差值的增大而增大，当像点全部落在透明区时，调制度为最大，光敏电阻输出电压最大。通过上面分析可作出调制盘的调制特性曲线，即光敏电阻输出电压与失调角 Δq 的关系曲线，如图 5 – 34 所示。

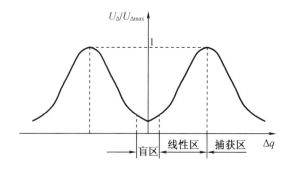

图 5 – 34　调制特性曲线

图中调制特性曲线的纵轴表示电脉冲信号的相对幅值,即 $U_\Delta/U_{\Delta\max}$。横轴表示目标偏离光轴角度 Δq,当像点在调制盘边缘时,光敏电阻输出电压很小,当失调信号 $\Delta q = \Delta q_{\max}$ 时,像点已经越出调制盘边缘,光敏电阻输出电压为零。所以 $2\Delta q_{\max}$ 称为导引头视场角,导引头视场角即导引头能看到目标的角度范围。当目标偏离光学系统轴的角度超过 $\Delta q_{\max}$ 时,导引头就"看不到"目标了。

上面分析表明,目标像点在调制盘上从中心向外位于径向上的不同位置时,将出现幅度调制,由此能够确定目标偏离光轴的大小。但是如何确定目标的方位呢?下面就来分析这个问题。

在图 5 – 33 中,像点处于"1"~"5"位置时,目标偏离导弹的方位是相同的。当目标像点处于位置"7"时,它到调制盘中心的距离与点"3"位置相同,也是 ρ_3,但是方位角上相差 θ 角。当调制盘旋转时,光敏电阻两端输出的脉冲电信号,通过电子线路处理后输出误差信号,像点在调制盘上不同位置时的输出信号波形如图 5 – 35 所示。与点"3"相比,仅仅初始相位滞后 θ 角,而电压幅值未变,即

$$u_{\Delta_7} = k\Delta q_7\sin(\omega t - \theta) = k\Delta q3\sin(\omega t - \theta)$$

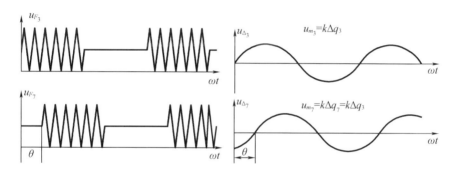

图 5 – 35　像点在调制盘上不同位置时的输出信号波形

考虑到 $u_{\Delta_3} = k\Delta q_3\sin(\omega t - \theta)$。可看出,误差的相位能反映目标偏离导引头光轴的方位。因此,可以得出以下结论:误差信号电压振幅值的大小可反映目标偏离导引头光轴的角度的大小,误差信号的初始相位反映与目标偏离导引头的方位。因此误差信号的初始相位与水平基准信号相比较,可得方位误差信号,与垂直基准信号相比较就可以得到俯仰误差信号。利用这些误差信号就可以驱动系统,使红外跟踪系统自动对准目标,实现自动跟踪。

5.5.2.2　空间滤波

考察目标辐射和背景(云彩)的特性就可以发现,在近红外区,背景云彩反射太阳光的辐射可能比飞机喷管的辐射大好几个数量级,但远处飞机是一个点目标,对红外系统的张角很小,而背景云彩则是一个大范围,对红外系统的张角却很大。其他如海洋中的舰船、陆地上的车辆也属于这类情况。利用张角的不同,调制盘可抑制背景、突出目标。这种滤除背景的作用,称为空间滤波。如图 5 – 36 所示为调制盘的空间滤波作用。

当调制盘高速旋转时,小张角的目标辐射,经调制盘栅格交替传输和遮挡,探测器输出(经隔直电容后)的信号如图 5 – 36(a)所示那样的交流脉冲串。而大张角的背景(云彩)的

辐射,经光学系统聚焦后在调制盘上成为一个很大的像,覆盖整个或者大部分调制盘,探测器输出幅值不随时间变化,或者只有很小的变化,基本上是一个直流信号,上面仅有少许波纹,如图5-36(b)所示。当目标和背景同时成像于调制盘上时,探测器就同时输出上述的两种信号,经电子线路放大滤波后,只剩下目标交流信号,滤除了背景干扰的直流信号。

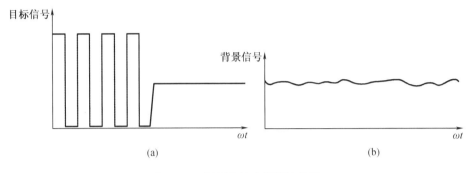

图5-36 调制盘的空间滤波作用

实际上,在上面的例子中,背景信号是很难完全滤除掉的。因为大部分云彩的边缘是不规则的,云彩内部的辐射也不是均匀的,存在梯度,经调制盘旋转调制后就出现了纹波信号。为了克服这一缺点,增强空间滤波能力,设计新的调制盘花纹是很必要的。图5-32所示调制盘,对直线云边的调制作用具有抑制能力。若直线云边正好与辐射条平行,由于每一黑白环带面积相等,透光率为50%,探测器输出基本上都是直流。但这种调制盘也有缺点,如目标像点落在点"6"位置时,像点处在两个环带之间,一半辐射被遮住,信号幅度被减小。

5.5.3 旋转调频式调制盘

旋转调频式调制盘是以基频信号进行频率调制为基础的。某调频式调制盘的图案如图5-37所示。整个调制盘划分为三层环带,各层环带中的黑白相间的分格数,从内向外为8,16,32个分格,每层栅格的宽度不同,并沿圆周自基线OO'起按正弦规律变化。工作时,调制盘等速旋转,经光学系统聚焦后的红外线,透过调制盘的栅格投射在光电转换器上,进行光电转换后输出脉冲电压,其宽度和重复频率都随时间变化。调制盘上的目标像点与盘心的距离越大,光电转换器输出脉冲的平均宽度就越窄,平均重复频率就越高。

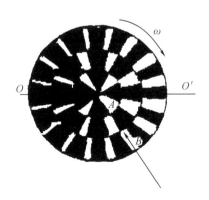

图5-37 旋转调频式调制盘

这种调频脉冲信号经放大、鉴频以后可变换成正弦电压,如图 5 - 38 所示,此正弦电压与基准电压的相位差即为目标方位角,正弦电压的幅值反映目标偏离光轴量的大小。

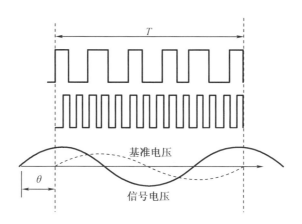

图 5 - 38　旋转调频调制盘的调制波形

5.5.4　圆锥扫描调制盘

如图 5 - 39 所示为圆锥扫描调制盘,其外圈为三角形图案,里面为扇形分带棋盘格图案,扇形格数目由里向外增加,各环带上黑白面积应尽量相等。外圈三角形用来产生调制曲线的上升段,三角形的数目根据选择的调制频率确定。

图 5 - 39　圆锥扫描调制盘

调制盘工作时置于光学系统的焦平面上,中心 O 与光学系统主光轴重合。折反式光学系统中的次反射镜与系统光轴倾斜一个角度 γ,光学系统绕主光轴以一定的角频率旋转时,目标像点在调制盘上做圆锥扫描运动,如图 5 - 40 所示,调整次反射镜的倾斜角 γ,可改变所得扫描圆的大小。

目标位于光轴上时,扫描圆与调制盘同心;目标偏离光轴时,扫描圆与调制盘不同心,而目标实际位置与扫描圆心位置相对应。通过调整次反射镜倾斜角 γ 使目标位于光轴上时,目标像点扫在外圈三角形中部,如图 5 - 39 中圆 A,透过调制盘的是等幅光脉冲,经光电转换器和滤波器后,得到图 5－41(a)所示的不被调制的等幅波,载波频率 $f_0 = n\omega$, n 为外三角形个数,ω 为光学系统旋转速度。目标偏离光轴时,光学系统旋转得到如图 5－39 中的扫描圆 B,目标像点一周内扫过外三角形的不同部位,光学系统旋转时得到图 5－41(b)所示的调幅波一。当目标偏离光轴的误差角 $\Delta\varphi$ 再增大时,得到如图 5－39 中的扫描圆 C,目标像点扫描一周内已有部分超出调制盘,出现图 5－41(c)所示的调幅波二。将上述调幅信号检波后,检出反映目标偏离光轴大小和方向的包络信号。

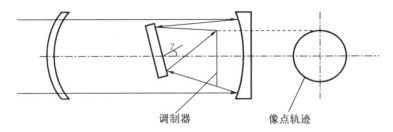

图 5－40　圆锥扫描的形成

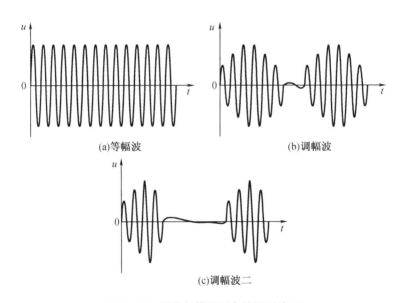

图 5－41　圆锥扫描调制盘的调制波形

　　这种调制盘的调制曲线如图 5－42 所示,曲线只有上升段和下降段,上升段的宽度较窄,下降段的宽度较宽。

　　这种圆锥扫描调制盘的特点是,调制曲线没有盲区,在跟踪过程中,像点处在调制盘上任何位置,载波均不会消失,因此多用于跟踪精度较高的系统,工作的有效视场比由调制盘决定的瞬时视场扩大近一倍,因扫描圆偏离到只能扫到两个三角时,理论上认为仍可探测到目标,那么由这个扫描圆心决定的圆便是实际有效视场,如图 5－43 所示。当要求有效视场一定时,这种调制盘比其他类型的调制盘小得多,有利于减少背景干扰。

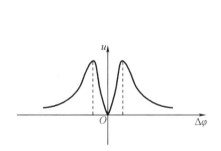

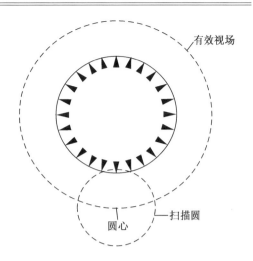

图 5 – 42　圆锥扫描调制盘的调制曲线　　　　图 5 – 43　圆锥扫描调制盘的有效视场

5.5.5　多元探测器

用多元探测器阵列可以制成不用调制盘的跟踪系统,即用光敏元件组成类似于调制盘的图样来完成调制盘的作用。其原理是借助于扫描对光能进行调制。

探测器阵列一般做成线列或矩阵式。下面介绍一种简单的十字形探测器阵列,如图 5 – 44 所示。在圆锥扫描式光学系统的焦平面上,放置着由四个矩形光敏元件组成的十字形阵列,当目标位于光轴上时,扫描圆心与十字形的中心重合,像点以等时间间隔通过四个元件,此时产生周期相同的四个脉冲,这时由位于 0°和 180°、90°和 270°的元件分别组成的两个通道的线路直流输出都为零;当目标偏离光轴时,扫描圆与探测器阵列不同心,产生的脉冲间隔就不再相等,此信号和基准信号相比较,就可获得俯仰和偏航直流误差信号电压。误差信号的幅值大小反映了目标偏离的大小,电压的极性反映了偏离方向。这种脉冲调制系统空间滤波性能较好。

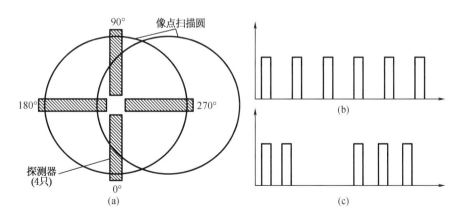

图 5 – 44　十字形探测器阵列及其调制波形

5.6 红外探测器

为了提供跟踪伺服机构和导弹制导系统需要的信号,须将光学系统接收到的目标辐射的连续热能信号转换成电信号。这种将红外光能转换为电能的器件称为红外探测器。红外探测器的质量优劣,对缩小导引头体积,减小导引头质量,增大导引头作用距离,都起着重要作用。

5.6.1 红外探测器的分类

按红外探测器探测过程的物理属性,红外探测器分为热探测器和光子探测器两类。热探测器是利用红外线的热效应引起探测器某一电学性质的变化来工作的,主要有热电探测器、热敏电阻、热电堆、气体探测器等。它对全部波长的热辐射基本上都有相同的响应,但其响应时间长,一般在毫秒以上。光子探测器是利用红外线中的光子流射到探测器上,与探测器材料(半导体)内部的电子作用后,引起探测器的电阻改变或产生光电电压,以此来探测红外线。它的响应时间短,探测效率高,但响应波长有选择性。

5.6.2 几种光子探测器

5.6.2.1 光电导探测器

当红外线中的光子流辐射到这类探测器上,就会激发出载流子,反映在电阻上使阻值降低,或者说使电导率增加。利用这种物理属性来探测红外线的探测器称为光电导探测器。由于光电导探测器的电阻对光线敏感,所以也称它为光敏电阻。属于这类探测器的有硫化铅(PbS)、锑化铟(InSb)、锗掺汞、锗掺铜、锗掺金等光敏电阻。

5.6.2.2 光生伏特探测器

当光子流照射到这类探测器上,它会产生光电压(即不均匀的半导体在光子流照射下,于某一部分产生电位差)。利用这种电压就可以探测到辐射来的红外线。这种类型的探测器在理论上能达到最大探测率,要比光电导探测器大 40%。较常用的光生伏特探测器有硅、砷化铟、锑化铟、碲镉汞探测器等。

5.6.2.3 光磁电探测器

光磁电探测器是由一薄片本征半导体材料和一块磁铁组成的。当入射光子使本征半导体表面产生电子、空穴对并面向内部扩散时,它们会被磁铁所产生的磁场分开而形成电动势,利用这个电动势就可以测出辐射的红外线。这类探测器的特点是不需要制冷,反应快(10^{-8} s),可响应到 7 μm 波长,不需要偏压,内阻低(小于 30 Ω),噪声小,但探测率比前两种低,需要外加磁场,且光谱响应不与大气窗口对应,所以目前应用较少。

5.6.2.4 常用的探测器

1. 硫化铅(PbS)探测器

PbS 探测器的构造示意如图 5 - 45 所示,它是目前室温下灵敏度最高、应用最广泛的一种光导型探测器,是发展最早也是最成熟的红外探测器之一。

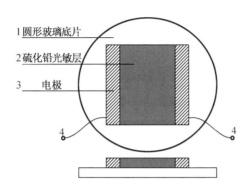

图 5 - 45 硫化铅探测器的结构示意图

PbS 探测器的频谱特性曲线如图 5 - 46 所示,它的探测率高,并能通过制冷、浸没等工艺进一步提高探测率。例如 AIM - 9D"响尾蛇"等导弹就是采用制冷硫化铅浸没探测器。较常用的方法之一是用低熔点玻璃把浸没透镜和有光敏层的石英基片粘合起来。但这种探测器只能在干冰温度(- 78 ℃)以上使用,更低温时可能出现龟裂。若要求工作在更低温度,提高探测距离和抗背景干扰能力,则可将硫化铅薄膜直接沉淀到浸没透镜平面端,这样减少中间介质的吸收和界面的反射,可靠性得到显著提高。制冷的结果,使响应时间加长,这是缺点。一般要求响应时间在几十至几百微秒之间。

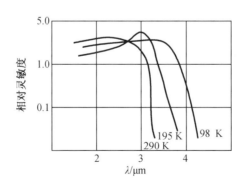

图 5 - 46 硫化铅探测器的频谱曲线

2. 锑化铟(InSb)探测器

InSb 是在 3 ~ 5 μm 的大气窗口具有很高探测率的探测器。它有光伏型(77 K)、光导型(室温与 77 K)及光磁电型(室温)三种。光伏型比光导型的探测率高,响应时间约 1 μs。光伏型 InSb 探测器已制成大面积的多元阵列。

3. 碲镉汞(HgCdTe)探测器

HgCdTe 探测器是在 8 ~ 14 μm 大气窗口具有很高探测率的重要探测器,有光伏型(77 K)和光导型(77 K)两种,调节碲镉汞材料中镉的含量,可以改变响应波长,图 5 - 47 列出了三种 HgCdTe 探测器的响应曲线。目前已设计出响应在 0.8 ~ 40 μm 波长范围内一切所需工作波段的探测器。碲镉汞探测器的噪声小、探测率高、响应快(光伏型 $\tau = 1$ μs、光导型 $\tau \approx 1$ μs),适用于高速、高性能设备及探测阵列使用。碲镉汞探测器的另一发展方向是室温、高性能、快速的 1 ~ 3 μm 和 3 ~ 5 μm 这两个波段的探测器。

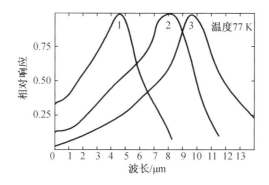

图 5 - 47　碲镉汞探测器的响应曲线

以上三种是常用探测器,因为红外技术在飞跃发展中,目前已经出现和正在研制的有各种各样的探测器。对于探测器,一般要求探测度 D^* 足够大、光谱响应的峰值波长在大气窗口内、时间常数小、结构简单、体积小。

5.6.3　探测器制冷技术

红外探测器制冷到很低的温度下(通常为 - 200 ~ 170℃)工作,不仅能够降低内部噪声,增大探测率,而且还会有较长的响应波长和较短的响应时间。为了改善探测器的性能,提高导引头的作用距离,目前各类红外导引头中的探测器都广泛采用了制冷技术。下面是几种有代表性的制冷技术。

5.6.3.1　气体节流式制冷器

红外探测器中广泛使用的气体节流式制冷器是一种微型制冷设备。根据焦耳 - 汤姆逊效应,当高压气体低于本身的转换温度并通过一个很小的孔节流膨胀变成低压时,节流后的气体温度就有显著的降低。如果再使节流后降温的气体返回来冷却进入的高压气体,进而使高压气体在愈来愈低的温度下节流,不断进行这种过程,气体达到临界温度以后,一部分气体开始液化,获得低温。气体节流式制冷器如图 5 - 48 所示。探测器的光敏元件装在称为杜瓦瓶(与暖水瓶相似)的双层真空密封容器内,高压气体通过分子筛滤去水气与二氧化碳等杂质,然后送入装在杜瓦瓶制冷室里的焦耳 - 汤姆逊微型液化器中(图 5 - 48(b))。高压气体流经细管并在顶端节流喷出,膨胀降温,制冷气体直接射向光敏元件背面,并沿有散热片的细管外壁排出(经逆流式热交换器)。膨胀后的低温气体与热交换器进行热交换并冷却高压进气,不断进行这个过程,一定时间后,高压进气温度逐渐下降,最终经节流膨胀后达到液化温度。

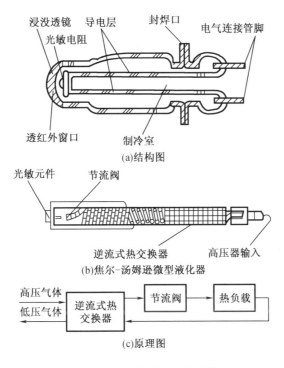

图 5 - 48　气体节流式制冷器

探测器制冷后的工作温度取决于所用制冷剂所能达到的温度。目前红外探测器光敏材料广泛使用硫化铅与锑化铟,它们的理想温度为 77 K,所以制冷剂适用的气体仅有氮(气化温度 77.3 K)和氧(气化温度 87.3 K)。实际制冷探测器,因做不到完全绝热,所以达不到这些制冷剂的气化温度。在实际工作中,也有采用二氧化碳(汽化温度为 194 K)或压缩空气制冷的。

目前红外探测器广泛使用节流制冷,其结构简单,无运动部分,体积小,质量小,冷却时间短,噪声小,使用方便。其缺点是效率低,工作需要很高的气压(高压气瓶),因为杂质易堵塞节流孔,所以对气体的纯度要求高。美国 AIM - 9D“响尾蛇”采用节流式制冷探测器,制冷气体的纯度为 99.99% 的氮气,气瓶压力大于 200 个大气压,工作波段为 2.7 ~ 3.8 μm。

5.6.3.2　杜瓦瓶

杜瓦瓶是利用相变制冷的微型制冷器,物质相变是指其聚焦状态的变化。物质发生相变时,需要吸收或放出热量,这种热量称为相变潜热。相变制冷就是利用制冷工作物质相变吸热效应,如固态工作物质溶解吸热或升华吸热、液体气化吸热等。在红外探测器中,如杜瓦瓶中的液态制冷剂就是利用相变制冷的。让杜瓦瓶中盛装液态气体在绝热的情况下不断气化而发生冷却,可以将红外探测器制冷到 77 K 。美国生产的某类型的杜瓦瓶指标为:制冷温度:77 K;制冷剂:液态氮;工作时间:8.5 h;尺寸:直径 76 mm,长度 100 mm;总质量:0.344 kg;容量:液氮 0.174 L。

5.6.3.3 温差电制冷

1834 年珀尔帖发现,当把两种不同的金属焊在一起通上直流电压,随着电流的方向不同,焊接处的温度会上升(变热)或下降(制冷)。这就是物理学中的珀尔帖效应。一般导体的珀尔帖效应是不显著的。如果用两块 N 型和 P 型半导体作电偶对,就会产生十分显著的珀尔帖效应。这是因为外电场使 N 型半导体中的电子和 P 型半导体中的空穴都向接头处运动,它们在接头处复合,复合前的电子与空穴的动能与势能就变成接头处晶格的热振动能量,于是接头处就有能量释放出来(变热)。若改变电流方向,则电子与空穴就要离开接头,接头处就会产生电子空穴对,电子空穴的能量来自晶格的热能,于是产生吸热效应(制冷)。冷端用来给探测器制冷,因此,温差电制冷又称半导体制冷。

美国的 AIM - 9E"响尾蛇"即采用了温差制冷,它的探测器光敏元件采用带有浸没透镜的硫化铅。制冷温差约 30 ~ 35 ℃(由常温 20 ℃左右可下降至 - 10 ℃左右)。制冷后的探测器灵敏度比 AIM - 9B"响尾蛇"提高 1.4 倍,探测距离由"响尾蛇"AIM - 9B 的 6.5 km 提高到 12 km 左右。正常工作时与太阳夹角的限制也由大于 20°减小为 13° ~ 15°。显然,温差电制冷使 AIM - 9E 的导引性能有显著提高。

温差电制冷的优点是体积小,质量小,冷却快,寿命长,可靠性高,制冷温度可调;缺点是需要低压大电流供电(AIM - 9E 制冷器工作电流 $I = 1.1 ~ 1.4$ A,电压 $U = 1.6 ~ 1.7$ V),制冷温度有限。为了得到更低的温度,必须把几个电偶对串联起来运用。

5.7 典型直升机/无人机机载红外点源制导装备

5.7.1 AIM - 92"毒刺"空空导弹

AIM - 92"毒刺"空对空导弹是在便携式防空导弹 FIM - 92 的基础上改进而来的,采用红外紫外双模制导。该导弹于 1984 年研制,1996 年进行了发射试验,能够击中 4.5 km 处的靶机。

(a)虎式直升机挂装"毒刺"导弹　　　(b)"阿帕奇"直升机挂装"毒刺"导弹

图 5 - 49　直升机挂装"毒刺"导弹

"毒刺"空对空导弹除了挂装"阿帕奇",还给 OH – 58D"基奥瓦"勇士、AH – 6"防御者"、"虎"武装直升机装备。AIM – 92"毒刺"空对空导弹大大提升了武装直升机的对空作战能力。

"毒刺"导弹的导引装置包括导引头和电子设备。导引头包括陀螺光学组件、红外器、制冷器和导引头线圈。以上组件全部(除制冷器以外)封装于护罩和隔舱内,护罩内充有干燥的氮气。"毒刺"导弹导引装置如图 5 – 50 所示。目标辐射的能量通过红外护罩并且通过球形面第一反射镜和第二反射镜的反射聚焦到分划板上。第二反射镜相对于陀螺转轴有一个小的倾斜角,这就使得聚焦在分划板上的能量,能够使分划板进行锥形扫描运动。当目标不在瞄准线视轴上时,分划板的锥形扫描运动可以产生一个与瞄准误差成正比的调制信号,对目标能量的频率和振幅进行调整。然后,通过场透镜装置将能量聚集到被冷却的锑化铟(InSb)探测器上,经导引头跟踪回路处理后形成探测器的输出信号,该信号也用于自适应导引回路中。

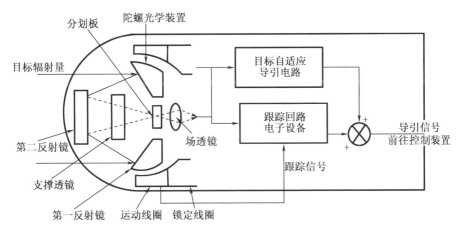

图 5 – 50　"毒刺"导弹导引头装置

非浸没式锑化铟探测器被封装在由一个很薄的石英滤光镜所覆盖的玻璃环内,玻璃环内充装着干燥的氮气。探测器和滤光镜安装于探测器——制冷器支杆的一端。当通过氧气将探测器冷却到 100 K 时,其探测能力(D^*)大于 $1 \times 10^{11} \sqrt{HZ/W}$,而对红外能量的响应波长在 3.8 ~ 4.66 μm 之间。

为提高直升机空战时抗干扰能力,"毒刺"导弹采用紫外线/红外线双色被动光学寻的技术的导引装置来取代原型"毒刺"导弹的导引装置,用一种既可透过紫外线,又可透过红外线的前护罩取代现有的护罩。采用包括多个微处理机在内的先进的微型电子设备。被动光学寻的技术电路可置于同"毒刺"导弹电路在质量和尺寸上相同的包件内,但系统的抗干扰能力却大幅度提高,其他结构则没有变化。

改进型"毒刺"导弹利用两个反射镜系统形成一种玫瑰花形的扫描图像以得到最佳的目标方向和跟踪性能。这种玫瑰花形图像可以通过以不同的速度转动第一和第二反射镜的倾斜位置的方法而产生,如图 5 – 51 所示。图 5 – 51(b)显示的是以 2∶1 的速率转动时产生的玫瑰花形图像,选择这个速率是为了便于说明玫瑰花形图像的形成,但实际上它是不充分的,因为在这三个玫瑰花瓣之间存在着很大的空白区域。还可选用很多其他速率,形成一些交织在一起的花瓣,以对视场形成完全覆盖。

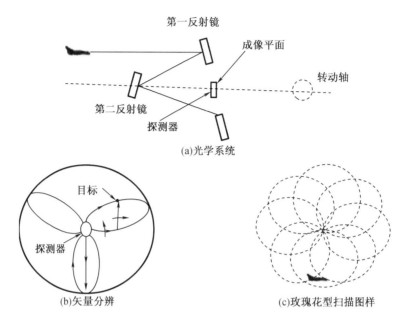

图5-51 玫瑰花型扫描图样的形成

为了确定如何跟踪目标,导引头首先必须能够确定目标在玫瑰花形图样中所处的位置。目标相对于中心的方向将向导引头表明移动光学系统的方向,而目标偏移中心的距离将表明为了跟上目标,光学系统应具有的移动速度。如果在目标被发现的瞬间能够测得每个反射镜的倾斜方向,那么,以上两个参数就可以很容易地计算出来。图5-52显示的是测量倾斜方向的技术。两个反射镜安装在磁铁上,而磁铁就是使其旋转的电动机的一个组成部分。加速线圈产生的电压,随着线圈向磁铁靠近位置的不同而变化。在图中,当北极与线圈相邻时,线圈所产生的电压最大,相应的是反射镜向下倾斜。只有电压的大小和方向(即增大或减小)才决定着反射镜倾斜方向角的大小。如果第一和第二反射镜的倾斜角—磁铁—线圈三者的方向如图5-51所示,那么,当目标被发现时,两个线圈输出最大电压,而目标则位于玫瑰花形图样视场的底部(图5-51(b))。

斜置的第一反射镜和第二反射镜是围绕同一根轴各自独立旋转的。第二反射镜的旋转是由其自备的小电动机带动的。第一反射镜本身就是一个大电动机的一部分,而这个电动机又是整个光学系统的空间稳定陀螺。当需要将光学系统中心对向目标或者因追随目标运动而需要变化转轴位置时,通过向环绕着陀螺磁铁的扭转线圈通电,即可使转轴改变方向。转轴运动的方向和速度是在发现目标时通过测量反射镜的方向角得出的。根据这个角度进行简单计算,再将结果输到一个功率放大器,便可在需要时使陀螺转轴转动。

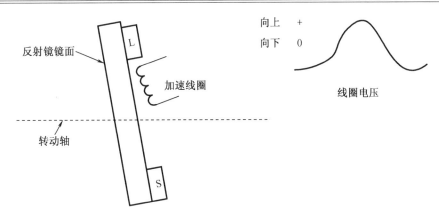

图 5 - 52　倾斜度测量

"毒刺"导弹使用这种可以控制的玫瑰花形图案进行扫描能够有效提高对闪光诱饵弹和红外干扰机的抗干扰作用。图 5 - 53 描绘的是红外线/紫外线探测器在视场范围内沿一条任意的扫描线路而产生几种信号。在脉冲特性(即振幅、宽度和相位)以及脉冲时间间隔方面出现的明显差别便提供了一种可用的电子学方法,即确定位于视场内的是什么物体及其所在位置的方法。所有来自目标以外的其他信号源辐射信号通过电子装置进行处理后均被提出,而只留下目标信号。

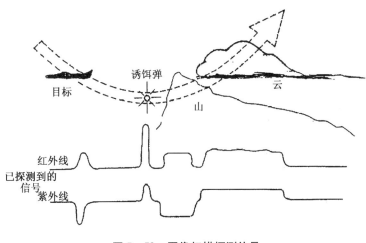

图 5 - 53　图像扫描探测信号

5.7.2　AIM - 9L "响尾蛇" 导弹

AIM - 9L 是美国吸收越南战争的教训,于 20 世纪 70 年代初期开始研制的具有全向攻击能力的第三代 "响尾蛇" 空空导弹,又被称为 "超级响尾蛇",可挂装在 AH - 64、AH - 1W 等武装直升机上。

AIM - 9L 的外形如图 5 - 54 所示,全弹由制导控制舱、引信与战斗部、动力装置、弹翼和舵面所组成。制导控制舱内装导引头,主要包括位标器、电子组件和伺服组件三部分。

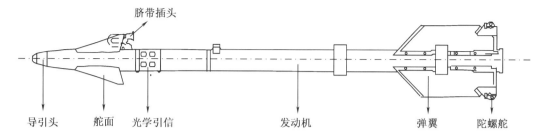

导引头　　舵面　光学引信　　　　　　发动机　　　　　弹翼　　陀螺舵

图 5 - 54　AIM - 9L 导弹外形结构图

AIM - 9L 导弹导引头如图 5 - 55 所示,其由陀螺光学装置、电磁线圈、制冷器等组成,用于探测目标位置信息;电子组件由电子元件、连接件和固态电路组成,用其将目标信息转换成跟踪和制导指令信号;伺服组件主要包括燃气发生器、气缸、活塞、摇臂、电磁线圈等,用其把制导电信号转换成控制舵的操纵力矩。由于 AIM - 9L 导引头采用用氩制冷的锑化铟探测器,探测灵敏度高,导弹不仅能从目标后半球攻击,而且能从前半球攻击,大大扩展了导弹的攻击区。

导弹采用 4 个三角形或双三角形等平面形状的控制舵,呈 X 形配置于制导控制舱后部,可产生控制力,使导弹按控制指令飞向目标。引信由红外或激光近炸引信、触发引信、安全和解除保险装置等组成,可在导弹接近或命中目标时适时引爆战斗部。

战斗部采用普通装药的破片杀伤战斗部,用来摧毁目标。动力装置选用一台固体火箭发动机,为导弹提供前进的推力。

弹翼 4 个梯形弹翼呈 X 形配置在弹身尾部。每个弹翼的后部外侧都装有一个防滚陀螺舵,其作用是对导弹的滚动进行阻尼,以保持导弹稳定。

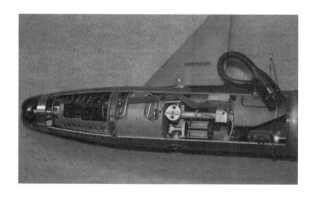

图 5 - 55　AIM - 9L 导弹导引头

AIM - 9L"响尾蛇"导弹挂在直升机短翼下,由驾驶员通过机载火控和攻击计算机操纵导弹的发射与攻击。其作战使用过程可分为载飞、发射和攻击三个阶段。

(1)载飞阶段:由载机电源通过发射装置给导弹供电;启动座舱中的制冷开关,在最佳温度范围内给红外探测器连续制冷。进入空战状态时,驾驶员起动导弹发射电路。当识别、显示出目标时,位标器电锁打开,开始跟踪目标;连续跟踪目标后,准备发射导弹。发射阶段按预定发射程序进行。

（2）发射阶段：先启动弹上的热电池组，给引信中的目标探测器供电，使其开始工作；然后使伺服组件开始工作；最后把热电池组的电压加到火箭发动机点火器上点火并接通引信电路。

（3）攻击阶段：当导弹飞离载机达到安全距离时，引信解除保险；在制导系统的作用下，导弹飞向目标；当导弹飞近目标达到杀伤距离时，近炸引信发出引爆信号，使战斗部爆炸而摧毁目标。

第6章 红外成像制导原理

红外成像又称热成像,是把物体表面温度的空间分布情况变为按时间顺序排列的电信号,并以可见光的形式显示出来,或将其数字化存储在存储器中,为计算机提供输入,用数字信号处理方法来分析这种图像,从而得到制导信息。它探测的是目标和背景间微小的温差或辐射频率差引起的热辐射分布情况。

红外成像寻的制导是一种利用弹上红外探测仪器探测目标的红外辐射,根据获取的红外图像进行目标捕获与跟踪,并将导弹引向目标的制导方法。

6.1 红外成像寻的制导的特点

红外点源寻的制导的不足是:受气候影响大,不能全天候作战,雨、雾天气红外辐射被大气吸收和衰减的现象很严重,在烟尘、雾、霾的地面背景中其有效性也大为下降;受到激光、阳光、红外诱饵等干扰和其他热源的诱骗时,容易偏离和丢失目标;作用距离有限,一般用于近程导弹的制导系统或远程导弹的末制导系统。并且,红外非成像寻的系统(红外点源寻的系统)从目标获得的信息量少,它只有一个点的角位置信号,没有区分多目标的能力,随着人为的红外干扰技术的发展,其抗干扰能力差的问题也越来越突出。

红外成像导引采用中、远红外实时成像器,以 $8 \sim 14 \ \mu m$ 波段红外成像器为主,可以提供二维红外图像信息,利用计算机图像信息处理技术和模式识别技术对目标的红外图像进行自动处理,模拟人的识别功能,实现寻的制导系统的智能化,代表了当今红外导引技术的发展趋势。其突出特点是命中精度高,真正实现了对目标的全向攻击,能使导弹直接命中目标或目标的要害部位。

红外成像制导系统主要有以下特点。

(1)抗干扰能力强。红外成像制导系统探测目标和背景间微小的温差或辐射率差引起的热辐射分布图像,制导信号源是热图像,有目标识别能力,可以在复杂干扰背景下探测、识别目标,因此,干扰红外成像制导系统比较困难。

(2)空间分辨率和灵敏度较高。红外成像制导系统一般采用二维扫描,它比一维扫描的分辨率和灵敏度高,很适合探测远程小目标。

(3)探测距离远,具有准全天候功能。与可见光成像相比,红外成像系统工作在 $8 \sim 14 \ \mu m$ 远红外波段,该波段能穿透雾、烟尘等,其探测距离比电视制导大了 $3 \sim 6$ 倍,克服了电视制导系统难以在夜间和低能见度下工作的缺点,昼夜都可以工作,是一种能在恶劣气候条件下工作的准全天候探测的制导系统。

（4）制导精度高。该类导引头的空间分辨率很高。它把探测器与微型计算机处理结合起来，不仅能进行信号探测，而且能进行复杂的信息处理，如果将其与模式识别装置结合起来，就完全能自动从图像信号中识别目标，具有很强的多目标鉴别能力。

（5）具有很强的适应性。红外成像导引头只需更换不同的识别跟踪软件就可以装在各种型号的导弹上使用。例如美国的"幼畜"导弹的导引头，就可以用于空地、空舰、空空三型导弹上。

红外成像制导系统与非成像红外制导系统相比，有更好的对地面目标的探测和识别能力，但成本是红外非成像制导系统的几倍。但从效费比来看，非成像红外制导系统作为一种低成本制导手段仍是可取的。

6.2　红外成像导引头的组成及工作原理

红外成像导引头分为实时红外成像器和视频信号处理器两部分，一般由红外摄像头、图像处理电路、图像识别电路、跟踪处理器和摄像头跟踪系统等部分组成，如图 6－1 所示。

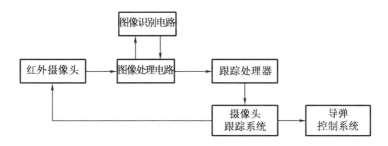

图 6－1　红外成像导引头的基本组成

实时红外成像器用来获取和输出目标与背景的红外图像信息；视频信号处理器用来对视频信号进行处理，对背景中可能存在的目标完成探测、识别和定位，并将目标位置信息输送到目标位置处理器，求解出弹体的导航和寻的矢量。视频信号处理器还向红外成像器反馈信息，以控制它的增益（动态范围）和偏置。还可结合放在红外成像器中的速率陀螺组合，完成对红外图像信息的捷联式稳定，达到稳定图像的目的。

红外成像寻的制导系统的工作过程是，在导弹发射之前，由制导站的红外前视装置搜索和捕获目标，根据视场内各种物体热辐射的差别在制导站显示器上显示出图像。目标的位置被确定之后，导引头便跟踪目标。导弹发射后，摄像头摄取目标的红外图像并进行处理，得到数字化的目标图像，经过图像处理和图像识别，区分出目标、背景信号，识别出真假目标并抑制假目标。跟踪装置按预定的跟踪方式跟踪目标，送出摄像头的瞄准指令和制导系统的导引指令，引导导弹飞向预定目标。

6.2.1　实时红外成像器

实时红外成像器用来获取和输出目标与背景的红外图像信息。因此必须具有实时性，其取像速率≥15 帧/s。实时红外成像器组成原理框图如图 6 - 2 所示,它包括光学装置、扫描器、稳速装置、探测器、制冷器、信号放大器、信号处理器和扫描变换器等。

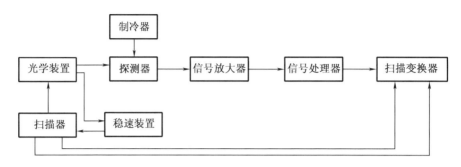

图 6 - 2　实时红外成像器原理框图

光学装置主要用来收集来自目标和背景的红外辐射,分为两大类:平行光束扫描系统和会聚光束扫描系统。

目前用于导引头红外成像器中的扫描器多数是光学和机械扫描的组合体。光学部分由机械驱动完成水平和垂直两个方向的扫描,实现快速摄取被测目标的各部分信号。扫描器可分为物方扫描和像方扫描两类。所谓物方扫描是指扫描器在成像透镜前面的扫描方式;像方扫描是指扫描器在成像透镜后面的扫描方式。

稳速装置用来稳定扫描器的运动速度,以保证红外成像器的成像质量。它由扫描器的位置信号检测器、锁相回路、驱动电路和电机等部分组成。

红外探测器是实时红外成像器的核心。目前用于红外成像导引头的探测器主要是工作于 $3 \sim 5 \mu m$ 波段和 $8 \sim 14 \mu m$ 波段的锑化铟器件和碲镉汞器件。

制冷器用于对红外探测器降温。因为锑化铟器件或碲镉汞器件都需要 77 K 的工作温度才能得到所要求的高灵敏度。实际使用中,提供的是红外探测器和制冷器的组合体,即红外探测器组件,制冷器并不单独存在。

信号放大器主要用于放大来自红外探测器的微弱信号。它包括使红外探测器得到最佳偏置和对弱信号放大两个功能。因为没有最佳偏置,红外探测器就不可能呈现出最好的性能,所以保证最佳偏置与对微弱信号的放大同等重要。红外成像器通常包括前置放大器和主放大器两部分。

信号处理器主要完成提高视频信噪比和对获得的图像进行各种变换处理,从而可以方便、有效地利用图像信息。扫描变换器的功能是将各种非电视标准扫描获得的视频信号,通过电信号处理变换成通用电视标准的视频信号。扫描变换器能将一般光机扫描的红外成像系统与标准电视兼容。

6.2.2　视频信号处理器

视频信号处理器的作用是对来自红外成像器的视频信号进行分析、鉴别、排除混杂在信号中的背景噪声和人为干扰,提取真实目标信号,计算目标位置和命中点,送出控制自动驾驶仪信号等。为了完成这些功能,实际上视频信号处理器是一台专用的数字图像处理系统。鉴于导引头的特殊要求,它的设计必须综合利用超大规模集成电路、并行处理技术、图像处理技术、模式识别技术和人工智能、专家系统等。

视频信号处理器的基本功能包括:图像预处理、识别捕获、跟踪定位、增强及显示和稳定处理等,如图 6-3 所示。

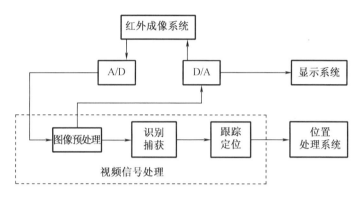

图 6-3　视频信号处理器的基本功能方框图

图像预处理是一个极其重要的环节,其目的在于初步地将目标与背景进行分离,为对目标的识别及定位跟踪打下基础。

识别捕获是一个非常复杂的环节,它有多重意义。首先要确定在成像器视频信号内有没有目标(即目标探测),如果有目标,则给出目标的最初位置,以便使跟踪环节开始工作(即捕获)。在跟踪过程中,有时还要对每一次跟踪处理所跟踪的物体进行监测,对目标的置信度给出定量描述,也就是对每帧所得到的目标位置给一个可信权重,以供位置处理系统进行多帧外推滤波时使用。随着导弹和目标之间距离的缩短,有时识别环节需要更换被识别的内容,以在距目标很近时对其易损部位进行定位。

跟踪处理首先用稍大于目标的窗口套住目标,以隔离其他红外背景的干扰并减少计算量。在窗口内,按不同模式计算出目标每帧的位置,一方面把它输出给位置处理系统,获取导航矢量,另一方面用它来调整窗口在画面中的位置,以抓住目标,防止目标丢失。

显示系统主要是为操作人员提供清晰的画面,结合手控装置和跟踪窗口使之可以完成人工识别和捕获。稳定处理器的功能是依据放在红外成像器内的陀螺组合所提供的成像器姿态变化数据,将存于图像存储器内被扰乱的图像调整稳定,以保证图像的清晰。上述内容是视频信号处理器的基本工作。对于复杂任务,某些功能的实现所需要的基本数据或"信息"并不能全部在弹上实时获得,需要地面预先装入。

6.3 红外成像寻的器

实现红外成像的途径很多,目前使用的红外成像制导武器主要采用两种方式:以美国"幼畜"空对地导弹为代表的多元红外探测器线阵扫描成像制导系统,采用红外光机扫描成像导引头;以美国"坦克破坏者"反坦克导弹和"地狱之火"空对地导弹为代表的多元红外探测器平面阵的非扫描成像制导系统,采用红外凝视成像导引头。这两种方式都是多元阵红外成像系统,与单元探测器扫描系统相比,有视场大、响应速度快、探测能力强、作用距离大和全天候能力强等优点。

6.3.1 光机扫描成像寻的器

光机扫描成像寻的器的热图像通过光学系统、扫描机构、红外探测器及其处理电路得到。在单元或元数有限的探测器条件下,由于对应的物空间视场有限,只有通过扫描才能获得较大的视场。光机扫描多采用多元探测器,使用多元探测器无疑会使寻的器变得复杂,成本升高,而且使光学系统焦平面处探测器内的低温制冷更加困难。美国通用动力公司使用红外光纤作为传输线,将光学系统焦平面上的红外能量传输到远距安装和制冷的多元探测器上;在一个共用的光学系统上采用了4个探测器,以增大全视场并形成跟踪误差信号;用光纤组件代替探测器/制冷器组件,使焦平面避免了杂波干扰,探测器及相应的制冷部件可方便地安装在寻的器的电子舱内,同时探测器还能以适当的格式排列做成线形或正方形。

使用多元线阵有几种方案,如往复平移、旋转扫描等。可以用双光模旋转、平面反射镜振动、倾斜反射镜旋转等技术来实现。

下面主要介绍美国休斯公司研制的 AGM – 6D"幼畜"红外成像寻的器的光学系统、结构及工作原理。AGM – 6D"幼畜"导弹是电视寻的制导 AGM – 65A 的改进型、采用 4×4 元 HgCdTe 液氮制冷阵列扫描成像寻的器,它的系统结构如图 6 – 4 所示。

寻的器的光学系统除头罩 2 外,还包括透镜 3 和 9,折叠反射镜 17 和透镜 18,这些元件共同组成红外望远镜,将来自目标的红外辐射投向位于陀螺转子 13 内表面的扫描反射镜 15 上,该反射镜由一组相互倾斜的扫描镜组成,陀螺转子转一圈就把整个场景扫描一遍。从扫描反射镜 15 反射的能量通过场镜 20 和杜瓦瓶窗 21 进入探测器/杜瓦瓶/前置放大器组件 23 内的探测器阵列 D 上。阵列 D 是一个排列成 4 行每行 4 个元件组成的面阵。这 16 个元件都分别接有前置放大器,经后面的多路延时线后输出 4 路视频信号送往信号处理器。

由图 6 – 4 可见,除了多面反射镜转盘装在陀螺转子上以外,其他光学元件都装在陀螺万向支架的内环 7 上,以保证系统的光学成像质量。在内环的前半部装有透镜 3,9 和它们之间的镜筒,在两镍制镜筒之间装有双金属做的热补偿组件 10,在内环的中部装有带动转子旋转的陀螺定子 12,它和陀螺转子 13 构成鼠笼式三相感应电动机,内环上还装有电光同步信号发生器 11,它同转子上的同步信号调制盘 8 一道完成陀螺转子转动时的相位测量。

调制盘有两个圈,里圈可产生一个垂直同步脉冲,外圈可产生 525 个水平脉冲。内环后部的中间装有反射镜组件 17,它在电流计式驱动器作用下可以转动角度,实现隔行扫描。在反射光路的一边装有场镜 20 和探测器/杜瓦瓶/前置放大器组件 23,在另一边装有延迟线组件 16。

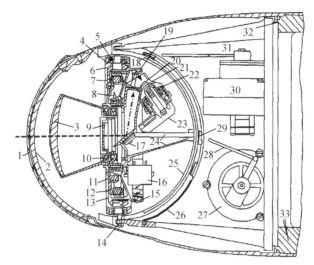

1—护帽;2—头罩;3—透镜;4—外环;5—轴承;6—薄型电位计;7—内环;8—同步信号调制盘;9—透镜;
10—热补偿组件;11—同步信号发生器;12—陀螺定子;13—陀螺转子;14—轴;15—扫描反射镜;16—延迟线组件;
17—反射镜组件;18—透镜;19—扫描反射镜架;20—场镜;21—杜瓦瓶窗;22—温度补偿组件;
23—探测器/杜瓦斯/前置放大器组件;24—支杆;25—半圆吊环;26—薄半球结构;27—力矩产生器组件;
28—内环推杆;29—凸块;30—力矩产生器组件;31—外环推杆;32—万向支架座;33—底座。

图 6-4　"幼畜"红外成像寻的器结构图

内环 7 经轴承 5 与外环 4 相连,在外环上与内环轴垂直的方向还有一对轴承通过轴与万向支架座 32 相连。在铁制的内外环上分别装有薄型电位计 6,作为框架角位置的传感器。装在内环上的各个零件要满足质量静平衡的条件。

在内环的后半部还有 3 个支杆 24 组成的三脚架与一个吊环 25 相连,它对内环单独做过静平衡。当内环绕外环轴运动时,吊环 25 绕轴 14 与内环一道运动,当外环绕万向支架座 32 运动时,支杆 24 头上的凸块 29 经滚珠轴承在吊环 25 的槽内滑动,并和薄半球结构 26 一道限位,薄半球结构 26 有一个圆形孔以限定寻的器所希望的锁定角。

在万向支架座 32 上装有两个力矩产生器 27 和 30,30 上的外环推杆 31 通过铰链与外环相连,27 上的内环推杆 28 通过铰链与半圆吊环 25 相连,即可以对内环起作用。它们的铰链作用点都与内外环轴线有一定的距离,以便给陀螺以足够的作用力矩。

综上所述,这个红外扫描成像寻的器由一个外框架陀螺仪构成,它的转子与光学系统的扫描反射镜鼓合一,同时达到稳定和扫描的目的。在 3 个旋转轴上分别装有位置传感器,陀螺的进动力矩由装在座架上的力矩产生器通过推杆分别加到外环和与内环相固定的吊环上。

寻的器的工作原理如图 6-5 所示。来自目标的红外辐射透过红外头罩,进入内环光学系统,经隔行扫描作动器的反射镜反射后到达陀螺转子的扫描反射镜组件,扫描后的红外辐射回到内环中探测器/杜瓦瓶/前置放大器组件,每行 4 元共 4 行的电信号分别经延迟线组件抑制杂音提高信噪比后,由 A、B、C、D 四个通道输往视频信号处理机。

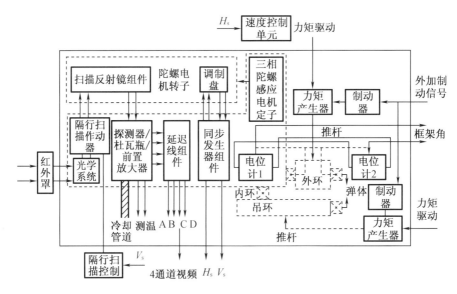

图 6－5 "幼畜"红外成像寻的器原理框图

转子上的调制盘与内环定子上的同步信号发生器在工作中产生垂直同步信号 V_s 和水平同步信号 H_s,反射镜组件中的隔行作动器被受 V_s 控制的控制器操作,同步信号发生器中调制盘的转速即陀螺转子的转速,由内环上的三相电机定子之速度控制器控制,而其控制信号则是水平同步信号 H_s,因此扫描所得信号在视场内有确定的位置。将视频信号和同步信号加到扫描变换器便可得到所需的电视图像显示信号和目标跟踪信号。

跟踪信号经过力矩放大后分别加到力矩产生器,经推杆加到吊环和外环上使陀螺进动,实现对目标的跟踪。

吊环上的电位计 1 和外环上的电位计 2 将给出内外环的角位置,如果需要陀螺搜索则可将此信号与搜索随动信号(指令)进行比较,经过搜索/跟踪转换开关加到力矩产生器上。

为了使寻的器不工作时处于固定位置,对力矩产生器设有制动器,它由外加控制信号控制,在工作时可以松开制动器。为了使红外成像的体制与电视体制相兼容,选定转子上扫描反射镜的数目是很重要的。因为探测器为 4×4 面阵,以 4 行每行 4 元进行扫描,则每面镜子可扫出 4 条线,20 面镜子扫出 80 条线,又由于采用隔行扫描,每帧图像由两场组成,所以每帧图像为 160 条线,显然这比电视图像的分辨率低得多。我们假设电视图像的分辨率比红外图像的分辨率高 3 倍,即每面镜子应扫出 2×(3×4)＝24 线。电视图像一般采用525 线,要达到这个数目,需要的扫描反射镜面数应为 525/24＝21.875。取整数和考虑扫描的回程,确定为 20 面镜子。每面镜子对应的张角为 2π/21.875 rad,则余下的 2π(21.875－20)/21.875 rad 使其与垂直扫描回程的飞越时间一致。应当指出,在这个寻的器中并没有采用变焦机构 3 这是因为系统采用了自相关技术。另外,电子扫描变换概念的引入和应用,使红外成像系统的视频输出实现与标准电视相兼容。

6.3.2 红外凝视成像寻的器

红外凝视成像寻的器通过面阵探测器来实现对景物的成像。面阵中每个探测元对应物空间的相应单元,整个面阵对应整个被观察的空间。采用采样接收技术,将各探测元接收到的景物信号依次送出,这种用面阵探测器大面积摄像,经采样而对图像进行分割的方法称为固体自扫描系统,也叫凝视(staring)系统。例如采用红外 CCD 的凝视系统由红外光学系统 IRCCD 及其驱动电路组成。红外光学系统将景物的热分布成像在 IRCCD 面阵上,驱动电路使 IRCCD 各探测元的信号电荷迅速依次转移,以视频信号输到外部,而后再由图像识别与跟踪电路去处理。

图 6-6 是美国无线电公司(RCA)为麦克唐纳道格拉斯公司研制的红外肖特基势垒焦面阵反坦克导弹寻的器,它是一个两轴陀螺稳定的万向支架结构,整个探测组件构成万向支架结构,整个探测组件构成万向支架 7 的负载,它由一组成像透镜 2 和安装在微型杜瓦瓶 5 内并靠焦耳 – 汤姆逊制冷机用液氮制冷的红外肖特基势垒焦平面阵列 6 组成。两轴万向支架可使光学系统的视线向任意方向偏 25°,即扫描角为 50°。陀螺动量矩由一个偏置旋转磁铁 3 组件提供。线圈组件 4 包含一个绕成环形的进动线圈和 4 个旋转线圈,磁铁的支撑结构上标有光学编码,可被一个换向检测器 8 提取,以便为陀螺转子启动和相位锁定提供转换信号。在磁铁外边的一个罩子上还刻有光学图案,通过两束光纤识别图案给出框架角,用一个阻尼环 10 供章动阻尼。

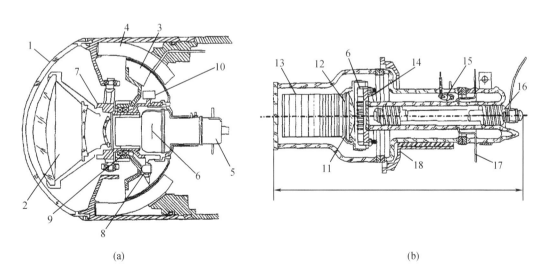

(a)   (b)

1—整流罩;2—成像透镜;3—偏置旋转磁铁组件;4—线圈组件;5—微型杜瓦瓶;

6—红外肖特基势垒焦平面阵列;7—万向支架;8—换向检测器;9—固定件;10—阻尼环;11—场镜;

12—红外滤光片;13—冷屏;14—冷平板;15—消气剂;16—焦耳 – 汤姆逊制冷机;17—合金插脚;18—杜瓦瓶安装环。

图 6-6 RCA 公司的红外焦平面阵成像寻的器

这个寻的器没有采用通常的反射光学系统,由于旋转主反射镜的支撑结构与杜瓦瓶之间应有必要的间隙,寻的器中心的遮挡大到了不能接受的程度,所以采用了 175 mmf/3.0 的折射型系统。

寻的器的杜瓦瓶/制冷机组件要将阵列制冷到 85 K,并在杜瓦瓶内装入冷屏 13、红外滤光片 12 和场镜 11。冷屏是防止不希望的辐射对阵列器件的照射造成表面环境温度的升高。该冷屏要与 f/3.0 的光学系统相一致,因此其长度和直径要由阵列器件的光路确定。由杜瓦瓶/制冷机组件的结构图可见,阵列器件装在一个冷平板 14 上,该平面靠焦耳 – 汤姆逊制冷机 16 制冷,保持在 77 K。场镜、杜瓦瓶与红外滤光片被一起固定在一个组件里,该组件与冷平板间有良好的热传导。由阵列器件引出的 32 根导线焊到烧结的银导线上,银导线沿杜瓦瓶内壁纵向走线,接到柯伐合金插脚上。这些插脚 17 呈辐射状图案,从杜瓦瓶内引出,采用将玻璃熔化到柯伐合金上的封接工艺,若真空度变差则由消气剂 15 重新建立其真空度。杜瓦瓶的壳壁和制冷屏的外表面是敷金的。

寻的器的所有元件,除电子组件外均装在两个匹配的壳体上,前壳体安装万向支架系统组件和整流罩 1,后壳体则安装线圈并提供一个隔离框,通过隔离框完成插头、导线和制冷管的连接。如图 6 – 6 所示,用外框轴轴承将两个框架连接到前壳体上,每个轴用的轴承都一样大小,透镜拧进内框架的前端,并用调整垫片的办法使透镜聚焦。磁铁被粘在一个支架上,支架通过一对预紧的自旋轴承装在内框架的后端。磁铁/转子组件在 7 200 r/min 上进行动平衡,不平衡力矩小于 100 英寸盎司(1 英寸盎司 = 72 g · cm)。在磁铁上贴一个很薄的球面铝罩,在其表面主刻有图案以提供框架角参数,光纤探头及其光源和传感器将框架角的信息从寻的器传到电子舱。在内框架的最后端安装阻尼组件、杜瓦瓶/制冷组件和自旋电机的换向检测器。阻尼器组件由一个铁环构成,上面呈非对称辐射状地粘有 6 个质量弹性元件。杜瓦瓶的安装环 18 被装入内框架并用卡环固定。视频前置放大器(未示出)是一个混合式组件,位于杜瓦瓶的后端。

整流罩粘到一个环上,这个环再用螺纹环固定在壳体上,在这个对接面及前后壳体的对接面上都用 O 形垫圈密封。

材料选择是这个系统的设计内容。大部分零件采用了低导磁的或非磁性的材料。壳体、整流罩的固定环,磁楼子以及杜瓦瓶、阻尼器组件中的装配环都用钛。因为钛的电阻率高,避免了涡流效应。内框架也是用铁做的,因为它的热膨胀系数与所用的轴承相匹配并且是非磁性的。外框架的材料是铬镍铁合金,也是一种非磁性材料,选用这种材料是因为它的弹性模量比钛高,主要考虑到外框架的剖面相对较小。用导热性好的环氧树脂将线圈粘到铁环上,以使其热量容易传到导弹的外表面。

陀螺转子是一个两极永久磁铁,材料为铝镶钴合金,转子被两相方波电流驱动,其定子绕组由两套双线圈组成,4 个线圈中每一个线圈跨度都略小于 90°的空间角。这样的线圈布局能在寻的器有限的长度和直径(线圈厚度)内有最多的绕线匝数,这是因为一个线圈和另一个线圈间不存在首尾相叠的情况。

每相驱动方波靠两套光电检测器换向,两光电检测器互成 90°角,并与水平轴和垂直轴成 45°角。同样的光电检测器还为进动电流的驱动提供控制信号。

工作一开始,陀螺电机驱动回路以加速状态运转,使转子在 5 s 内达到 7 200 r/min,在工作转速下,控制信号自动地转接到视频时钟信号同步的锁相回路。这个回路的增益裕度和相位裕度足以使由进动力矩交叉混合和其他干扰引起的瞬时相位误差减到最低值,保证锁相和稳定性。由 30°/s 的峰值进动力矩耦合到转子轴产生的最大相差,据计算不超过 1°。在锁相状态和加速状态之间的切换是这样安排的:当有不规则的进动状态使转速降低时,就采取加速方式使转速恢复,达到重新同步。将陀螺转速锁定到与准确的视频时钟信号不超过 1° 的相差具有几个优点:由磁铁旋转引起的视频噪声与转速是同步的,必要时,可以实现同步消除;精确控制电机转速就能利用刻在陀螺转子球形表面的图案,对比不同时间的花纹信号来测量框架角,并且章动频率是不变的,章动阻尼也比较容易实现。

6.4　红外图像的视频信号处理

视频信号处理是指对来自红外成像器的视频信号进行分析、鉴别,排除混杂在信号中的背景噪声和干扰,提取真实目标,计算目标位置和命中点,送出控制自动驾驶仪的信号等。

红外图像视频信号处理的主要特点有:

(1)红外图像的灰度分布对应于目标和背景的温度和发射率的分布。红外成像导引头只能从红外特有的低反差图像中提(抽)取所需的信号;数字图像中可利用的基本信息是以像元强度形式出现的。

(2)目标的识别过程是在背景噪声环境中进行的。红外图像中最简单的模型是二值图像,即目标比邻近背景暗或亮两种情况,因此常用统计图像识别技术。红外图像的目标特征提取主要考虑目标的各种物理特征,如目标形状、大小、统计分布、运动状态等。

(3)红外图像摄取的帧速为 25 ~ 30 帧/s 之间,目标表面的辐射分布在两帧之间基本上保持不变。这个性质为逐帧分析目标特征和对目标定位提供了保证。

(4)红外图像处理方法建立在二维数据处理和随机信号分析的基础上,其特点是信息量大、计算量大、存储量大;弹上图像处理必须实时、可靠。因而大容量、高速信息处理是弹载计算机的关键。

(5)要求有快速有效的算法,因为它要根据具体目标、实战条件和背景、干扰等条件实时识别、跟踪目标。

红外成像制导系统的视频信号处理过程包括:信号预处理、图像分割、特征提取、目标识别及目标跟踪等,其过程如图 6 - 7 所示。

图 6 - 7　红外视频信号处理过程

6.4.1 信号预处理

预处理是目标识别和跟踪的前期功能模块,包括 A/D 转换、自适应量化、图像滤波、图像分割、瞬时动态范围偏量控制、图像的增强和阈值检测等。其中图像分割是最主要的环节,它是识别、跟踪处理的基础。

6.4.1.1 图像分割

图像分割是对图像信息进行提炼,把图像空间分成一些有意义的区域,初步分离出目标和背景,也就是把图像划分成具有一致特性的像元区域。所谓特性的一致性是指:图像本身的特性;图像所反映的景物特性;图像结构语意方面的一致性。

图像分割的依据是建立在相似性和非连续性两个概念基础上的。相似性是指图像的同一区域中的像点是相似的,类似于一个聚合群。根据这一原理,可以把许多点分成若干相似区域,用这种方法确定边界,把图像分割开来。非连续性是指从一个区域变到另一个区域时发生某种量的突变,如灰度突然变化等,从而在区域间找到边界,把图像分割开来。

6.4.1.2 滤波

预处理是在进行目标识别之前进行的,此时尚不确知目标究竟在图像中的哪一个区域,因此要对全图像进行处理。滤波属于空间滤波,与分割直方图法着眼于灰度、像元数分布不同,它是着眼于灰度的空间分布,是一种结构方法。常用的方法是用 $K \times K$ 的模板对全图像做折积运算。

滤波的目的有二:平滑随机空间噪声;保持、突出某种空间结构。

目前研究突出一些特殊而有效的滤波算法,如保持阶跃结构的 Median 滤波器、保持纹理的 Nagao 滤波器及 Ream 滤波器等。

6.4.1.3 增强

视频处理器中图像增强的目的是使整个画面清晰,易于判别。一般采用改变高频分量和直流分量比例的办法,提高对比度,使图像的细微结构和它的背景之间的反差增强,从而使模糊不清的画面变得清晰。图像的增强处理是从时域、频域或空域三方面进行的,无论从哪个域处理都能得到较好的结果。图像增强的实质是对图像进行频谱分析、过滤和综合。事实上,它是根据实际需要突出图像中某些需要的信息,削弱或滤除某些不需要的信息。

6.4.2 目标识别

目标的自动识别对于"发射后不管"导弹的红外成像导引头是一个最为重要,也是最为困难的环节。显然该项内容属于模式识别范畴。要识别目标,首先要找出目标和背景的差异,对目标进行特征提取。其次是比较,选取最佳结果特征,并进行决策分类处理。在目标识别中,目标特征提取是关键。归纳起来,可供提取的目标物理特征主要有:

(1)目标温差和目标灰度分布特征;

(2)目标形状特征(外形、面积、周长、长宽比、圆度、大小等);

(3)目标运动特征(相对位置、相对角速度、相对角加速度等);

（4）目标统计分布特征；

（5）图像序列特征及变化特征等。

对导弹导引系统而言，红外成像导引头的识别软件还必须解决点目标段（远距目标）和成像段（近距目标）的衔接问题；必须解决远距离目标很小，提供的像素很少时的识别问题。

6.4.2.1　大小识别算法

当目标在视场内占据一定大小时，可根据其几何尺寸判别真伪。图像的几何尺寸含有像元数和水平方向、垂直方向各占有的像元数。在成像器视场大小已知、红外成像导引头与目标间距离已知的情况下，用简单几何关系可以推算出目标的真实大小。至于目标距离数据可以有两种来源：测距雷达给出；利用被动测距技术得出。

在导引头这一特定条件下，利用图像的真实大小进行目标识别确实是一种非常有效又可靠的方法。例如在天空中发现一个宽为 7~8 m，长 10 m 左右的物体，物体有相当强的灰度（温度），则极可能是飞机目标。同样，在海面上发现一个长为 100~200 m，高 20 m 左右的物体，则物体很可能就是军舰目标。

这种识别对尺寸数据的精度要求并不高，对距离数据的精度要求也不高。因此是一种简便易行的方法。

6.4.2.2　外形轮廓识别

形状有两个含义：物体灰度的空间分布；其外形轮廓。

灰度空间分布识别有模板法和投影法两种。模板法是一种最原始的模式识别方法，它有较大的容错性，故实际武器系统中仍被应用。投影法是用于成像导引最简单而有效的方法。物体图像（可以是灰度差图，也可以是经分割后的二值图）在 x、y 方向有两个投影，将两个投影归一化，然后按等灰度积累数或等像元积累数分割，在两个轴上，每个分格内所占全投影长的百分比形成两个链码，用它们来代表该物体（或称为物体的特征）。工程上产生投影链码的专用硬件很容易制作，但是这种表征不是唯一的，有时两个不同的物体会有同样的投影。这种非唯一性并不影响它在导引识别上的应用。

外形轮廓识别有句法模式识别和轮廓傅里叶展开识别两种方法。不论采用哪种方法，都必须先求出物体的轮廓，这在目标距离远、信噪比较低的情况下，得到清晰的轮廓是困难的。因此，这种方法多用于工业上，在红外成像导引系统中很少应用。

6.4.2.3　统计检测识别

当目标很远、像点在图像中只占一两个像元甚至小于一个像元时，除了强度信息外，没有形状信息可利用，对这样的目标的识别，只能应用统计检测方法。如使用 t 检验：

$$t = \frac{A - \bar{A}}{\sqrt{\dfrac{1}{n(n-1)} \sum_{i=1}^{n} (A_i - \bar{A})^2}}$$

式中　A——被检测像元的灰度；

　　　　A_i——被检测点的邻域（共有 n 个像元）中第 i 个像元的灰度；

　　　　$\bar{A}$——被检测点邻域中的平均灰度。

根据 t 值的大小,按统计检测理论,可以确定该被检测像元与其他邻域中点是否来自同一母体。如不是,则该点是目标;若是,则该点是背景。t 检验是一个能力很强的统计参量检验,但它计算标准方差却很费时间。如果时间允许,可以用多帧图像进行检测,此时可使用序列检测技术。实际应用时,为了节省时间,算法都要进行简化。可行的算法有灰度相关算法和位置相关算法等。灰度相关(也称幅度相关)是在经第一帧检测确定其点为目标候选点后,在后一帧中检测其灰度值对前一帧的值的偏差(σ),若在 $-\sigma \sim +\sigma$ 的范围之内,则认为是目标;在其外时,则该点为背景。当目标为逐渐接近的武器(如敌方射来的导弹)时,则设定两个偏差:σ 和 σ_1($\sigma < \sigma_1$)。σ、σ_1 的取值,则须对具体问题进行概率计算加以确定。位置相关是前一帧检测后,后一帧检测只在前一帧挑出的目标候选点附近的一个邻域(窗口)内进行。邻域的大小可根据目标与系统间的可能相对速度而设定。显然,灰度相关与位置相关检测应结合进行,帧数越多,效果越好,一般三四帧就可以完成。

6.4.2.4 矩识别

矩识别法也是依据物体的灰度空间分布提取出一类特征量用于识别。它有矩不变的特点,故一直被人们广泛讨论。

假设灰度分布为 $\rho(x,y)$,则中心矩为

$$M_{pq} = \iint (x - \bar{x})^p (y - \bar{y})^q \rho(x,y) \mathrm{d}x\mathrm{d}y$$

图像的矩识别法有下列性质:

(1)对不同灰度分布图形 $\rho(x,y)$ 的取值不同;

(2)对同一图形在经过平移、旋转及比例变化后,它的取值不变。它们是平移、旋转、变化三种变换的不变量,故被称作矩不变式。

图像的矩被用作特征进行识别,不断得到改进和扩展,出现了各种不变矩的形式,用它对飞机、舰船等进行识别,至今仍讨论不衰。这种方法的主要缺点是运算量很大。

6.4.2.5 Hough 变换

Hough 变换的原意为 xOy 平面上的一条直线,转换到另一平面上为一个点(图 6-8),将这一原理进行推广,如果打算寻求物体 A,可在 A 内任选定一点 α,然后在被识别像面上以物体轮廓上各点为 α 重画 A 轮廓线的全逆像(x、y 轴向双反射像)。显然,如果被识别物体就是 A,则所重画的各轮廓线都会在相应的 α 点位置上相交,该点取值最高。如果物体不是 A,则不会有这样一个集中点出现。

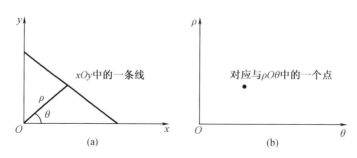

图 6-8 Hough 变换

Hough 变换方法似乎也是轮廓识别法,并且和模板法颇为相像,其实并不一样。它有如下特点:

(1)并不要求轮廓光滑,允许有断点,也可以不是轮廓,有抗噪声能力;

(2)计算次数比模板法少,经简化后更少;

(3)可以进行并行处理,现在有不少人在研究用专用并行处理机快速实现 Hough 变换问题。

6.4.2.6　直方图识别

只依据直方图进行目标识别,相当于统计中的分布检测,是非参量检测的一类,可以将其中很多方法应用过来,如秩检验科尔莫格洛夫 – 斯米尔诺夫检验等。这一方法简单易行,理论上讲,其效果可能不够理想,不过在某一具体场合下,效果还是不错的。

6.4.2.7　透视不变量

不变量作为特征量当然是最受欢迎的。前面讲的矩不变量是对平移、旋转及变化这三种变换不变的。然而,这三种变换在工业应用中(如机械零件识别)是最被研究人员关心的,但在导引系统应用中,最关心的变换为透视变换。对一个物体视点的不同,即视线方向(方位、高低)及远近的不同反映为透视变换。如果一个特征量是透视不变的,则不管对目标进攻方向及远近如何,均可直接使用。

在句法模式识别中,当目标轮廓线是由折线组成的时候,其链码可以是透视不变的。不过轮廓线不是折线或不完整时,就不能再用了。

一种基于平面点集合的透视不变描述方法对于基本上处于平面上的一组点,可以找出一组链码对它进行描述,点数越多,其唯一性越好。在点集中时,若由于噪声干扰增加或丢失几个点,依然能保持相当高的识别概率,则这种链码是透视不变的。这种透视不变特征码显然可以用于对处于地面上的大型结构(如飞机场、码头、军港等)的识别。

6.4.2.8　置信度计算

识别问题属于逻辑判断的范畴,因为识别后的捕获是一个是或非的决策工作。但在跟踪过程中,为了使用外推滤波技术,需要使用多帧目标位置信息,在有干扰或有遮挡情况下,不是每一帧信息都同样可靠和有价值,因此,要由识别环节给每帧中被跟踪物体一个"置信度",就是一个定量描述。这个量不难根据所用的识别方法来给定。不过此时所用的识别方法可以相当简单,甚至可以直接由跟踪算法给出。

6.4.3　目标跟踪

目标跟踪的工作过程大致有以下几步。

(1)在捕捉目标后,给出目标所在位置(x_0,y_0)及目标的大小信息。

(2)根据(x_0,y_0)值建立第一个跟踪窗,并在窗内计算下列数值:

①目标本帧位置(x_1,y_1);

②下帧窗口中心位置(xw_2,yw_2);

③下帧窗口大小值(Lw_2,Hw_2)。

（3）在第 i 帧（$i \geqslant 2$）窗口内计算：

①目标本帧位置（x_i, y_i）；

②根据前 k 帧目标位置信息（x_i, y_i）、（x_{i-1}, y_{i-1}）、$\cdots$、（x_{i-k-1}, y_{i-k-1}）及各帧相应的"置信度" η_i、$\cdots$、η_{i-k}，计算下帧窗口中心位置（xw_{i+1}, yw_{i+1}）；

③求窗口大小（Lw_{i+1}, Hw_{i+1}）。

目标跟踪的关键技术是跟踪算法。理论上讲,跟踪算法较多,如热点跟踪、形心跟踪、辐射中心跟踪、自适应窗跟踪、十字跟踪和相关跟踪等。红外成像自动导引系统对目标的跟踪属于自适应跟踪,即随着目标与导弹的相对变比,自适应地改变跟踪参数,以达到不丢失目标的目的。

目前自适应跟踪技术主要有下述几种方法。

6.4.3.1　自适应门限跟踪

设对比度算符（contract operator）为 CO,可取：

$$CO[f(x_i, y_i)] = \{A\}_p \ (p = 1, 2, \cdots, N)$$

式中　A——对比度检测的门限；

　　　　p——检测的次数。

所谓自适应就是自动地每次取不同的阈值,改善被跟踪目标的对比度,也称图像的自适应门限检测。

6.4.3.2　目标形体自适应跟踪

图像转入跟踪后,目标的形体是相关渐变的,相邻帧间的相关程度很大,其相关系数可写为

$$\gamma = \sum_{i=D}^{M-1} \sum_{j=0}^{N-1} f_0^{T-1}(x_i, y_i) \cdot f_s^{T-1}(x_i, y_i)$$

式中　T、$T-1$——不同帧的时刻。

当 $\gamma \geqslant 0.7$ 时,可以继续稳定跟踪目标；若 $\gamma < 0.7$,则自动转为搜索。这种方法抗干扰性好,可靠性强,是应用最广的方法。其实质是相关匹配方法的一种变形,但这种方法要求每次存储 1 帧或 2 帧的图像,要求的计算机存储量大,成本较高。

6.4.3.3　记忆外推跟踪

该技术是一种应急专用跟踪技术,国外很多型号的武器系统都应用它。当导弹对目标正常跟踪时,突然图像被遮挡而消失,而若干秒后又复出。按正常跟踪处理,则会丢失目标。记忆外推跟踪技术可以防止被跟踪目标的丢失。常用的记忆外推跟踪技术有微分线性拟合外推方法和卡尔曼滤波。

6.4.3.4　复合跟踪

为了能在复杂背景环境中工作,增强系统的自适应能力,系统可采用多种方式跟踪,即采用对比度跟踪、边缘跟踪、相关跟踪和动目标跟踪同时并行工作,如图 6-9 所示。

这种系统的缺点是：工作时尚须用切换方式选择能提供目标位置最佳估计的跟踪方式,且硬件设备较复杂、成本高,应用性较差。

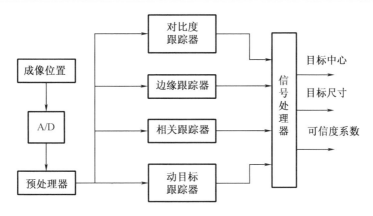

图6-9　多跟踪系统功能方框图

6.4.3.5　多特征跟踪

利用提取目标图像多种特征的方法实现跟踪,可以避免跟踪方式的切换,提高跟踪系统的可靠性。它可以利用对比度跟踪、边缘跟踪和相关跟踪三种方式同时并行工作,提取出不同的目标特征,组成并行处理系统。多特征跟踪系统功能框图如图6-10所示。

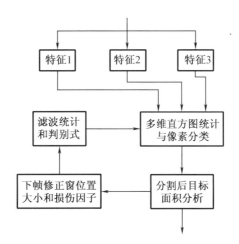

图6-10　多特征跟踪系统功能框图

该系统可以在复杂背景下对目标进行识别与跟踪,有很好的实用价值。计算机模拟实验结果表明,这种方法有效地改善了目标图像分割效果。根据该方法设计的工程样机目前正在研制和试验中,将用于精确制导武器中。美国新泽西州先进工艺实验室经过多年努力,研制出了多特征贝叶斯智能跟踪器(MFBIT),该跟踪器在功能上接近人的视觉思维。这种系统能在复杂背景下,特别是在低对比度时,甚至在目标部分被遮挡时正常跟踪目标;在目标短时间消失情况下,能重新探测目标。

MFBIT系统根据多维直方图,自动寻找在图像分类时选取的特征目标,并对多个被跟踪的目标进行优先加权处理,可以从多目标中选择出威胁最大的目标和选择目标瞄准点。它是一种很有应用前景的智能末制导系统。

6.5 典型直升机/无人机机载红外成像制导装备

6.5.1 AIM-9X"超级响尾蛇"空空导弹

"阿帕奇"的机载武器包括 AGM-114L 型"长弓-海法尔"空地导弹、AIM-9X 型"响尾蛇"空空导弹、Hydra 型 70 mm 航空火箭弹和 M230 型 30 mm 机炮。其中 AIM-9X 是采用了红外成像制导方式的第四代空空导弹,和其他红外成像系统相比,为适应空战的要求,其在光学与探测技术上有了新的改进和突破。图 6-11 是 AIM-9X 空空导弹的外形和基本结构示意图。

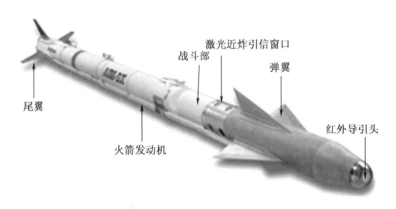

图 6-11 AIM-9X 空空导弹的外形和基本结构

如图 6-12 所示,AIM-9X 空空导弹导引头采用像增强红外焦平面阵,其离轴发射角达到 ±90°,并且其数字化控制系统可以选择攻击目标的薄弱部分,而不是像普通红外制导导弹那样直奔目标发热量最大的发动机尾喷口。AIM-9X 导弹的推进器和战斗部则未做过多改动,仍旧沿袭 AIM-9L 和 AIM-9M 导弹上的配备——MK36Mod11 火箭发动机、DSU-15A/B 激光近炸引信和 WAU-17/B 连续杆战斗部。

AIM-9X 采用蓝宝石材料的整流罩。与第三代红外空空导弹整流罩普遍采用的氟化镁材料相比,蓝宝石整流罩气动加热后的红外辐射更低,可以进一步降低探测背景噪声,扩大动态探测范围。蓝宝石极高的强度使得整流罩可以做得更薄,抗热冲击能力更高,雨蚀和风化对整流罩的影响也更小。

AIM-9X 位标器使用 128×128 元锑化铟(亦有说碲镉汞)凝视焦平面阵列,工作在 3~5 μm 波段,能够同时探测发动机尾喷口气流的红外辐射和飞机蒙皮的红外辐射,利用目标和背景之间微小的温差形成目标的热像,具有很高的灵敏度,因此探测距离很远。凝视焦平面配以小瞬时视场,可以获得高空间分辨率的红外图像,有利于提高目标的跟踪精度,同时也便于图像处理系统区分目标和各种干扰,提高红外抗干扰能力。在导弹与目标遭遇前的瞬间,还能够利用清晰的红外图像选择目标的要害部位进行攻击,从而提高对目标的杀伤概率。此外,AIM－9X 不再需要以往安装在 LAU－7 和 LAU－127 发射架上的制冷气瓶,而是采用新型的斯特林制冷器对光敏元件进行冷却,这种制冷器不需要外部的制冷剂,作战任务中没有时间限制,因此大大减轻了后勤负担,也消除了制冷系统的污染问题。同时,制冷器作为一个独立的制冷器件,节省了空间。

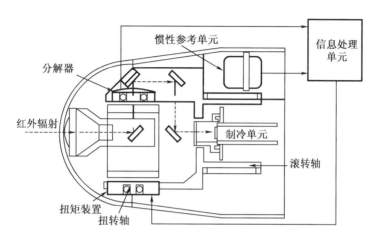

图 6－12　AIM－9X 导弹导引头内部结构示意图

AIM－9X 位标器采用了滚转/偏转二自由度稳定平台结构,偏转方向可以达到 ±90°,滚转范围则可以达到 0°～360°,很容易覆盖整个半球空间范围。由于这种结构比通常的三框架结构少了一个框架,位标器的体积和质量都明显减小,结构也更加简单,因此这种平台结构能同时满足近距格斗导弹对导引头体积小、质量小和离轴角大等多项要求。

在实际空战条件下,AIM－9X 导弹主要通过三种模式截获和攻击具有红外辐射特征的目标。一旦红外辐射源进入导引头的视野,电子装置将产生特定的音频信号,这时飞行员通过耳机就可以听到导弹已经截获目标的提示。

(1)第一种是直接瞄准引导模式。飞行员通过操纵飞机机动飞行,使雷达瞄准线直接锁住敌机,AIM－9X 导弹自然地指向目标。此时导引头的红外探测能量被转换成能够满足制导需要的电子信号,并一直跟踪目标直到受到寻的器万向支架的限制。

(2)第二种是"响尾蛇"扩展截获模式(SEAM)。当飞行员用机载火控雷达搜索目标时,AIM－9X 导弹的导引头随动于雷达瞄准线,一旦截获目标,导弹内的导引头联锁装置被打开,导弹开始持续地跟踪目标。

(3)第三种是头盔瞄准具引导模式。由于 AIM－9X 导弹的近距截击包线明显大于目前现役的任何一种空空导弹,飞行员可以通过移动头盔来引导其导引头瞄准大离轴角目标,而这一战术的关键是与 AIM－9X 导弹同步研制的联合头盔指示系统(JHMCS),它能够明显增强战斗机的空战能力。

6.5.2　Trigat－LR"崔格特"反坦克导弹

崔格特的远程型号——Trigat－LR 是法国、德国"虎"式武装直升机的标准装备,如图 6－

13 所示,Trigat - LR 采用正常式气动外形布局,4 片前缘后掠的大切梢三角形稳定弹翼位于弹体中部,4 片前缘后掠的控制舵面,位于弹体尾部。弹体呈圆柱形,头部呈半球形,弹体内部采用模块化舱段结构。

图 6 - 13　TRIGAT - LR 导弹外形图

弹翼和尾舵均为折叠式,装于发射筒时,沿弹体折叠;离开发射筒时,侧向展开。该发射筒采用玻璃纤维制成,既是导弹发射器,又是导弹贮存器和运输箱,图 6 - 14 显示了崔格特反坦克导弹的发射箱。

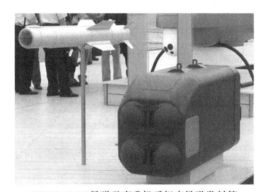

(a)TRIGAT-LR导弹及直升机反坦克导弹发射箱　　　(b)挂装TRIGAT-LR导弹虎式直升机

图 6 - 14　TRIGAT - LR

TRIGAT - LR 采用红外成像制导体制,安装有红外焦平面成像导引头,具备"发射后不管"的能力,可以在发射前锁定目标,也可以在发射后锁定目标,导弹发射完毕后,载机可以立即机动隐蔽,或继续进行下一次攻击。

如图 6 - 15 所示,使用 TRIGAT - LR 导弹攻击目标时,目标的探测、识别和确认可以由直升机瞄准具的一个或多个视场实施。目标指定由瞄准具上的标线压住并发出"锁定"指令,其结果是自动跟踪目标。在视场中可以同时判别多达 4 个目标。当射击员按压发射按钮时,使用瞄准具的信息自动进行导弹寻的头的对准(一枚导弹对准一个目标),锁定的目标被截获,每个导弹便自动爆炸。4 枚导弹对准 4 个目标,能在 8 秒钟之内完成截获、攻击任务。

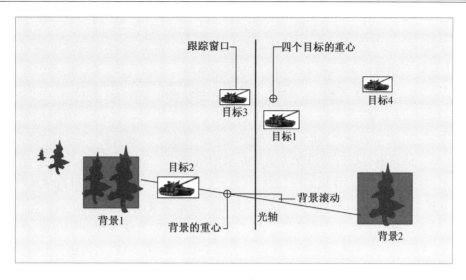

图 6 – 15　崔格特导弹的作战示意图

第7章　电视寻的制导原理

电视制导是利用电视摄像机作为制导系统的敏感元件,获得目标图像信息,形成控制信号,控制和导引导弹飞向目标的控制方式。一般军事干扰装备都是针对雷达及红外制导的,所以电视制导具有较好的抗干扰性能,可以达到较好的攻击目标的目的。

电视制导系统的出现可以追溯到二战时期,一直延续至今最早使用的电视体制制导(TV System Guided)武器是曾经在第二次世界大战中由德国研制并投入使用的 Hs 294D 型空地制导导弹。二战后,美俄等国都推出了其自成系列的电视制导武器系列。美国的 AGM - 54A"秃鹰"和 AGM - 65A/B"幼畜",俄罗斯的空地导弹 X - 59、X - 59M,及英法合作研制的"玛特尔"AJ168 空舰导弹等均采用了电视指令制导方式。

7.1　电视制导概述

7.1.1　电视制导的分类

从功能上分,电视制导分为全自动电视制导、人工装定电视制导和捕控指令电视制导。

全自动电视制导能对目标实行自动搜索、自动捕获和自动跟踪(即发射后不管)。这种制导方式不需人工参与,当导弹飞到目标区时,电视导引头自动开机。开机后电视导引头自动搜索目标,当电视摄像机的搜索范围内有目标时,导引头就自动捕获目标。一旦目标被捕到,导引头就由搜索状态转为自动跟踪状态。

人工装定电视制导,是在发射前导弹在发射平台上(这时导弹头已开始工作)先由人工参与,在人工参与下用波门将目标套住,然后发射导弹,导弹就自动跟踪与攻击被套住的目标,如 KAБ - 500PK 制导炸弹。这种导弹射程不太远,导引头的作用距离就是导弹的最大射程,如图 7 - 1 所示。

捕控指令电视制导是一种人工控制的导引方式,它较多用在机载导弹上,由飞机将导弹载到战区,然后由驾驶员将导弹发射出去。当导弹飞临目标区时,导引头开机搜索目标,同时,弹上的图像发射机将图像信号传输给载机。驾驶员从监视器观看图像。一旦发现图像中有目标,就向导弹发出停止搜索命令,导引头停止搜索,但仍对准目标,驾驶员移动波门套住目标,同时发出捕获指令和跟踪指令,导引头根据此指令以及自身的能力锁定目标,进而引导导弹飞向目标并摧毁它。捕控指令电视制导导弹工作示意图如图 7 - 2 所示。

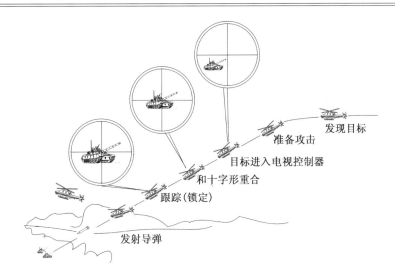

图7-1　人工装定电视制导

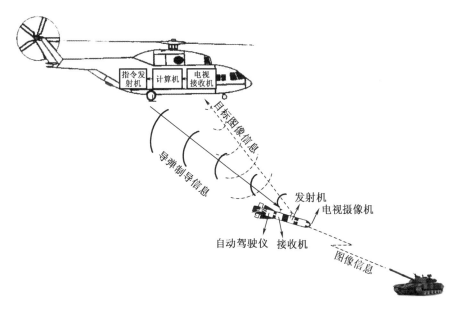

图7-2　捕控指令电视制导导弹工作示意图

其中,后两种制导方式是国内外各种制导武器的主要制导方式,因为有人工的参与,所以使技术的实现变得较为容易。但是它们也存在着作用距离近、反应速度慢、载体易受到攻击等缺点,因此全自动电视制导就成了各国竞相发展的方向。但技术的限制,使这种方式的应用范围受到了很大限制,因此全自动电视制导主要应用在面空导弹上(因为背景较为单纯,利于导弹截获目标)。

从跟踪体制上分,电视制导的跟踪方式包括:点跟踪、边缘跟踪、形心跟踪(含质心跟踪)、相关跟踪。

从制导武器类型分,电视制导包括:有电视制导炸弹、电视制导导弹、电视制导巡航导弹、电视制导反坦克导弹等。

7.1.2　电视制导系统的组成

电视制导系统一般由导引头、控制系统、舵机等组成,其中,导引头是制导系统的核心。

电视导引头的功用是在规定的工作环境(特定的目标背景,一定的光照,一定的振动、冲击条件,一定的温度、湿度条件和各种干扰)下,完成如下功能。

(1)在导弹飞行末段(接近目标),在武器系统指令机构控制下开机,并按预定程序进行搜索。

(2)对满足规定条件下的目标进行捕获,并发出捕获指令。

(3)对目标进行稳定地跟踪,使光轴实时对准目标,并向驾驶仪提供光轴与弹轴的角偏差值。

(4)当被跟踪的目标丢失后,应具有记忆功能。在记忆时间内出现目标,系统应正常工作,当目标丢失超过记忆时间后,电视导引头重新搜索并再次捕获跟踪目标。

(5)根据导弹武器系统对电视导引头的要求,还应具有其他功能。

导引头一般由电视摄像机、信号提取装置、电视图像跟踪装置、光学系统、伺服系统等五个部分组成。

(1)电视摄像机是导引头的敏感单元,其作用是实现光电转换,为系统提供表征背景与目标信息的视频信号。

(2)信号提取装置的作用是对电视信号进行处理和加工(变换),从干扰和噪声中把有用的信号提出来。

(3)电视图像跟踪系统用来对目标图像进行搜索、捕获和跟踪。

(4)光学系统是电视导引头的重要组成部分。视场中的目标和背景图像,通过光学系统传递和成像在电视摄像管的靶面上,由摄像管转换成全电视信号。全电视信号经过图像识别和图像处理,获得目标位置偏差信号。根据位置偏差信号,通过伺服机构实现电视导引头的自动搜索和自动跟踪。光学系统是电视导引头第一个工作部分,它的设计合理性、工作可靠性、成像质量、图像清晰度和失真大小,将直接影响系统其他部分的工作。

电视导引头对目标的搜索、跟踪是通过光学系统实现的。光学系统的搜索方式主要有以下三种。

①摄像机直接对目标视场搜索。

②摄像机固定安装在弹体上,通过棱镜转动实现对目标视场的搜索。

③摄像机固定安装在弹体上,通过平面镜转动实现对目标视场的搜索。

电视导引头光学系统的工作原理如图 7-3 所示。

目标光线穿过球形光学玻璃罩 1 照射到转动平面镜 3 上,经过转动平面镜 3 反射到固定平面镜 4 上,再经过固定平面镜 4 的反射,进入摄像机光学镜头 5,目标图像由光学镜头 5 成像在摄像管靶面 6 上,从而实现了目标图像的传递和成像功能。

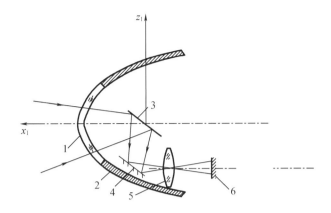

1—球形光学玻璃罩;2—导引头壳体;3—转动平面镜;4—固定平面镜;5—光学镜头;6—摄像管靶面。

图 7 - 3　电视导引头光学系统

电视导引头光学系统是采用由光学玻璃罩、转动平面镜、固定平面镜和光学镜头等构成的双平面镜光学系统,实现航向搜索、航向跟踪和俯仰稳定。光学镜头和固定平面镜固定安装在弹体上,转动平面镜能绕航向轴(Y_1轴)和俯仰轴(Z_1轴)转动。当转动平面镜绕航向轴(Y_1轴,即地垂线轴)转动时,可以实现航向搜索和航向跟踪;当转动平面镜绕俯仰轴转动时,可以实现俯仰稳定(或者俯仰跟踪)。转动平面镜的回转中心应与球形光学玻璃罩的球心重合,以便减小球形光学玻璃罩引起的图像失真。

(5)伺服系统是电视导引头搜索、跟踪目标的执行机构和稳定机构,它由角度伺服系统、俯仰稳定机构、滚动稳定机构、照度自动控制装置、焦距自动调整装置等五部分组成。

在电视导引头中,实现搜索和跟踪目标的机械装置是电视摄像机镜头或前面的双平面镜光学系统。所以伺服系统的控制对象也就是这两部分。

在电视导引头中,角度伺服系统的任务是计算出目标距光轴的偏移量,此偏差信号加到执行机构,经负反馈控制,使摄像机光轴对准目标;由于摄像机的视场角很小,弹体稍有扰动引起导弹低头或抬头,都会造成目标移出视场以外,俯仰稳定机构的作用就是来抵消弹体扰动造成的影响;当弹体滚动时,电视导引头的摄像机也必然发生滚动,从而造成目标在摄像管中的图像倾斜,这会影响正常的目标识别,此时可以利用滚动稳定机构来消除弹体滚动对正常跟踪造成的影响;光圈自动调整系统可以随时调整光圈大小,用来消除弹体飞行中照度小范围不断变化带来的影响;而自动调焦装置可以解决目标成像尺寸近大远小的问题,保证所需目标能够在远近不同的范围内都能完整成像在靶面上。

电视制导系统的控制方式大致可以分为连续控制和不连续控制两大类。连续控制又叫做模拟控制或线性控制;不连续控制又叫做继电式控制或数字式控制。连续控制从驱动形式上分又有电动、气动、液压等方式。液压伺服系统多用在大型精密跟踪雷达中。在要求体积小、质量小的导弹的导引头中,则多采用直流电机、力矩电机、无槽电机等驱动方式。相应的敏感元件、控制元件和控制线路也各有相应的形式。不连续控制的系统又可分为有触点式和无触点式的继电系统两种。有触点式继电系统是通过机械开关的闭合和断开来实现断续控制的;而无触点式继电系统是通过电子线路的导通和截止、电位的高与低来实现断续控制的。

电视导引头的 5 种伺服系统都是自成回路的自动控制系统,一般都可以采用数字控制方式。除了角度伺服系统功能较多、速度和精度要求较高、线路复杂外,其余几种都可以采用省掉模数和数模转换的结构简单、调整方便的数字伺服系统。

7.1.3 电视制导的原理

电视制导是在导弹发射前或飞行过程中,导引头中的电视摄像机开机并搜索、捕获、跟踪、锁定目标,同时利用导引头敏感的俯仰、航向和倾斜误差角,送出误差电压控制弹体按预定的方向飞向目标,并使目标位于视场内,利于下阶段对目标的截获。在此阶段由计算机控制光学系统进行探索,同时视频图像经降噪、图像数字化、增强等预处理后送二维像到计算机,自动识别出目标。计算机计算出目标中心相对于视轴中心的角偏差,一路送往伺服随动系统,控制导引头实现对目标的实时闭环跟踪,另一路送往自动驾驶仪,通过舵机伺服系统控制舵机,引导导弹自动飞向目标,直至命中目标,如图 7-4 所示。

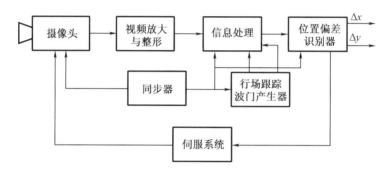

图 7-4 电视导引头跟踪原理框图

导引头误差信号的形成原理如下。

电视的扫描过程是由扫描线圈控制摄像管的电子束做水平(行扫描)和垂直(场扫描)扫描而完成的。由于行、场扫描的时间是严格规定的,因此,其扫描参数是已知的。外界视场内的目标和背景(三维图像)的光能,经大气传输进入镜头聚焦,成像在摄像管靶面上(二维图像)。目标和背景的光能反差不同,在靶面上形成不同的电位起伏,通过扫描将电位抹平,此时靶面输出与抹平电位成比例的视频信号电流(一维时间 t 的函数)。上述过程称为光电转换,即把光信号变成电信号。如果把行、场扫描正程的中心作为零点,那么由目标形成的行、场视频信号相对于行、场正程中心出现的时间,就可确定目标的水平位置偏差 $\pm \Delta X$ 和俯仰位置偏差 $\pm \Delta Y$。测量位置偏差的任务是由视频跟踪处理器中的误差鉴别器自动完成的,鉴别器把测得相对扫描正程零点(也称光轴)的位置偏差变成误差电压(或数字信号)。该信号加于伺服系统,经多次负反馈控制,迅速地使电视导引头的光轴对准目标,达到对目标的跟踪。

7.1.4 电视制导的特点

由于电视导引头利用的是可见光,所以它的分辨率高、制导精度高,但只能在白天或能见度较好的条件下使用。

电视导引头具有下列优点。

(1)由于电视导引头是成像系统,宜采用图像处理技术;

(2)抗电磁干扰,因其原理是被动地检测目标与背景光能的反差,所以电磁波对系统不起干扰;

(3)跟踪精度高,此特点是由光学系统本身的性能决定的;

(4)体积小、质量小;

(5)可在低仰角下工作,不产生多路径效应。

电视导引头具有下列缺点。

(1)只能在良好的能见度下工作,不是全天候的武器系统;

(2)易受强光和烟雾弹的干扰,如强光可烧毁摄像管靶面或使其成为一片白色,使电视导引头失去效能;

(3)为防止光学器件发霉、长斑,对使用和存放的环境条件要求高。

电视导引头的上述缺点,决定了它在武器系统应用中受到了很大的限制,远不如雷达和红外导引头的应用广泛。

7.2 电视摄像机

7.2.1 电视摄像机的工作原理

电视摄像机是电视导引头的敏感探测单元,位于弹头的前部,实现系统的光电转换功能,为系统提供表征外界背景与目标信息的视频信号。目前,电视寻的制导中的摄像机大部分采用标准电视体制,因而这里主要论述标准体制电视摄像机。

电视导引头中的摄像机由光学镜头、光电转换器件、视频放大处理电路、同步器、扫描或驱动电路、输出电路、光圈及焦距控制电路、保护电路、电源等组成,如图7-5所示。

外界景物(背景及目标)通过电视导引头的光学机构成像在光电转换器件上,如电视摄像管通过靶的光电转换和电子束的扫描,输出相应的信号电流。信号电流经预放器、视频放大处理器放大整形后,输出表征外界景物灰度特征的全电视信号。

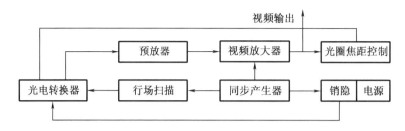

图 7-5　电视摄像机的组成

预放器是将电视摄像管输出的微弱信号电流进行预放大,使之成为具有一定幅度的视频信号,以供视频放大器、视频处理器做进一步整形放大。预放器是一个高增益、低噪声、宽频带的放大器。

视频放大器将预放器输出的视频信号进一步放大、整形,混入消隐和同步信号,并进行钳位处理后,输出到信号处理机和通用电视设备,作目标信号提取处理和监视、记录用,其主要部分与通用电视设备相同。

电视导引头系统中的同步器,也称电视信号发生器,它产生行、场同步信号,该信号也作为电视导引头的时间基准。行、场同步信号加到行、场扫描电路中作为触发同步脉冲。行、场扫描电路产生线性的行、场锯齿波电流分别供给行、场偏转线圈作电子束扫描用。在电子束回扫期间,由复合同步信号在消隐电路中产生消隐脉冲,加到摄像管阴极上。电子束在消隐期间的电平作为图像信号的黑电平,通过整形后,在消隐期间混入复合同步,形成全电视信号。

电视导引头中摄像机的三大要素是光学系统、光电转换器件和电子线路。光学系统中除成像机构外还包括一系列控制系统,如光圈控制和变焦控制。由于电视导引头在工作时是由远及近飞向目标的,为了能为图像处理提供目标图像大小变化不超过一定范围的视频信号,可采取变焦镜头及与距离变化相匹配的变焦控制系统。

7.2.2　电视摄像机的分类及特性

电视导引头中的电视摄像机按所用光电转换器件的不同分为两大类:电视摄像管摄像机和 CCD 固体摄像机。CCD 摄像机具有体积小、质量小、抗振动、冲击能力强、无灼伤、无图像失真、惰性低、启动快、寿命长、价格低等特点。因此,近年来它有逐步取代电视摄像管摄像机的趋势,但从目前在各领域实际使用的摄像机来看,摄像管摄像机仍占相当大的比例。在军事领域,尤其在目前投入使用的各武器系统中,摄像管摄像机在电视寻的制导系统中仍占主导地位。

在电视寻的制导系统中,电视摄像管摄像机所使用的摄像管主要是光导摄像管和微光摄像管。光导摄像管的灵敏度能满足白天室外或在一定灯光环境下的工作要求,但在夜晚就无法正常工作了。对于电视导引头来讲,由于战场任务的需要,希望导引头在使用中能够不受外界光照的制约,在月光和星光下也能正常工作,这就需要利用微光摄像器件的微光摄像管。微光摄像管有两大类:一类是在光导摄像管中增加图像增强器,图像增强器与光导管之间可以利用转接透镜耦合,也可以利用纤维光导板耦合;另一类是二次导电摄像管,利用提高靶增益的方法来提高摄像管的灵敏度。另外还可把二次导电管与图像增强器耦合在一起构成超高灵敏度摄像管。微光摄像管虽然灵敏度极高,但其分辨力和信噪比却很低,且体积较大、电源复杂,因此目前还没有达到在电视导引头中使用的阶段。

CCD 固体摄像机利用电荷耦合器件作为光电敏感元件。CCD 是电荷耦合器件英文名称 charge coupled device 的缩写,它是一种大规模集成电路。按照 CCD 器件内的电荷转移方式划分,CCD 器件分成三种类型:帧转移方式(FT – CCD)、行间转移方式(IT – CCD)和帧行间转移方式(FIT – CCD)。但是,由于 FT – CCD 具有片子大、容易产生垂直拖尾等缺点,现在大部分 CCD 摄像器件都属于 IT – CCD。而 FIT – CCD 是 FT – CCD 和 IT – CCD 的复合型,属于第二代 CCD 器件,它具有 FT – CCD 和 IT – CCD 的双重优点,从而克服了它们各自的缺点。

CCD 摄像器件按像元排列方式又可分为线阵 CCD 和面阵 CCD。线阵 CCD 摄像器件为水平排列的一行像素,它主要用于本身具有纵向扫描功能的设备,如对地观测卫星。在电视导引头中,主要使用面阵 CCD 摄像器件,在对角线尺寸为 1/2 in(1.27 cm)或 2/3 in(1.68 cm)的矩形范围内,有规律地排着 CCD 像元矩阵。

7.3　信　号　提　取

电视导引头信号处理的特点是信息量大、实时性强。由于电视导引头战术技术指标不同,使用的环境不同,被攻击的目标种类不同,故其信号提取的方法也不同。如何对全电视信号进行处理和加工(变换),如何从干扰和噪声中把有用的信号提出来,既是理论问题,也是实践问题,必须紧密联系工程实际加以考虑。

7.3.1　模拟信号提取方法

模拟信号提取是在电视导引头发展的初始阶段广泛采用的方法,如:波门跟踪法、背景电平抵消法、抑制低频干扰法、门限电平切割法、信号增强处理法等。

7.3.1.1　波门跟踪法

波门跟踪法也称空间滤波法,其原理是电视导引头产生一个行、场合成门,将目标套住,并随目标运动而运动。在这种方法中信号处理系统只处理波门内的信号和背景,而波门外的背景和干扰的影响被排除。由于这种方法处理的信息量大大减少,使系统的快速性明显提高。该方法的关键是波门自动搜索和自动跟踪问题。其原理如图 7 – 6 所示。

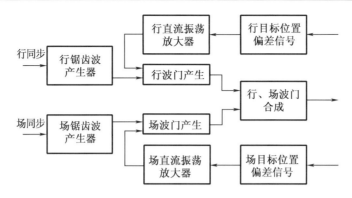

图 7 – 6 波门跟踪的原理框图

从图 7 – 6 可知,行直流振荡放大器在行锯齿波的正程时,产生一随时间变化的直流电压;此直流电压与行锯齿波的正程进行比较,时间不同则比较的位置不同,输出的比较电压大小也不同。把比较点的信号进行微分,并用微分脉冲去触发一个单稳态,形成一个固定宽度的脉冲,这就是行波门。同理可形成一个场波门。行、场波门合成后,形成一个行场复合门,加入系统中即形成搜索波门。当系统处于跟踪状态时,行、场直流振荡放大器成为直流积分放大器,放大器输入的直流电压不同,积分出来的直流电压也就不同,这样形成的行场波门随目标的位置变化而变化,使波门始终套住目标。

7.3.1.2 背景电平抵消法(低通滤波法)

通常在全电视信号中,反映背景平均亮度的电平称为背景电平。目标信号和干扰信号都在其电平上变化。假如规定暗目标产生的视频信号为负值(下跳)而亮目标产生的视频信号为正值(上升),由于目标信号叠加在背景电平之上,背景电平起伏变化,直接影响到信号的提取。为消除上述影响,通常采用背景电平抵消方式。

将全电视信号分为两路:一路送放大器并延迟一个时间后送相减电路;另一路经放大器低通滤波器,把背景电平取出来,送相减电路,相减后把背景电平抵消,其原理如图 7 – 7 所示。背景电平自动抵消法在电视信号的提取中应用广泛,如处理得当,可起到信号增强的效果。使用该方法应注意两点:两级放大器的增益要调到一致;延迟时间与背景跟踪的延迟相一致,才能收到抵消的良好效果。

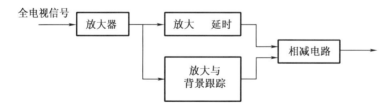

图 7 – 7 背景电平自动抵消原理框图

7.3.1.3 抑制低频干扰法(钳位法)

钳位的方法较多,通常采用两种方法:以背景为基准对目标信号进行钳位;以目标为基准对背景进行钳位处理,其原理框图如图 7-8 所示。从原理框图中可以看出,该电路是以选择波门前沿脉冲作为钳位脉冲,实现以背景为基准对视频信号进行钳位。由于波门是跟踪波门,以前沿为基点,保证钳位的基准选在目标区的周围,可以消除远处背景不均匀对信号提取产生的影响。上述抑制低频干扰的原理不仅抑制了干扰,而且还能消除背景不均匀产生的影响。

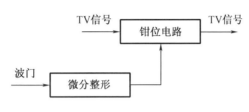

图 7-8　抑制低频干扰原理框图

7.3.1.4　门限电平切割法

门限电平切割法是在信号提取单元设立一门限电压,当目标信号幅度值超过门限电压时,信号通过;当目标信号幅度值低于门限电压时,信号通不过,用此方式反映目标信号的有无。门限电平切割法包括固定门限电压切割法和自适应门限电平切割法。固定门限电压切割法是早期电视导引头常采用的方法,该方法通过大量试验,从数据统计中找出电压值,作为门限电压。它的缺点是不能同时兼顾目标远信号幅度值小以及目标近信号幅度值大这两种情况的要求,为了解决这一问题,人们提出了自适应门限电平切割法。该方法通过选取目标信号的峰值作为门限电平,来保证门限电平随目标信号幅度值大小而变化,从而达到自适应的目的。图 7-9 给出了自适应门限电平切割法的原理框图。

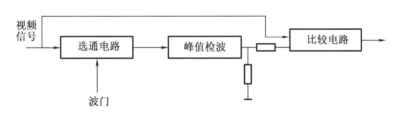

图 7-9　自适应门限电平切割原理框图

由图 7-9 可知,经选通门输出的视频信号,再经峰值检波后,把信号检测出来,经分压降至一定比例后加到比较器输入端,比较器的另一端输入视频信号,峰值电压与视频信号相比较,输出一信号电压,该电压就是所要提取的目标信号电压或是干扰电压。

7.3.1.5　信号增强处理法

当目标位于远距离处时,目标形成的视频信号幅度小,边缘不清,信号提取困难。对信号采取增强处理和勾边处理可以提高目标信号的幅度和边缘的清晰度。信号增强处理方法有对比度增强处理法和微分增强处理法两种,此处不做详细叙述。

7.3.2 数字图像信号提取方法

全电视信号经平移、放大和取样处理后,转换成数字图像阵列。在电视导引头中,数字图像提取的目的是抑制噪声干扰,将目标图像从其所在背景中分离出来,以便识别、捕获和跟踪。数字图像信号处理的内容包括数字平滑、灰度门限训练及分割、目标图像边缘检测、目标图像识别和捕获等。

7.3.2.1 数字图像平滑

取样后数字图像阵列有可能存在着噪声干扰,其表现形式常为孤立像素的离散性变化不是空间相关的,这种现象是许多清除噪声干扰的基础。邻域平均法对数字图像平滑来说是一种简单的空域技术。

设图像 $R(x,y)$ 的灰度像素阵列为 $M \times N$,邻域平均法在图像 $R(x,y)$ 平滑处理后,产生一幅平滑图像 $G(x,y)$ 在平滑图像 $G(x,y)$ 中,每个 (x,y) 点的灰度值是由以 (x,y) 为中心的 n 个邻域像素灰度值的平均值来确定的。平滑图像表示为

$$G(x,y) = \frac{1}{M} \sum_{(n,m) \in s} r(n,m) \qquad (7-1)$$

式中　　x——$0,1,2,\cdots,N-1$;

　　　　y——$0,1,2,\cdots,N-1$;

　　　　s——(x,y) 点邻域中点的坐标不包括 (x,y) 点的集合;

　　　　M——集合 s 内坐标点的总数。

7.3.2.2 灰度门限训练及分割处理法

电视导引头图像跟踪器要想识别、捕获和跟踪不同类型的目标,首先应将目标图像完整地从背景中分离出来,可用灰度门限训练及分割处理来实现。灰度门限训练是确定灰度门限阈值,图像分割的基本依据是灰度直方图。

确定灰度门限的方法有很多,如对于图 7-10 所示的目标图像灰度直方图而言就有贝叶斯统计法、内插法、灰度门限极值法等。图 7-11 所示为灰度门限训练窗口,训练窗口应尽可能地包含场图像中背景区域的变化范围。以训练出来的灰度值作为灰度图像分割的门限,分割原则是凡是灰度小于灰度门限的诸像素灰度值均变成 1 值,反之,则变成 0 值。此后就可以利用目标图像判别器将目标从背景中完整分离出来。

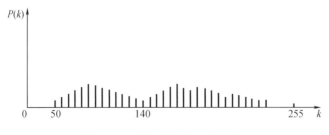

图 7-10　目标图像灰度直方图

图 7 - 11　灰度门限训练窗口

7.3.2.3　目标图像边缘检测

灰度图像的边缘点检测算法较多,经常使用的检测算法是拉普拉斯算法、罗伯茨算法、索贝尔算法及沃尔斯算法等。对于二值图像来说,其边缘检测算法较为简单。二值图像的特点是背景区域像素灰度全为 0 值,目标图像区域像素灰度全为 1 值。于是在二值图像阵列的每一行两相邻像素若其值全为 0 或全为 1,则表明无边缘点存在,这可用连续的差分运算求得,检测水平方向边缘点的差分算式为

$$G(j,k) = R(j,k) - R(j,k+1) \tag{7-2}$$

检测垂直方向边缘点的差分算式为

$$G(j,k) = R(j,k) - R(j+1,k) \tag{7-3}$$

依据二值目标图像区域边缘点的坐标位置,可逐行逐列计算出目标区域的投影形状,所谓行(列)投影是指同一行(列)上,灰度值为 1 的像素个数。设二值目标图像区域为 $k \times l$ 布尔矩阵 s,则 s 矩阵的行列投影分别为

$$r_i = \sum_{i=1}^{l} s_{ij} \tag{7-4}$$

$$c_j = \sum_{j=1}^{l} s_{ij} \tag{7-5}$$

7.3.2.4　截获目标行数的选择

截获目标行数,通常指电视导引头搜索到目标时,当电视扫描线扫到的目标行数大于等于截获目标行数时,就判定为目标。判定有目标后,系统就由搜索状态转换为跟踪状态,这是决定电视导引头作用距离的重要参数,又是抗干扰的重要措施。在目标尺寸一定,摄像机镜头焦距一定,视频放大器性能、气象条件一定的情况下,电视跟踪系统的作用距离主要由截获行数决定。系统的截获行数选择得越多,作用距离就越近;行数选得少,系统的作用距离提高,但易受干扰。一般情况下,选择 4 ~ 5 行较为合适。当然要看目标尺寸,特别是目标高度;另一方面要考虑到抗干扰,例如视场近前方突然有鸟飞过时可导致系统误跟踪。为解决这一问题,除加行数判别外,还要增设两场判别,即第一场满足行数判别要求,第二场也要满足行数要求后,电视导引头才能从搜索状态转入跟踪状态。这样就提高了抗干扰能力,使系统稳妥可靠。

7.4 电视图像跟踪

电视导引头目标图像跟踪系统用来对目标图像进行搜索、捕获和跟踪。在电视导引头图像跟踪系统中,TV 摄像机实时地摄取(包括目标图像在内)景物空间图像,系统经过一系列的分析和处理后,逐场或逐帧计算出目标图像形心或矩心及相关匹配点坐标相对于光轴坐标原点的偏离量并逐场或逐帧输送伺服系统。伺服系统依据输送来的偏离量驱动摄像机使光轴向目标方向运动,消除偏离量,使摄像机始终对准目标以实现对目标的跟踪。

7.4.1 目标图像识别

目标图像识别是目标图像捕获的重要组成部分,也是模式识别技术领域中最困难的一个环节。目标图像识别是一门较强的工程技术,直接影响到目标捕获成功与否,也影响到图像跟踪系统的可行性、经济性和实时性。

7.4.1.1 目标图像特征提取

目标图像识别由两个部分组成:目标图像特征参量的提取及其分类判别。其中最困难的环节是目标图像特征参量的提取。通常要求所提取出来的特征参量应具有典型的代表性和唯一性,并且在目标图像平移、旋转和比例变化时保持不变。然而,时至今日,特征提取还是依靠人的经验,远远没有形成定理或法则。而在有些情况下,往往是比较简单的技术却能取得好的结果,因此,可以说目标图像识别是一门理论、经验和技巧相结合的技术。目标图像特征提取的方法主要有傅里叶描绘子、矩描绘子、拓扑描绘子、结构描绘子、目标图像区域形状特征法、模板匹配法、形状投影法等。

设目标图像区域边缘点的个数为 N,可将目标图像区域看作一个复数平面,其中 y 轴为虚轴,z 轴为实轴,那么每个像素点的坐标(x,y)可变为复数 $z+jy$。从边缘上的任何一点开始,沿此边缘追迹一周,可产生一个复数序列。该复数序列就是目标图像边缘轮廓的傅里叶描绘子。傅里叶描绘子是一种分类判别不同类型目标形状的方法。矩描绘子是描绘目标图像区域形状特征的一种方法。用该算子描绘的形状特征不受目标图像平移、旋转和形状比例变化的影响或影响较小,但它在实际应用中计算量较大,易受噪声干扰,有形状畸变时更是如此。

拓扑描绘子主要描绘目标图像区域孔洞个数和连接部分的个数。拓扑特性不受目标图像形变的影响,也不受目标图像距离变化的影响。

结构描绘子使用目标图像区域的线段的长度、线段之间的夹角、区域灰度特性、区域形状和区域面积等特征来描绘目标图像区域特征。

时空区域形状特征法是利用描绘目标图像区域形状特征参数、周长和面积,以及由此计算出的薄度系数来表征目标形状区域特征。

模板匹配法的基本原理是,预先建立一个模板库或弹性模板并将其存放在存储器中,然后将其与输入未知模式进行比较,依据预定的匹配准则或相似准则对比较结果进行判断,以达到分类的目的。模板匹配法的特点是较为直观、简洁。形状投影法的依据是二值矩阵投影理论,若二值目标图像区域无孔洞且为凸形,则两组正交投影可唯一地确定出二值目标图像的形状与特征。

7.4.1.2　目标图像分类判别

目标图像分类判别的方法很多,常用的分类方法是 MANHAT – TA 距离法和最小距离判别法等。距离函数反映了对象间接近或远离的程度,它是对象间相邻性的一种量度。因此距离大小则相应于不相似性大小。距离等于 0 表示对象间没有不相似,即完全相似,距离很大表示对象间很不相似。距离分类法便是依据此原理得来的。

7.4.2　目标图像捕获

在电视导引头图像跟踪器中,目标图像可以人工锁定,也可以自动地捕获。从导引头发展趋势来看,自动地捕获目标为好。自动地捕获目标可使武器系统成为"发射后不管",即武器系统自动地捕获和跟踪目标及自动地选择瞄准点直至命中目标。因此,可以说,目标图像自动地捕获在电视导引头中占据相当重要地位。

目标图像捕获包含目标图像识别或者判别以及定位两项内容。目标图像自动地捕获包含目标捕获及转入跟踪状态等内容,而人工锁定目标系指用人工对目标图像进行锁定(用窗口套住)并转入跟踪。可以这样说,目标图像捕获的基础是目标图像识别。目标图像定位系指确定目标图像在光轴坐标系中的位置,即确定目标图像区域所处的行坐标和列坐标。

目标捕获时间长短取决于捕获视场大小、识别算法难易程度及计算机指令周期。目标图像捕获过程通常是先输入一场图像,然后经过滤波、灰度门限训练及分割等处理,将目标图像从背景中分离出来。对分离出来的目标图像进行特征参量提取和分类判别,以确定视场内目标的种类及类别。在单目标捕获时,可以对分离出来的目标直接定位,跟踪到一定距离再识别;也可以先识别出目标种类然后再捕获。在多目标捕获时,应该先识别出目标图像种类或类别,然后进行捕获。

在目标图像捕获中,耗时最多的是目标图像识别。在捕获期间,跟踪系统处于等待状态。因目标在不断地运动,故目标图像位置在不断地变化着。如果仍然按照第一场输入图像位置中的目标图像位置去定位,定位将不准确,上下左右偏离现象都会发生。当目标运动速度极快,且距离又比较近(如 500 m)时,目标图像也有可能超出捕获视场,致捕获不到目标。为了避免这些情况的发生,最好的办法是简化目标图像识别算法及缩短计算机指令周期,从而加速捕获速度。另一种方法是在第一次捕获基础上进行再次捕获。再次捕获的含义是,对在第一次捕获时已确定目标图像的位置进行校正,重新形成一个捕获区,在这个区域再次进行捕获。校正量大小不仅取决于目标运动速度、目标距离、目标尺寸大小及摄像机焦距等,而且还取决于捕获视场大小和捕获时间的快慢。一般来说,捕获时间越短,目标距离越远,运动速度越低,则校正量越小,再次捕获区域就越小。相反,捕获时间越长,目标距离越近,运动速度越快,则校正时间越大,再次捕获区域也越大。究竟校正量多大为好,应将摄像机焦距、目标运动速度、目标距离及捕获时间等参数具体计算后方能确定。

当目标张角大小为一定值时,则扫过这个目标的扫描线为一确定值。目标图像的行数和列数越多,捕获这个目标的概率就越大。约翰斯顿(Johnston)经试验得到的结论是:当捕获概率为50%时,目标图像的行数应为 4±1 行;当捕获概率为90%时,目标图像的行数应为 6±1 行。因此,可以这样说,捕获目标时,其最小行数不能小于 3 行,最佳捕获目标图像为 5 行到 7 行,小于这个最佳行数时,捕获概率相当低。

7.4.3 电视图像跟踪器

不同体制图像跟踪器的功能基本相同,其系统结构组成既有相似之处又有不同之处。相关跟踪器是利用灰度模板图像与输入灰度图像逐场进行相关匹配,计算相关匹配点的位置;形心跟踪器是计算目标图像形心位置;而边缘跟踪器是计算目标图像边缘点的位置,这是三种跟踪的不同之处。与此相适应,跟踪器的结构也有所不同。在形心和边缘图像跟踪器系统中,设置有灰度门限训练及分割电路、行投影电路和边缘检测电路,而在相关图像跟踪器中设置有 MAD 相关器。下面简要地介绍一种目标图像形心跟踪器。

形心跟踪的基本过程是一幅图像经过灰度门限训练及分割处理后,转换成一幅二值图像,其中目标图像区域为全1,背景区域诸像素值为全0。为实现目标图像的实时识别、捕获和跟踪,常要计算出目标图像形状投影参量。依据计算投影位置坐标形心的跟踪器应逐场计算出偏离量值,并逐场送往伺服系统。伺服系统依据输送来的偏离量驱动摄像机使光轴向目标图像形心运动,消除偏离量,从而使摄像机始终对准目标图像的形心。形心跟踪适用于跟踪在天水线上航行的舰船,在天空中飞行的飞机、武装直升机和导弹目标等。

7.4.3.1 形心跟踪器组成

形心跟踪器由 CCD 摄像机、时钟脉冲发生电路、平移和放大电路、取样电路、行场同步分离电路、送显合成电路、窗口电路、中值滤波电路、灰度门限训练及分割电路、行投影电路、边缘检测电路、TMS32020 处理机及伺服系统等组成,如图 7-12 所示。

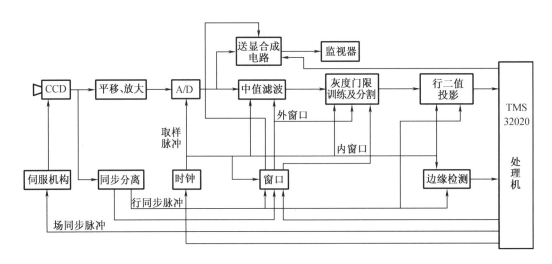

图 7-12 形心跟踪器原理框图

7.4.3.2　形心跟踪器工作原理

CCD 摄像机逐场摄取景物图像输出全电视信号,经平移和放大电路处理后,将同步信号平移掉,放大器将视频图像信号进行放大。A/D 转换器在取样脉冲控制下,逐行进行取样获得数字图像阵列,D 数字图像经中值滤波处理后,消除了噪声影响。灰度门限训练电路按照预定训练区域,以取样速率逐个像素进行比较判别;找出训练区域内背景灰度范围的极小值和极大值,并以此作为灰度阈值门限。分割电路以灰度门限阈值作为分割的灰度门限,将目标图像从背景中分离出来,转换为二值图像或半灰度图像。行二值投影器逐行累计目标图像区域像素值为 1 的像素个数,边缘检测电路逐个像素地检测目标图像的边缘点,并输入到 TMS32020 处理机的图像存储器中。TMS32020 处理机依据输入目标图像的边缘点坐标位置计算出目标图像区域形状投影参数,并与预先存放的目标图像区域模板形状参数按规定的分类准则进行分类判别,以实现对目标图像的识别和捕获。

捕获目标图像后,计算出目标图像区域形心位置(光轴坐标)与光轴坐标原点的偏离量,并传到伺服系统,此时系统由捕获状态转入跟踪状态。

在跟踪状态中,TMS32020 处理机按跟踪算法逐场检测目标是否在跟踪视场内,若目标在跟踪视场内则逐场计算目标图像区域位置和形心位置,逐场送偏离量到伺服系统,逐场更新模板形状参量,逐场预置下一场目标图像区域窗口参数。若目标图像不在跟踪视场内,则系统处于记忆跟踪状态。在记忆跟踪状态中,模板形状参量保持不变,窗口大小保持不变,但需要逐场送偏离量到伺服系统。在预定的记忆跟踪时间内,若检测门限小于预定的检测门限,则表明目标图像仍在跟踪视场内,此时系统转入正常跟踪状态。若在预定的记忆时间内,检测门限始终大于预定的检测门限,则表明目标图像已不在跟踪视场之内,此时系统转入重新捕获状态。

7.5　典型电视寻的器

7.5.1　采用电视摄像管的电视寻的器

"幼雏"空对地导弹(AGM - 65B Maverick)是美国研制的一种战术空对地导弹。是由美国休斯敦公司和雷锡恩公司共同研制的一种防区外发射的空地武器,1969 年开始改进,1975 年进入美国空军服役,1978 年停产,总共生产 10 000 多枚。其主要改进之处是采用景象放大导引头,改进陀螺环架和电子线路,电子摄像管改用新的透镜系统,将视场从 AGM - 65A 型的 5°缩小到 2.5°,座舱显示器上的目标图像大而清晰,飞行员能在较远的距离上使导引头锁定目标,减少载机在敌防空火力区内的停留时间,增强了防区外攻击能力,图 7 - 13 为"幼雏"空对地导弹。

图 7-13 "幼维"空对地导弹

图 7-14 是"幼畜"早期电视跟踪器的框图。电视摄像机光学系统接收的能量在成像传感器上形成图像,其输出电路将视频信号送到端点 a,该信号反映了输出电路对成像传感器进行扫描时,由该传感器增量区域所接收能量的大小。一个扫描控制电路以常规的电视扫描方式控制输出电路,并且分别为输出端点 b 和 c 提供水平偏转信号和垂直偏转信号,同时,扫描控制电路还分别为端点 d 和 e 提供水平与垂直同步信号。

端点 a 将视频信号送到常规的电视监视器的一个输入端 f,门脉冲发生器产生一对基准定时信号 Z_G 和 Y_{Zh},并将这对信号通过端点 g 和 k 分别送到电视监视器视频信号输入端 p 和 q。根据上述视频输入信号,电视监视器在其显示管上产生图像以及对应于信号 Z_G 和 Y_{Zh} 的经增强的基准线 h 和 v。上述图像代表了在电视监视器的视场内的相对能量分布。电视监视器还包括偏转电路,它们分别由电视摄像机的输出端 b 和 c 送来的水平和垂直偏转信号予以控制。

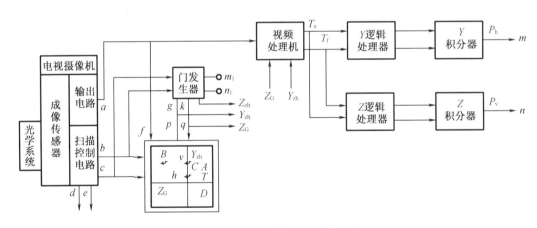

图 7-14 "幼畜"电视跟踪器框图

图 7-14 中显示了由显示管给出的具有代表性的图像,其中包括代表地形背景的图像 A,指定目标 T,伪目标 B、C、D,水平十字准线 h 和垂直十字准线 v,这两条准线可通过一定的电路控制,在需要跟踪指定目标时,操作者将两条准线交叉点重合在该目标上。

视频信号处理机在与基准定时信号 Z_G 和 Y_{Zh} 相一致的时刻,对端点 a 送来的信号进行幅值采样,并且产生目标定时信号。该目标定时信号代表了可能目标的起点 (T_s) 和终点 (T_f),亦即位于采样值的预定幅值范围之内的目标。例如,假设地形图像 A 的信号强度低于指定目标的信号强度,而伪目标 B、C、D 的信号强度与指定目标相类似,则视频信号处理单元将发出针对目标 T、B、C、D 的可能目标定时信号,而排除了代表地形图像上的信号。

一个 $\dot{Y}$ 逻辑处理单元对信号 T_s 和 T_f 进行处理,以便在目标相对位置的基础上对可能目标信号和指定目标信号进行鉴别。上述 $\dot{Y}$ 逻辑处理单元也将产生一个经校正的数字输出信号 $\dot{P}_h$,该信号代表了目标在垂直方向上所占区域的中点与先前存储的位置 P_h 之间的差值。$\dot{Y}$ 积分单元对信号 $\dot{P}_h$ 进行积分,便于更新信号 P_h 的先前值。信号 P_h 由输出端 m 送到门脉冲发生器的一个输入端 m_1,根据信号 P_h,门脉冲发生器更新基准定时信号 Z_G 的相对定时,从而也就更新水平十字准线 v 在电视监视器显像管上的位置。

一个 $\dot{Z}$ 逻辑处理单元对信号的 T_s 和 T_f 进行处理,而一个 Z 积分单元以类似于上述 Y 通道的方式提供一个位置信号 P_v,它代表了指定目标的水平中心点的位置。信号 P_v 通过 Z 积分单元的输出端 n 送到门脉冲发生单元的输入端 n_1,根据信号尺,更新定时信号 P_{Zh},从而也就更新垂直十字准线 h 在电视监视器显示管上的位置。

采用类似技术实现跟踪的例子还有攻击海面目标的电视寻的制导系统、跟踪地面的视频跟踪系统等。

7.5.2　采用固态成像器件的电视寻的器

1978 年 10 月,美国陆军研制出第一台固态成像装置光电寻的系统,它由装在陀螺平台上的电视摄像机和以数字处理机为基础的复合跟踪系统组成。复合跟踪系统包括自适应窗内目标形心跟踪系统、动目标跟踪系统和相关跟踪系统。研制的目的在于使系统具有真正的发射后不管的能力。

该系统的框图如图 7 - 15 所示。图中的形心跟踪器已在前面讨论过,下面来看一下动目标跟踪器和相关跟踪器。

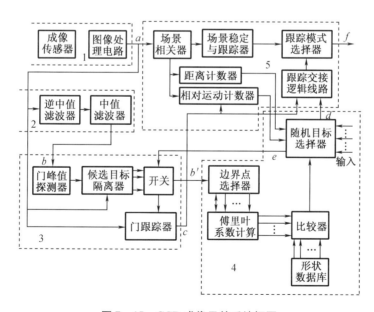

图 7 - 15　CCD 成像寻的系统框图

四通道相关跟踪器用于高精度地跟踪三个固定地标和一个目标。相关算法的根据是绝对差值法。比较地标的标准图像与瞬时图像时,相关跟踪器产生控制摄像机位置的电压,使观察场稳定。稳定是该系统的一个重要功能,因为它能供操作者如飞行员选择和识别目标。此外,观察场的稳定还能实现动目标选择体制。在这种体制下,固定目标可从帧中消除,分出活动目标。帧内的地形图随着逐渐接近目标而发生变化,标准图像不再与地标瞬时图像吻合。因此,相关跟踪器规定要重录地标的标准。如果地标图像落在帧的边缘,并有丢失的危险,那么还应用预先准备的备用地标取代原地标。

相关跟踪器和动目标跟踪器协同工作,有4个相同的通道,在设备上它们由两个组合组成。第一个组合实施跟踪地标的两个通道,第二个组合是地标跟踪通道和目标跟踪通道。

在导弹飞行末段,当目标图像增大到地标大小时,对一个目标进行相关跟踪是有效的,因此末段跟踪状态应持续到命中目标。对面积 4.5 m² 的目标来说,这种情况出现在1.2 km距离上。在此状态下,四个空间波闸(选择三个地标小区和一个目标小区)相互连接起来构成一个空间波闸,使目标(或目标的一部分)位于其中。动目标跟踪器的工作原理是,将目标区图像进行帧间相减,其空间稳定是利用固定地标来达到的。具有稳定场的两个区域相减就几乎能完全消除固定目标,这时动目标也部分地被消除。这样就能在稳定区域内做出目标的运动轨迹,并能测定目标在轨迹的每个点上的速度。因此,当跟踪中断时就可找出目标的瞬时位置。

7.5.3 从高度杂乱背景中捕获目标的系统

美国休斯公司提出的从高度杂乱背景中捕获目标的系统如图 7-16 所示。成像传感器分系统 1 由成像传感器和图像处理电路组成,输出串行或并行数字视频信号。成像传感器可以是可见光或红外频谱的视频成像系统、合成孔径雷达系统等。

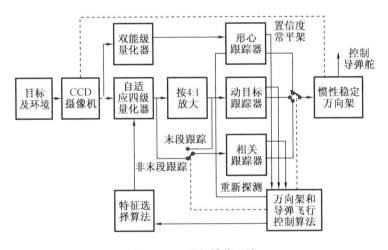

图 7-16 目标捕获系统

成像传感器分系统的输出信号 a 有一路加到尺寸识别分系统 2,它由中值滤波器和逆中值滤波器构成带通滤波器装置,以选择在预定尺寸范围内的目标。

尺寸识别分系统 2 和成像传感器分系统的输出信号 a、b 加到门跟踪分系统 3,它由门峰值探测器、候选目标隔离器、开关和门跟踪器组成。

特征分析分系统 4 通过处理输入的信号 b 决定场景中所存在的目标,例如识别目标的形状。由候选目标边界点选择器、傅里叶系数计算器、比较器和形状数据库组成的系统确定候选目标与存储数据间的相关程度。比较器的输出加到随机目标选择器,如果存在高的相关度便确定之,由随机目标选择器输出信号 d,如果相关度低,则给出控制信号 e 从门跟踪分系统中提取新目标。在制导中,随机目标选择器要根据多项因素按一定准则确定出唯一的目标,例如时间、目标速度、目标亮度均可加入随机目标选择器进行加权处理。

场景相关跟踪分系统 5 与图像处理电路(信号 a)、门跟踪器(信号 c)和随机目标选择器(信号 d)相连。它包括场景相关器、距离计数器、相对运动计数器、场景稳定与跟踪器、跟踪模式选择器和跟踪交接逻辑线路。该分系统取得距离、距离变化率、目标运动等信息,消除振动及运动引起起伏的影响,最后给出制导信息,使导弹朝目标飞去。

7.6　典型直升机／无人机机载电视制导装备

7.6.1　幼畜空地导弹

7.6.1.1　长钉－ER 反坦克导弹

长钉－ER(ER 是英文 extended range 的字头缩写,意为增程型)反坦克导弹主要用于攻击装甲目标,射程 8 000 m,主要载体为步兵、轻型战斗车辆和直升机。如图 7 – 17 所示,长钉导弹在气动外形上与陶式颇有几分相似,他们都采用 2 组矩形弹翼,其中弹尾的为固定式弹翼,主要用于飞行控制。该型号新增了发射/控制模式(fire and steer),这意味着射手无须在发射前锁定目标,而可以先将导弹放出去,巡弋至目标可能出现的区域,通过光纤数据传输链传回的图像信息搜索目标,导弹使用电视摄像制导,摄像机可以对目标进行放大,每秒产生 30 帧图像,并可以实时更新目标轨迹。如果发现目标便通过光纤传输数据控制导弹攻击目标,射手也可在确认目标后切换至发射后不管模式。导弹从前到后分别为导引头、前战斗部、飞行姿控发动机、电池组、主战斗部和主发动机。

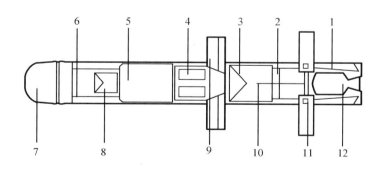

1—光纤释放装置;2—保险和引擎;3—主战斗部;4—电池;5—飞行姿控发动机;6—电子仪器;7—导引头;
8—前战斗部;9—陀螺仪可折叠弹翼;10—伺服系统;11—控制翼面;12—固体火箭发动机。

图 7 – 17　长钉－ER 反坦克导弹结构示意图

作为导弹最关键部分的导引头,采用了固体状态摄像机这一图像转换装置。其中电荷耦合装置(CCD)、固体状态摄像机由分布于各个像元的光敏二极管的线性阵列或矩形阵列构成,通过按一定顺序输出每个二极管的电压脉冲,实现将图像光信号转换成电信号的目的。输出的电压脉冲序列可以直接输入标准电视显示器,或者输入计算机的内存,进行数值化处理。CCD 是现在最常用的机器视觉传感器,机器视觉系统实际上是一个光电转换装置,即将传感器所接收到的透镜成像,转化为计算机能处理的电信号。光电转换装置主要在昼间、较好的天候条件下使用。之所以选择这种光电图像转换系统,而放弃了反坦克导弹常用的毫米波雷达、激光驾束等制导体制,主要是考虑到与其光纤数据传输链路配合使用。除了光电图像转换装置,长钉的导引系统还包括一个红外成像导引头,虽然对应的研发公司并没有公布该红外导引头是否为焦平面阵列,但强调了其具备很高的灵敏度,对背景热量掩盖下的目标有很强的分辨能力。这种双重体制导引头保证了长钉导弹极高的命中概率和全天候作战能力。

如图 7 - 18 所示,长钉 - ER 最主要还是提供给直升机使用,其武器系统也拥有两个版本,简易版本只是将 4 联装导弹发射装置通过标准军用导线迅速安装在多种型号直升机上(包括 AH - 64 阿帕奇、AH - 1 眼镜蛇、A - 129 国际型、m - 24 等,其中阿帕奇可以携带 16 枚之多),并在导弹和直升机之间建立电子操纵界面,而无须对直升机结构进行更改。

图 7 - 18   直升机挂装长钉 - ER 反坦克导弹 4 联装

完整版的机载长钉 - ER 反坦克导弹,如图 7 - 19 所示,与其他设备一起构成一个完整的武器升级包,其名称为 HeliCOAT 系统。全系统构成包括:长钉 - ER 导弹及其 4 联装发射装置、顶置观瞄系统、自卫和电子战系统、头盔瞄准具(HMS)、带有电子导航地图的升级座舱、MFCD、飞行员操纵界面(控制面板、多功能显示器和手柄,可执行导弹选择、激活、战斗模式选择及确定发射顺序)。HeliCOAT 系统也是模块化设计,平台适应性很强,几乎可以用在现役所有军用直升机的改进上。

图 7-19　直升机挂装长钉-ER 反坦克导弹

长钉-ER 反坦克导弹最有特点的地方在于导弹的光纤数据传输链路。光纤制导是近年来发展起来的最新制导技术,优点众多,该导弹采用了新型光导纤维技术,使它的红外成像传感系统的工作波长在 3~5 μm。此种光纤质量小、直径小,1 km 长的质量不过 150 g。电视摄像机和红外传感器能将目标图像经光纤传输给射手,不但传输质量很高,还能增加导弹射程。其优点基本可以概括为三点:比普通导线更好的延展性和更小的体积、高效的数据传输能力、不向空间辐射电磁波带来的隐蔽性。第一个优点可以赋予导弹在相同载荷和动力下更远的射程。长钉-ER 的射程可达 8 km 就是此优点的体现。高效的数据传输能力是光纤制导最具革命性的优点,它赋予了导弹更多的作战模式和任务弹性。第二个优点则是发射+观察+修正模式,此模式与早期线导反坦克导弹攻击模式相仿,但由于光纤数据传输链是一个自封闭的系统,外界无法对其实施干扰,因此其作战效率要高得多。此外,光纤数据传输链路不仅能将射手获得的目标信息传输给导弹,使其精确攻击目标,还能将导引头获取的实时战场景象传回给射手,图像回传能力使长钉导弹的使用者可以清晰地看到攻击画面,从而实现远程杀伤效果评估。而且这种能力最大的潜力是实现网络中心战的理念,即将每部导弹发射系统通过战场局域网与其他作战单位和高级指挥机构联结起来,导引头摄下的战场实时画面不仅可以传回给射手,还可以通过网络实现与其他作战单位和指挥机构的数据共享,从而使战场态势更加透明化。

使长钉的射程优于标枪。便携式标枪最大射程 2 km,长钉-MR 的射程可达到2.5 km,同为便携式的长钉-LR 射程可达 4 km。而且,采用高质量的光导纤维,使长钉的抗干扰能力比标枪要强。在整个有线光纤制导过程中,导弹不向空间辐射电磁波,弹体上也没有信标源,这样就不易被发现。

目标图像和指令都通过光导纤维传输,也让敌方难以实施侦察和干扰。标枪反坦克导弹在发射前锁定目标,是发射后不管,导弹自主飞向目标,射手想管也管不了。如果目标确实无误,导弹命中就是战绩;倘若目标是假的,或者目标"金蝉脱壳"了,射手也无能为力。长钉却是"发射后不管,但想管的时候还能接着管"。在发射以后,导弹靠自身的电视摄像系统或红外传感系统搜索和探测目标,用光导纤维向射手传回目标区图像,而控制指令也由光导纤维传输给导弹。此间,如原锁定目标有误,射手可重新选择目标和转换攻击目标;可直接瞄准目标攻击,也可间瞄发射,具有很大的灵活性。

第8章 多模复合寻的制导技术

现代电子对抗技术、隐身技术的发展以及作战环境的复杂多变,使精确制导武器面临严重的挑战,这要求它必须具备抗各种干扰的能力、识别真假目标的能力、对付多目标的能力和全天候的作战能力,并能进行高精度的截获和目标跟踪。为达到这一目的,多模复合探测是一种有效的途径,它可以发挥各种传感器的优势,获取目标的多种频谱信息,弥补单模制导的缺陷,提高武器系统的作战效能。

8.1 多模复合制导的基本类型

目前各种单一模式的导引头都有各自的优缺点,其性能见表8-1。

表8-1 单一模式寻的性能比较

模式	探测特点	缺陷与使用局限性
主动雷达寻的	全天候探测;能测距;作用距离远;可全向攻击	易受电子干扰;易受电子欺骗
被动雷达寻的	全天候探测;作用距离远;隐蔽工作;可全向攻击	无距离信息
红外(点源)寻的	角精度高;隐蔽探测;抗电子干扰	无距离信息;不能全天候工作;易受红外诱饵欺骗
电视寻的	角精度高;隐蔽探测;抗电子干扰	无距离信息;不能全天候工作
激光寻的	角精度高;不受电子干扰;主动式可测距	大气衰减大;探测距离近;易受烟雾干扰
毫米波寻的	角精度高;能测距;全天候探测;抗干扰能力强;有目标成像和识别能力	只有四个频率窗口可用;作用距离目前尚较近
红外成像寻的	角精度高;抗各种电子干扰;能目标成像和识别	无距离信息;不能全天候工作;距离较近

由表8-1可见,任何一种模式的寻的装置都有其缺陷与使用局限性。把两种或两种以上模式的寻的制导技术复合起来,取长补短,就可以取得寻的制导系统的综合优势,使精确制导武器的制导系统能适应不断恶化的战场环境和目标的变化,提高精确制导武器的制导精度。例如被动雷达/红外双模复合制导,被动雷达有作用距离远,且采用单通道被动微波

相位干涉仪能区分多路径引起的镜像目标的特点;红外制导有视角小、寻的制导精度高的特点。两者复合起来,远区用被动雷达探测,近区自动转换到红外寻的探测,使导弹具有作用距离远、制导精度高和低空性能好的优点。

复合制导系统一般分为制导方式复合和寻的器复合两种。

8.1.1　制导方式复合

不同制导方式复合的复合制导系统将含同种制导方式(不包括寻的制导)在内的复合指令、程控、寻的等各种制导方式按时间顺序复合起来。引入这种制导方式的目的是提高导弹的远程攻击能力。常见的情况是用于对地攻击的防区外发射导弹(如 SLAM)、中远程空空导弹(如 AIM – 120)、中远程地空导弹(如"爱国者")。

8.1.2　寻的器复合

复合寻的制导系统是指在导弹的自动寻的阶段同时或交替使用两种或两种以上的寻的器来制导导弹飞行。复合寻的制导系统包括主动、半主动、被动方式复合和射频、光学系统复合两大类型。

8.1.2.1　按时间顺序的复合寻的

将主动、半主动、被动方式按时间顺序组合的复合寻的制导方式如表8－2所示。

表 8 – 2　按时间顺序的复合寻的

型号	初中段制导方式	末段制导方式
"不死鸟"	半主动射频	主动射频
西埃姆	主动射频	被动红外
拉姆	被动射频	被动红外
沃斯普	主动毫米波	被动毫米波
哈姆改型	被动射频	主动毫米波或被动红外

8.1.2.2　复合射频寻的

复合射频寻的制导的并行复合分为射频复合和方式复合。射频复合通常使用两种频率,如 X 与 Ku 波段,X 或 Ku 与 Ka 毫米波段,使用两种频率可提高抗干扰性能和识别能力。方式复合是指对主动或半主动导引头增加被动方式。使用被动方式时,多为受干扰后,当干扰电平高于信号电平时,对干扰源自动寻的,多用 HOJ(干扰源寻的)方式。

8.1.2.3　复合光波寻的制导

光波寻的制导的并行复合包括波长复合和方式复合两种。波长复合分类如下。

(1)可见光和红外线;

(2)红外线和紫外线;

(3)双色或多色红外线;

（4）多光谱。

方式复合有主动激光和红外成像导引头的复合。两种频带相同时，CO_2激光器可作为主动成像光源使用，同时还可获得距离和速度信息。如果两者共用同一个光学系统，则成为成像激光雷达。

8.1.2.4 射频、光波复合寻的

射频、光波复合寻的是最先进的制导方式，也叫双模方式或多模方式。该制导方式对各种战术条件的适应性强，可提高抗干扰性能、目标识别能力、全天候性能、制导精度等。导弹的全自主制导和高度智能化是以实现射频与光波复合导引头、信号处理和人工智能为前提的。

一般来说，射频导引头的有效作用距离较远，除被动方式外都可获得距离和多普勒信息，但分辨率低于光波导引头，易受杂波和敌方的干扰影响。与此相反，光波导引头（尤其是被动方式）受天气影响大，有效作用距离近，不能获得距离和多普勒信息，但抗红外干扰和电子干扰能力强，成像分辨率高。

多模复合制导在充分利用现有寻的制导技术的基础上，能够获取目标的多种频谱信息，通过信息融合技术提高寻的装置的智能，弥补单模制导的缺陷，发挥各种传感器的优点，提高武器系统的作战效能。多模复合寻的制导系统可用于空空、地空、空地和反导系统的导弹制导中。在现代战争中，多模复合寻的制导系统具有广泛的应用前景和发展前途，表8－3为部分多模导引头的研制情况。采用多传感器信息融合的复合寻的制导具有以下优点。

（1）可以提高制导系统的抗干扰能力，使导弹能适应各种作战环境的需要；

（2）可以提高目标的捕捉概率和数据可信度；

（3）可以提高系统的稳定性和可靠性；

（4）可以有效地识别目标的伪装和欺骗，成功地进行目标识别或目标要害部位的识别；

（5）可以提高寻的制导的精度。

表8－3 部分多模导引头研制情况

导弹型号	类别	复合方式	国家和地区
哈姆 Block Ⅵ	反辐射	被动雷达/主动毫米波	美国
哈姆 Block Ⅶ	反辐射	被动雷达/红外	美国
鱼叉改进型 ACM－84E	空地	雷达/电视	美国
战斧 Block Ⅳ	空地	红外成像/GPS＋INS	美国
响尾蛇2型	制导炮弹	红外成像/激光	美国
BAT 智能反装甲子弹药	反装甲	双色红外＋声响双模式	美国
萨达姆灵巧弹药	反装甲	毫米波/红外	美国
斯拉姆	反辐射	雷达/红外成像	北约
AAM	空空	半主动微波/主动微波＋惯导	俄罗斯

表 8 - 3(续)

导弹型号	类别	复合方式	国家和地区
飞鱼 Block Ⅲ	空地	雷达/红外	法国
SMART - 155	制导炮弹	毫米波/红外	德国
ARAMIGER	空地	主动雷达/红外	德国
ZEPL	制导炮弹	毫米波/红外	德国
EPHRAM	制导炮弹	毫米波/红外	德国
RARMTS	反辐射	被动雷达/红外	德、法联合
HARM 改进型 Block4/3B	空地	被动微波/红外	美、德联合
525X	空空	微波雷达/红外	英国
ARAMIS	空地	被动微波/红外	德、法联合

8.2　双模制导技术

8.2.1　双模导引头的结构

目前在精确制导武器上应用的或正在发展的多模复合导引头大多采用双模复合形式,主要有:紫外/红外、可见光/红外、激光/红外、微波/红外、毫米波/红外和毫米波/红外成像等。因此,本节主要介绍双模复合导引头。双模导引头复合寻的制导的探测器在工程实践中一般分为调整校准法和共用孔径法两类。

8.2.1.1　调整校准法

调整校准法是指参与复合的各传感器分别使用各自的孔径,有各自独立的瞄准线(LOS),但要一起进行瞄准,所以也称分孔径复合方式。这种复合系统的特点是把两个传感器的视线(场)分开,瞄准线保持平行。这种结构易于实现,成本低。在信息处理上,这种复合方式是将不同传感器独立获取的信息在数据处理部分进行复合处理。由于安装位置不同,各传感器无相互影响,但随之而来的缺点是传感器各需要一套扫描机构,从而加大了系统的体积和质量,提高了成本;而且,在探测同一目标时,不同传感器各有一套坐标系,为了使之统一,势必会引入校准误差。由此可见,分孔径复合形式较适用于地面制导站。

8.2.1.2　共用孔径法

共用孔径法是指参与复合的各传感器的探测孔径合成统一体,形成共用孔径。例如主动式毫米波与被动式红外构成的共用孔径是两者共用一个大反射体,红外线和毫米波各自的辐射聚焦到另一副反射镜上,副反射镜可使毫米波能量通过且对红外线形成有效反射,这样把两传感器的信号分离开,形成两个独立的探测器进行探测。这种复合方式要求两种探测信号的提取和处理必须同时完成(或在规定的时间内处理完成),因此工程设计难度大,且整流罩的材料选择与外形设计都较困难。但这种方案探测器的随动系统易于实现。

共孔径系统的特点是可以共用一套光学系统天线,使捕获目标信号数据简便,并且容易在信号处理机中被分解。反折射式卡塞格林天线/光学组件共孔径结构是一种可取的形式。它用一个较大的主反射镜(兼天线)来会聚红外和毫米波辐射,然后将辐射能量反射到次反射镜上。次反射镜可以反射红外辐射而透过毫米波,然后将二者分开,并为各自的探测器所探测。也可以采用同时反射红外和毫米波辐射的次反射镜,使两种辐射能量经校正透镜、分束镜后,输出到红外与毫米波探测器或接收系统中,完成目标探测任务。这两种结构如图 8-1 所示。美国通用动力公司波莫分部的 IR/MMW 双模复合导引头采用的卡塞格林光学系统,就是由一个非球面的主反射镜和一个倾斜的次反射镜组成的,次反射镜用一个扁平的电机使其旋转,为双模导引头的两个模式建立跟踪误差信号。采用这种结构,主反射镜和次反射镜均可用铝或镀铝的表面制成,对 IR 和 MMW 均有较高的反射率,容易实现。

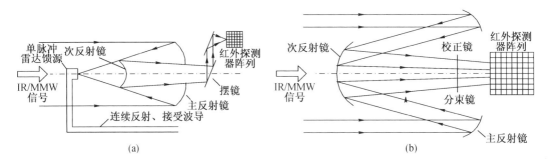

图 8-1 共孔径结构示意图

目前应用最广泛的共孔径导引头是红外/毫米波双模复合导引头,共孔径红外/毫米波复合有如下显著的特点。

(1)扫描系统简单。采用共孔径技术,有利于减少扫描硬件,使天线/光学孔径面积最佳,又方便保持瞄准线的校准。红外/毫米波双模传感器只需要安装在同一支架上,光轴和电轴重合,两分系统的扫描方式便于统一,从而简化了扫描系统。

(2)探测精度高。在红外/毫米波双模传感器中,由于光轴和电轴重合,当双模系统探测同一目标时,两分系统坐标系一致,无须校准,避免了校准误差,因而提高了精度。

(3)体积小、质量小、成本低。

(4)制作难度较大,尤其是头罩要能透过两个特定的波带。

图 8-2 表示红外/毫米波共孔径复合导引头可采用的两种基本结构形式。

8.2.2　双模导引头的工作原理

红外/毫米波双模复合导引头在制导系统中主要完成两大功能。

(1)利用雷达目标的特征信息来帮助红外目标的识别和跟踪,提高红外模块的点目标识别能力,简化红外目标识别跟踪模块的实现难度和计算量,从而降低对弹载计算机的速度和存储容量的要求;利用红外成像目标的特征信息来帮助雷达目标的识别和跟踪,从而提高双模寻的系统的目标检测概率和降低虚警概率。

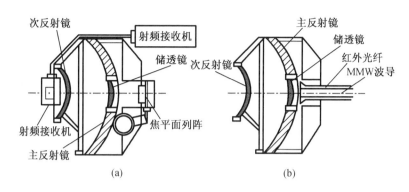

图 8-2　共孔径复合导引头

（2）在离目标相对距离远的时候，根据雷达模块的跟踪决策信息来引导红外传感器的伺服系统跟踪目标，使目标落在红外传感器的视角内，以便当接近目标时红外传感器能通过成像分析来自行识别和跟踪目标，从而弥补红外传感器作用距离近的不足，发挥红外传感器在接近目标时跟踪决策信息精度高的优势。当干扰等原因使其中一个传感器模块失去跟踪目标能力或跟踪目标能力差时，可根据另一传感器模块的跟踪决策信息来矫正该受干扰的传感器模块的目标跟踪，从而提高双模导引头系统的抗干扰性。同时提高整个目标识别跟踪系统的可靠性，一旦因软件或硬件故障使其中某一传感器失去了目标识别和跟踪能力，融合决策控制器仍能根据另一传感器的目标识别和跟踪决策信号正确跟踪目标。

红外/毫米波双模复合导引头原理框图如图 8-3 所示。在导引头运动过程中，为了充分利用各传感器资源使系统性能达到优化，就需要根据各传感器不同制导段的性能特点来有效控制和管理这些传感器，自动生成复合策略。例如，在弹目相对运动过程中，随着弹目距离不断变化，毫米波雷达和红外传感器的性能相差很大，故复合策略将表现为在某些距离段上只有其中一种传感器有效，在某些距离段上两种传感器同时有效，而且在不同的距离段上，对两种传感器的复合加权也不相同。这将直接影响后续的复合性能。同理，环境等因素也将同样对复合策略产生影响。

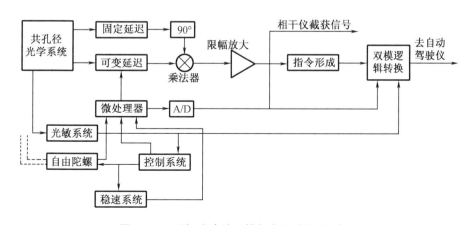

图 8-3　红外/毫米波双模复合导引头原理框图

8.3 多模制导的信息融合技术

在多传感器系统中,由于信息表现形式的多样性、信息数量的巨大性、信息关系的复杂性,以及需求信息处理的及时性都已大大超出了单传感器的信息综合处理能力。因此,从20世纪70年代起,一个新兴的学科——多传感器信息融合(multi-sensor information fusion)便迅速地发展起来,并在现代 C^3I(指挥、控制、通信与情报)系统、各种武器平台以及许多民用领域得到了广泛的应用。

8.3.1 信息融合概念

多模复合制导的核心问题之一在于如何进行多种探测方式的信息融合。信息融合是研究包括军用和民用很多领域在内的对多源信息进行处理的理论、技术和方法。将信息融合的理论与方法引入多模复合探测系统可以在发挥多种探测体制特点的基础上,通过对多元传感器的观测数据进行优化处理,从而达到提高整个探测系统目标识别性能、增强抗干扰能力和在复杂与恶劣环境中生存能力的目的。信息融合是针对一个系统中使用多种传感器(多个或多类)这一特定问题而展开的一种信息处理的新研究方向,因此,信息融合又称作多传感器融合。信息融合比较确切的定义可概括为:利用计算机技术对按时序获得的若干传感器的观测信息在一定准则下加以自动分析、综合以完成所需的决策和估计任务而进行的信息处理过程。所以,多传感器系统是信息融合的硬件基础,多源信息是信息融合的加工对象,协调优化和综合处理是信息融合的核心。

8.3.2 信息融合的关键技术

信息融合的关键技术主要有:数据转换、数据相关、数据库和融合计算等,其中融合计算是多传感器信息融合的核心技术。

8.3.2.1 数据转换

由于多传感器输出的数据形式、环境描述不一样,信息融合中心处理这些来源不同的信息时,首先需要把这些数据转换成相同的形式和描述,然后再进行相关的处理。数据转换时,不仅要转换不同层次的信息,而且还需要转换对环境或目标描述的不同之处和相似之处,即使同一层的信息也存在不同的描述。再者,信息融合存在时间性与空间性,因此,要用到坐标变换,坐标变换的非线性带来的误差直接影响数据的质量和时空的校准,影响融合处理的质量。

8.3.2.2 数据相关技术

信息融合过程中,数据相关的核心问题是克服传感器测量的不精确性和干扰引起的相关性,以便保持数据的一致性。数据相关技术包括控制和降低相关计算的复杂性,开发相关处理、融合处理和系统模拟算法与模型等。

8.3.2.3　态势数据库

态势数据库分为实时数据库和非实时数据库,实时数据库的作用是把当前各传感器的观测结果及时提供给融合中心,提供融合计算所需的各种数据。同时也存储融合处理的最终态势/决策分析结果和中间结果。非实时数据库存储各传感器的历史数据、有关目标和环境的辅助信息以及融合计算的历史信息。态势数据库要求容量大、搜索快、开放互连性好,且具有良好的用户接口。

8.3.2.4　融合计算

融合计算是多传感器信息融合的核心,它需要解决以下问题:对多传感器的相关观测结果进行验证、分析、补充、取舍、修改和状态跟踪估计;对新发现的不相关观测结果进行分析和综合;生成综合态势,并实时地根据多传感器观测结果通过信息融合计算,对综合态势进行修改;态势决策分析。

8.3.3　多模复合的原则

各种模式复合的前提是要考虑作战目标和电子、光电干扰的状态,根据作战对象选择优化模式的复合方案。除模块化寻的装置、可更换器件和弹体结构外,从技术角度出发,优化多模复合方案还应遵循以下复合原则。

(1)各模式的工作频率,在电磁频谱上相距越远越好。多模复合是一种多频谱复合探测,使用什么频率、占据多宽频谱,主要由探测目标的特征信息和抗电子、光电干扰的性能决定。参与复合的寻的模式工作频率在频谱上距离越大,敌方的干扰手段欲占领这么宽的频谱就越困难,同时,探测的目标特征信息就越明显。否则,就逼迫敌方的干扰降低干扰电平。当然,在考虑频率分布时,还应考虑它们的电磁兼容性。

合理的复合有微波雷达(主动或被动辐射计)/红外、紫外的复合;毫米波雷达(主动或被动)/红外复合;微波雷达/毫米波雷达的复合等。

(2)参与复合的模式与制导方式应尽量不同,尤其当探测的能量为一种形式时,更应注意选用不同制导方式进行复合,如主动/被动复合、主动/半主动复合、被动/半主动复合等。

(3)参与复合模式间的探测器口径应能兼容,便于实现共孔径复合结构。这是从导弹的空间、体积、质量限制角度出发的。目前经研究可实现的有毫米波/红外复合寻的制导系统,这是一种高级的新型导引头,它利用不同波段的目标信息进行综合探测,探测信息经提取目标特征量、应用目标识别算法和判断理论,确定逻辑选择条件,实现模式的转换,识别真假目标等。

(4)参与复合的模式在探测功能和抗干扰功能上应互补。这是从多模复合寻的制导提出的根本目的出发的。只有参与复合的寻的模式功能互补,才能产生复合的综合效益,才能提高精确制导武器寻的系统的探测和抗干扰能力,才能达到在恶劣作战环境中提高精确制导武器攻击能力的目的。

(5)参与复合的各模式的器件、组件、电路应实现固态化、小型化和集成化,满足复合后导弹空间、体积和质量的要求。

8.3.4　多传感器信息融合方法

多传感器系统的信息具有多样性和复杂性,因此信息融合的方法应具有鲁棒性,并行处理能力,高运算速度和精度,以及与前续预处理和后续信息识别系统的接口性能,与不同技术和方法的协调能力,对信息样本的要求等。信息融合作为一个在军事指挥和控制方面迅速发展的技术领域,实际上是许多传统科学和新兴工程的结合与应用。信息融合的发展依赖于这些学科和领域的高度发展与相互渗透。这样的学科特点也就决定了信息融合方法的多样性与多元化。

进行信息融合的方法和工具有很多,涉及数学、计算机科学、电子技术、自动控制、信息论、控制论、系统工程等科学领域。主要理论涉及数据库理论、知识表示、推理理论、黑板结构、人工神经网络、贝叶斯规则、dempster – shafe(D – S)证据理论、模糊集理论、统计理论、聚类(clustering)技术、figure of merit(FOM)技术、熵(entropy)理论、估计理论等。

信息融合根据实际应用领域可分为同类多源信息融合和不同类多源信息融合。实现方法又可分为数值处理方法和符号处理方法。同类多源信息融合的应用场合如多站定位、多传感器检测、多传感器目标跟踪等,其特点是所需实现的功能单一,多源信息用途一致,所用方法是以各种算法为主的数值处理方法,其相应的研究为检测融合、估计融合等。不同类多源信息融合的应用场合如目标的多属性识别、威胁估计,其特点是多源信息从不同的侧面描述目标事件,通过推理能获得更深刻完整的环境信息,所用方法以专家系统为主。

目前,比较通用的信息融合方法有以下几种。

1. 基于估计理论的信息融合

估计理论包括如下技术:极大似然估计、卡尔曼滤波、加权最小二乘法和贝叶斯估计等。这些技术能够得到噪声观测条件下的最佳状态估计值。其中,卡尔曼滤波用于实时融合动态的低层次冗余数据。该技术用测量模型的统计特性,递推决定统计意义下是最优的信息融合估计。如果系统具有线性的动力学模型,且系统噪声和测量噪声是高斯分布的白噪声模型,那么卡尔曼滤波为融合数据提供唯一统计意义下的最优估计。卡尔曼滤波的递推特性使系统数据处理不需要大量的数据存储和计算。当数据处理不稳定或系统模型线性程度的假设对融合过程产生影响时,可采用扩展的卡尔曼滤波代替常规的卡尔曼滤波。采用分散卡尔曼滤波实现信息融合完全分散化,每个节点单独进行预处理和估计,任何一个节点失效不会导致整个系统失效,因而分散式的结构对信息处理单元的失效具有鲁棒性和容错性。1988 年 carlson 提出了联邦卡尔曼滤波器的信息融合算法,它采用信息分配原理将系统动态信息分配到每一个局部滤波器中,得到全局最优或次优估计。联邦卡尔曼滤波主要有 4 种实现结构:无反馈式、融合反馈式、零复位式和变比例式。贝叶斯估计是融合静态环境中低层信息的一种常用方法,其信息描述为概率分布。Durrant – Whyte 提出了信息融合的多贝叶斯估计方法,即把单个节点当作一个贝叶斯估计器,利用多贝叶斯方法,将与相应对象有关的概率分布组合成一个联合后验分布函数,然后将此联合分布的似然函数极大化,算出融合信息。目前估计理论是应用最广泛的一种方法,现在的大部分融合技术都基于估计理论,这也在实际中证明是最可行的方法之一。

2. 基于推理的信息融合

经典推理方法是计算一个先验假设条件下测量值的概率,从而推理描述这个假设条件下观察到的事件概率。经典推理完全依赖于数学理论,运用它需要先验概率分布知识,因此,该方法实际应用具有局限性。贝叶斯推理技术解决了经典推理方法的某些困难。贝叶斯推理在给定一个预先似然估计和附加证据(观察)条件下,能够更新一个假设的似然函数,并允许使用主观概率。

3. 基于 D - S 证据推理理论的信息融合

D - S 证据推理理论是贝叶斯方法的扩展。在贝叶斯方法中,所有没有或缺乏信息的特征都赋予相同的先验概率,当传感器得到额外的信息,并且位置特征的个数大于已知特征的个数时,概率会变得不稳定。而 D - S 证据推理对未知的特征不赋予先验概率,而赋予它们新的度量——“未知度”,等有了肯定的支持信息时,才赋予这些未知特征相应的概率值,逐步减小这种不可知性。该方法根据人的推理模式,采用了概率区间和不确定区间来确定多证据下假设的似然函数,通过 D - S 证据理论构筑鉴别框架。样本的各个特征参数成为该框架中的证据,得到相应的基本概率值,对所有预证命题给定一可信度从而构成一个证据体,利用 D - S 组成规则将各个证据体融合为一个新的证据体。D - S 证据理论需要完备的证据信息群,同时还需要专家知识,得到充足的证据和基本概率值。

4. 基于小波变换的多传感器信息融合

小波变换又称为多分辨力分析。小波变换的多尺度和多分辨力特性可在信息融合中起到特征提取的作用,它能将各种交织在一起的不同频率组成的混合信号分解成不同频率的块信号。应用广义的时频概念,小波变换能够有效地应用于如信号分离、编码解码、检测边缘、压缩数据、识别模式、非线性问题线性化、非平稳问题平稳化、信息融合等问题。

5. 基于模糊集合理论和神经网络的多传感器信息融合

模糊逻辑是典型的多值逻辑,应用广义的集合理论可以确定指定集合所具有的隶属关系。它通过指定一个 0 到 1 之间的实数表示真实度,允许将信息融合过程中的不确定性直接表示在推理过程中。模糊逻辑可用于对象识别和景象分析中的信息融合。各信息源所提供的环境信息都具有一定程度的不确定性,对这些不确定性信息的融合过程实际是一个不确定性推理过程。神经网络可根据当前系统接受到的样本的相似性,确定分类标准。这种确定方法主要表现在网络的权值分布上,同时可用神经网络的学习算法来获取知识,得到不确定性推理机制。由于模糊集理论适于处理复杂的问题,又由于神经网络具有大规模并行处理、分布式信息存储、良好的自适应和自组织性、很强的学习、联想和容错功能等特征,因此,可以应用模糊集理论与神经网络相结合来解决多传感器各个层次中的信息融合问题。神经网络有学习型和自适应型两种主要模式,学习型神经网络模式中应用最广的 BP 网络、常见的自适应神经网络有自适应共振理论(ART)网络模型。

6. 基于信息熵理论的多传感器信息融合

信息熵理论适用于处理信息的不确定性问题,它可从理论上说明多源信息融合在缩小系统不确定性方面所具有的优势。

7. 基于专家系统的信息融合

专家系统是一组计算机程序,该方法模拟专家对专业问题进行决策和推理的能力。专家系统或知识库系统对于实现较高水平的推理,例如威胁识别、态势估计、武器使用及通常由军事分析员所完成的其他任务,是大有前途的。专家系统的理论基础是产生式规则,产生式规则可用符号形式表示物体特征和相应的传感器信息之间的关系。当涉及到的同一对象的两条或多条规则在逻辑推理过程中被合成为同一规则时,即完成了信息的融合。

在信息的组合和推理中,专家系统是一个必不可少的工具。对于复杂的信息融合系统,可以使用分布式专家系统。各专家系统都是某种专业知识的专家,它接受用户、外部系统和其他专家系统的信息,根据自己的专业知识进行判断和综合,得到对环境和姿态的描述,最后利用各种综合与推理的方法,形成一个统一的认识。

8. 基于等价关系的模糊聚类信息融合

聚类是按照一定标准对用一二组参数表示的样本群进行分类的过程。一个正确的分类应满足自反性、对称性和传递性。然而实际问题往往伴随着模糊性,从而产生了"模糊聚类"。聚类分析方法有基于模糊等价关系的动态聚类法和基于模糊划分的方法等。

8.3.5 红外成像/毫米波复合制导目标识别的信息融合

近年来,红外成像/毫米波(IR/MMW)双模寻的制导技术逐渐受到重视,已成为各国研制的热点。IR/MMW双模寻的制导技术,是红外和毫米波雷达复合为一体的光电双模寻的制导系统。单一的红外成像制导定位精度高,且不易受干扰,但无法在雾天工作,搜索范围有限;而单一的毫米波制导有不受天气干扰,可在大范围内搜索等优点,但较易受假源的干扰。红外成像制导与毫米波制导性能比较见表8-4。

表8-4 红外成像制导与毫米波制导性能比较

红外成像	毫米波
探测物体表面的热辐射	探测物体反射的电磁波
跟踪时具有高角分辨力	以中等扫描速度可搜索较大的范围
在雨和干扰箔条下具有较好的性能	在雾和悬浮粒子天气中也有较好的性能
对火焰、燃油、阳光等具有分辨力	具有距离分辨力和动目标分辨力
不理会雷达角反射器	不理会光及燃油
探测能力与目标大小无关	探测目标受方位角的影响

红外成像/毫米波双模复合制导系统光电互补,克服了各自的不足,综合了光电制导的优点。红外成像/毫米波复合制导的优点有:(1)战场适应性强;(2)缩短武器系统对目标进行精确定位的时间;(3)提高制导系统对目标识别、分类的能力;④增强抗干扰反隐身的能力。

8.3.5.1 红外成像制导信息处理

红外成像制导是利用红外探测器探测目标的红外辐射,以捕获目标红外图像的制导技术,其图像质量与电视相近,但却可在电视制导系统难以工作的夜间和低能见度下工作。红外成像制导技术已成为制导技术的一个主要发展方向。

红外成像制导系统的目标识别跟踪包括:图像预处理、图像分割、特征提取、目标识别及目标跟踪等,其过程如图 8-4 所示。

图 8-4　红外成像识别跟踪系统功能框图

1.图像处理与分割

红外成像制导的特性与红外图像处理算法息息相关,红外图像的处理决定了红外制导导弹作战使用过程的系统分析和优化。一幅原始的红外成像器形成的图像,一方面不可避免地带有各种噪声,另一方面目标处于不同复杂程度的背景之中,特别当目标信号微弱而背景复杂时,提高图像信噪比,突出目标、压制背景以便于后续工作更完满进行,就需要选择最优的预处理方案。

图像处理就是对给定的图像进行某些变换,从而得到清晰图像的过程。对于有噪声的图像,要除去噪声、滤去干扰、提高信噪比;对信息微弱的图像要进行灰度变换等增强处理;对已经退化的模糊图像要进行各种复原的处理;对失真的图像进行几何校正等变换。一般来说,图像处理包括图像编码、图像增强、图像压缩、图像复原、图像分割等内容。除此之外,图像的合成、传输等技术也属于图像处理的内容。

图像分割是图像识别与跟踪的基础,只有在分割完成后,才能对分割出来的目标进行识别、分类、定位和测量。当前研究的分割方法主要有阈值分割、边缘检测分割、多尺度分割、统计学分割以及区域边界相结合的分割方法。

2.特征提取与识别

将图像与背景分割开来以后,系统仍需要对其进行识别运算,以判断提取的目标是否为要跟踪的目标,如是要跟踪的目标,就输出目标的位置、速度等参数;否则,就输出目标的预测参数;如长时间不能发现“真目标”,就要向系统报警,请求再次引导。图像识别是人不在回路的红外成像制导技术的重要环节,也称为自动目标识别(ATR)技术。

图像识别首先要提取图像的特征矢量,如几何参数、统计参数等。如果目标区域内有一块图像是该目标所特有的,系统就可以搜索并记忆这块图像,并以此为模板对后续各帧图像进行匹配识别。

3.目标跟踪

成像跟踪是红外成像制导系统的最后一环,预处理和目标识别研究都是为了导弹能够精确地跟踪并最后击中目标。目标跟踪的任务是充分利用传感器所提供的信息,形成目标航迹,得到监视区域内所关心目标的一些信息,如目标的数目、每个目标的状态(包括位移、速度、加速度等信息)以及目标的其他特征信息。在图像目标受遮拦等因素的影响而瞬间丢失时,系统需要输出目标的预测参数,以便跟踪,同时也为再次捕获目标打下坚实的基础。

目标跟踪模式可以分为两大类:波门跟踪模式和图像匹配模式。其中波门跟踪模式包括:形心跟踪、质心跟踪、双边缘跟踪、区域平衡跟踪等。通常这些跟踪模式须设置波门套住目标,以消除波门外的无关信息及噪声,并减少计算量。图像匹配模式包括:模板匹配、特征匹配等相关跟踪。一般情况下,相关跟踪可对较复杂背景下的目标进行可靠跟踪,但计算量相对较大。由于成像跟踪系统所需处理的信息量大,要求的实时性强且体积受限,因此在现有的成像跟踪器中多采用波门跟踪模式。

8.3.5.2 毫米波制导信息处理

毫米波制导技术是精确制导技术的重要组成部分。毫米波雷达体积小、质量小、波束窄、抗干扰能力强,环境适应性好,可穿透雨、雾、战场浓烟、尘埃等进行目标探测。

毫米波雷达通过发射和接收宽带信号,用一定的信号处理方法从目标回波信号中提取信息,并以此信息判断不同目标之间的差异性,从而识别出感兴趣的目标来。在毫米波体制下的目标识别途径中,最有效的目标识别方法是利用毫米波雷达的宽带高分辨特性,对目标进行成像。雷达成像有距离维(一维)成像、二维成像和三维成像3种。雷达的二维成像已经成功地应用于合成孔径雷达(SAR)目标识别,但由于多维成像有许多理论和技术难题需要解决,目前条件下,还难以在导引头上获得成功应用。一维高分辨成像由于不受目标到雷达的距离、目标与雷达之间的相对转角等因素的限制,且计算量小,在毫米波雷达精确制导中已经有成功的应用。一维高分辨距离成像,主要是把雷达目标上的强散射点沿视线方向投影,形成反映目标结构的时间(距)-幅度关系。

实现雷达自动目标识别一般须经历以下流程:检测、鉴别、预分类、分类、识别和辨识,如图8-5所示。其中包含两个基本问题:(1)检测问题,确定传感器接收到的信号内是否有感兴趣的目标存在;(2)识别问题,感兴趣的目标信号是否能从其他目标信号中区分开来并判定其属性或形体部位。识别问题还包括从杂波信号和其他非目标信号中有效地分离出目标信号。

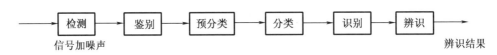

图8-5 红外成像识别跟踪系统功能框图

近年来,以小波变换、分形、模糊集理论、神经网络等为代表的现代信息处理理论与方法蓬勃发展,极大地拓展了信息处理的手段,在目标识别领域也得到了一些成功应用。

8.3.5.3 红外成像/毫米波复合制导信息融合

多传感器信息融合系统须包含以下功能模块:多传感器及其信息的协调管理,多传感器信息优化合成等。根据信息表征的层次,多传感器信息融合的基本方法可分为三类:数据层融合、特征层融合、决策层融合。数据层融合通常用于多源图像复合、图像分析与理解及同类型(同质)雷达波形的直接合成。特征层融合可分为:目标状态信息融合和目标特性融合。目标状态信息融合主要应用于多传感器目标跟踪领域,常用方法包括卡尔曼滤波和扩展卡尔曼滤波。目标特性融合即特征层联合识别,具体实现技术包括:参量模板法、特征压缩和聚类算法、K 阶最近邻、神经网络、模糊积分、基于知识的推理技术等。决策层融合的基本概念是:不同类型的传感器观察同一个目标,每个传感器在本地完成处理,其中包括预处理、特征抽取、识别或判决,以建立对所观察目标的初步结论。然后通过关联处理、决策层融合判决,最终获得联合推断结果。决策层融合所采用的主要方法有:贝叶斯推断、D - S证据理论、模糊集理论、专家系统。

对于绝大多数雷达寻的系统来说,其在数据层的信息可认为是目标的多普勒信号,红外成像传感器在数据层的信息表示为其响应波段内目标的灰度数据序列,所以,雷达与红外成像这两种传感器在数据层所得到的信息不具备互补性和可比性信息融合处理的基本条件,因而不能进行数据层上的融合处理,只在特征层和决策层上满足信息融合处理的互补性和可比性基本条件,红外成像识别跟踪系统功能框图如图 8 - 6 所示。

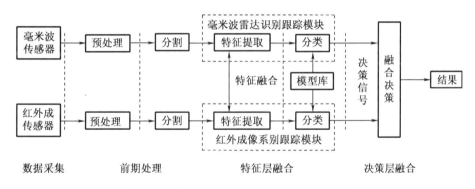

图 8 - 6　红外成像识别跟踪系统功能框图

特征层融合的作用是:利用雷达目标的特征信息来帮助红外成像目标的识别和跟踪,提高红外成像模块的点目标识别能力,简化红外目标识别跟踪模块的实现难度和计算量,从而降低对弹载计算机的速度和存储容量的要求,降低对红外成像质量和偏转稳定的要求,确定更佳的攻击点;利用红外成像目标的特征信息来帮助雷达目标的识别和跟踪,从而提高双模寻的系统的目标检测概率和降低虚警概率。

决策层融合的作用是:在距离目标相对较远时,根据雷达模块的跟踪决策信息来引导红外传感器的伺服控制系统跟踪目标,使目标落在红外传感器的视角内,以便当接近目标时红外传感器能通过成像分析来自行识别和跟踪目标,从而弥补红外成像传感器作用距离近的不足,发挥红外成像传感器在接近目标时跟踪决策信息精度高的优势。当因干扰等原因其中一个传感器模块失去跟踪目标能力或跟踪目标能力差时,可根据另一传感器模块的跟踪决策信息来矫正该受干扰的传感器模块的目标跟踪能力,从而提高双模导引头系统的抗干扰性。同时提高整个目标识别跟踪系统的可靠性,一旦因软件或硬件故障使其中某一传感器失去了目标识别和跟踪能力,融合决策控制器仍能根据另一传感器的目标识别和跟踪决策信号正确跟踪目标。

信息融合作为一种数据综合和处理技术,是许多传统学科和新技术的集成和应用,包括通信、模式识别、决策论、不确定性理论、信号处理、估计理论、最优化技术、计算机科学、人工智能和神经网络等。未来信息融合技术的发展将更加智能化,同时,信息融合技术也将成为智能信息处理和控制系统的关键技术。人工智能 - 神经网络 - 模糊推理融合将是信息融合技术的重要发展方向。

未来战争将是作战体系间的综合对抗,很大程度上表现为信息战的形式,如何夺取和利用信息是取得战争胜利的关键。因此,关于多传感器信息融合和状态估计的理论和技术的研究对于我国国防建设具有重要的战略意义。另外,这些理论和技术的研究还可以通过转化推广到有类似特征的民用信息系统中,例如,大型经济信息系统、决策支持系统、交通管制系统、工业仿真系统、金融形势分析系统等,从而可进一步获得广泛的经济和社会效益。

8.4　典型直升机/无人机机载多模复合制导装备

8.4.1　CL-843"海鸥"反舰导弹

"海鸥"是英国皇家海军装备使用的第一种直升机专用反舰导弹,代号 CL-843,主要用于攻击导弹快艇、巡逻艇、护卫舰、驱逐舰、地效飞行器和气垫船等水面目标,为水面舰艇提供中、远程全天候反舰自卫能力,如图 8-7 所示。该弹的研制工作始于 1975 年,1979 年开始首次飞行试射,1982 年在英阿马岛冲突中首次发射 8 枚"海鸥"导弹,击沉阿根廷 1 艘由拖轮改装的巡逻艇,击伤其 1 艘护卫舰。1983 年该弹正式进入英国皇家海军服役。在 1991 年的海湾战争中,由"山猫"直升机发射 20 枚"海鸥"导弹,击毁伊拉克 11 艘舰船。"海鸥"弹长 2.5 m,弹径 250 mm,翼展 720 mm。发射质量 145 kg,速度 0.8 Ma,最大射程 15 km。导弹采用鸭式气动布局,4 片全动式小三角形舵面位于弹体中部,4 片固定式大切梢三角形弹翼位于弹体尾部,舵面与弹翼两者配置角度相差 45°。弹体由两段直径不同的圆柱形弹体组成,前段为主弹体,直径较大,后段为助推弹体,直径较小。动力装置采用 1 台固体火箭主发动机和 1 台固体火箭助推器,两者为串联安装。前者采用 2 个弯曲的亚声速收敛扩散尾喷管。该弹采用程序控制 + 半主动雷达末制导体制,根据机载火控雷达照射目标的反射信号采用比例导引(以导弹与目标连线的空间角速度为误差量,自动修正弹道,使角速度尽可能趋于零)进行掠海飞行时的方位控制,根据弹载无线电高度表设定的 4 个位置数据进行掠海飞行时的俯仰控制。半主动雷达导引头为 I 波段雷达导引头,与机载"海浪"火控雷达配合工作。"海鸥"采用半穿甲爆破战斗部,重 30 kg,内装高爆炸药,并采用触发延时引信,可以穿入目标内部爆炸。

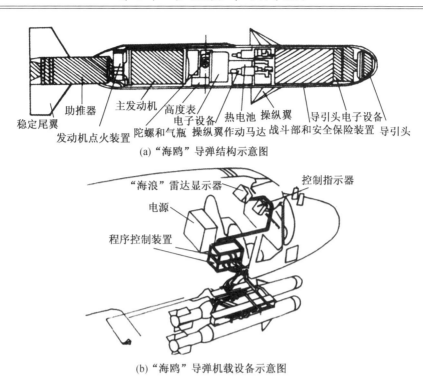

稳定尾翼　助推器　主发动机　高度表　热电池　操纵翼　导引头电子设备

发动机点火装置　陀螺和气瓶　电子设备　操纵翼作动马达　战斗部和安全保险装置　导引头

(a)"海鸥"导弹结构示意图

"海浪"雷达显示器　　控制指示器

电源

程序控制装置

(b)"海鸥"导弹机载设备示意图

图 8 - 7　"海鸥"反舰导弹

该弹是英国航空航天公司专为直升机研制的第一种现代空舰导弹,使用了大量已经证明的现成组件,攻击像苏联的纳奴契卡型小型护卫艇这样的小型水面舰,效费比合理。该弹当时刚研制出不久便仓促投入实战,在马岛战争中完成了作战试验。它首次参战便执行典型的攻击水面舰任务。

8.4.2　AM39"飞鱼"反舰导弹

直升机机载 AM39"飞鱼"反舰导弹是法国航空航天公司在飞鱼 MM38 舰对舰导弹基础上发展起来的一种超低空掠海飞行的空对舰导弹,以攻击各种水面舰艇为目标,最大射程 50 ~ 70 km,巡航速度为 0.93 Ma,巡航高度为 15 m,载机发射高度为 50 m ~ 10 km,可进行扇面角发射,具有全天候作战能力。"飞鱼"导弹采用惯导自主导引 + 雷达主动末制导方式,在攻击敌舰过程中,可以做到低空隐蔽,掠海飞行,其结构如图 8 - 8 所示。

当携带 AM39"飞鱼"导弹的直升机在即将到达目标区后,导弹的发射程序如下:打开载机雷达,搜索、识别和跟踪目标,并将目标数据(目标的方位和距离等)和载机导航系统的有关数据(直升机的飞行速度、垂直、方位等)输入适配器,计算导弹发射诸参数;选定发射的导弹,并装定预置参数瞄准,使航向陀螺对准目标发射导弹。发射时,直升机发射时,要求速度不得小于 110 km/h,高度不得低于 100 m。AM39"飞鱼"导弹的最大反应时间为 60 s。在实战中,如果发射程序在目标获得以前就开始进行(如电源通电、导引头的磁控管加热、陀螺开机并达到规定转速等),那么最小反应时间可降到 6 s。飞鱼导弹通常在 15 m 高度上巡航飞行,在距目标 10 km 时,降至 8 m;离目标 5 km 时再降至 4 m 或 2.5 m,直至命中目标,导引头的开机距离为 12 km。

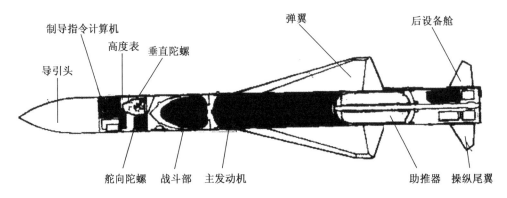

图 8 - 8　AM39 导弹的结构图

第9章　航空导弹和炸弹制导技术发展趋势

未来直升机/无人机机载制导导弹和炸弹对制导系统的要求是抗干扰、高精度和智能化，将广泛采用红外成像制导、毫米波制导、光纤制导及复合制导等先进制导技术，提高全天候精确打击能力。

1. 成像制导技术

以成像制导技术可以直接获取目标外形或基本结构等丰富的目标信息，能抑制背景干扰，可靠识别目标，并在不断接近目标过程中区分目标要害部位，具有较高的分辨率。其中，红外成像制导的图像质量与电视相近，但却可在电视制导系统难以工作的夜间和低能见度下作战应用。其中，凝视红外焦平面阵列技术是成像制导技术的发展重点和方向。凝视红外成像制导技术采用了大规模探测单元和凝视工作方式，连续累积目标辐射能量，具有高分辨率、高灵敏度、高信息更新率的优点，适用于对机动小目标、复杂地物背景中的运动目标或隐蔽目标的成像，而且能推动精确制导武器向小型化方向发展。目前，红外凝视焦面阵列探测器的元件数，对近红外已达 10^7 个，对于远红外已达 10^7 个，探测率已达 10^{12} ~ 10^{14} 量级。长波 64 ×64 元、128 ×128 元和中波 256 ×256 元焦平面器件及 4n 扫描焦平面器件已达到实用水平。同时，随着导引头功能的扩展和智能化水平的提高，多模制导技术是成像制导应用的另一个主要方向，目前，红外/紫外、红外/毫米波、红外/激光和红外/INS ＋GPS 等复合制导技术已日渐成熟。未来成像制导对导引头的要求是：处理多目标能力，可对视场中所有目标进行探测、定位、识别和分类，并对目标进行威胁估计，选择攻击目标；导引头还具有命中点选择能力，在目标图上选择要害点作为瞄准点，使杀伤效果达到最大；在跟踪过程中，目标脱离视场，导引头具有目标再获取能力；导引头具有很强的探测能力，以对抗目标的遮挡隐藏等。

2. 毫米波制导技术

由于毫米波制导具有波束窄、效能高、传播性能好、带宽宽、抗干扰能力强、精度高和体积小等特点，主要集中应用于导弹遥控指令载波和寻的导引头两个方向。目前应用于遥控信号载波的主要是 Ka 频段毫米波系统，技术比较成熟。相对微波而言，毫米波系统所具有的强方向性以及其特殊的大气传输特性，使得毫米波信号只在有限的空间范围内能够接收到，这就提高了遥控信号发射平台战场生存能力；弹载毫米波信号接收机难于阻塞式干扰，能够避免友邻干扰，在现代战场的强电子对抗环境下具有较强的适应能力；毫米波系统较小的体积和质量以及能穿透等离子体的特性，使得其非常适合在小型导弹中应用。毫米波寻的导引头是以毫米波探测器为主体的弹载目标跟踪测量装置，它的功能是测量导弹偏离理想运动轨道的失调参数，利用失调参数形成控制指令，送给弹上控制系统，去操纵导弹飞行。其主要工作方式分为主动、被动和主/被动复合式。

（1）主动方式，作用距离远，但由于角闪烁效应及其他一些造成指向摆动的因素会影响制导精度。

（2）被动方式，没有角闪烁效应，制导精度很高，但作用距离有限。

（3）主/被动复合式，在距离较远处采用主动方式，当接近目标时转为被动方式。

随着毫米波大功率器件的发展，毫米波导引头工作频段由 8 mm 向 3 mm 方向扩展，制导体制由非相参向宽带高分辨率一维成像方向发展。目前，在反坦克导弹末制导导引头中，距离分辨率已达到 0.3 m 以上，可以保证导引头对目标的精确跟踪。

3. 光纤制导技术

光纤制导技术融合了电视/红外传感器、计算机智能化数据处理和控制技术，具有抗光电干扰能力强、隐蔽性好、控制灵活、结构简单、成本低、质量小等优点，是近年来国外广泛用于对付武装直升机和坦克的一种制导技术和制导体制。光纤制导的主要优势在于：光纤制导不受作战距离的限制，其攻击命中率与攻击距离无关；制导单元大都集成在发射平台上，对导弹的空间和质量限制较小；光纤数据链很难受干扰，整个飞行过程采用光纤传送目标图像和控制指令，能够在严重的电子、激光、红外干扰条件下有效地攻击目标；可采用全自动"发射后不管"的模式，也可以采用"人在回路"模式，使得光纤制导导弹更具智能性。大力发展具有先进的"发射与引导模式"（fire and steer mode）的反坦克导弹。"发射后不管"系统在军事行动中最大的不足是，导弹发射后不再受射手控制，容易击中虚假目标。"长钉"在这方面进行了改进。新型"长钉"ER 型导弹在原来"发射后不管"模式和发射、观察与更新模式的基础上，增加了先进的"发射与引导模式"（fire and steer mode）。导弹主动导引弹头不需要在发射前锁定目标，射手有能力在发射后选定目标而且引导导弹向目标最薄弱部位攻击或者锁定目标后切换到"发射后不管"模式。射手能够实时控制导弹在城市区域复杂环境下精确机动，还能通过间接瞄准在掩体下发射，提高了战场的生存率。比如，加装了火箭发射装置或机枪的敞篷小货车，在探测器上可能显示的是民用或没有威胁的目标。结果，"发射后不管"导弹一旦发射出去，射手就不能控制导弹的飞行轨迹，容易受到干扰而攻击错误目标，伤及友军或无辜人员。此外，在 3～5 km 的范围内，攻击一辆部分隐藏的坦克或者攻击一个比较隐蔽的地点的概率会很低。在这种情况下，"发射后不管"在传统战场上的性能优点变成了负担，而"人在回路"控制的出现能使这些附带伤害最小化。

4. 多模复合寻的制导技术

复合制导技术是指导弹在飞行弹道的同一阶段或不同阶段（如中段和末段）采用两种以上制导方式（自主制导、遥控和寻的制导）进行制导的技术。随着光、电干扰技术和隐身技术的迅速发展，未来战场环境将变得十分恶劣，单一频段或模式的制导武器将难以适应未来战争的需求，因而，多模导引、复合制导已成为空空导弹发展的重要方向。这种方式可以充分发挥各频段或各制导体制的自身优势，互相弥补各自的不足，极大地提高作战效能和生存能力。如以惯导作为自主制导的中制导与以射频及红外成像为寻的末制导的复合制导方式。由于预警飞机、电子干扰机都具有很强的微波辐射能量，因此，在中段利用惯导制导具有很强的抗干扰能力，而末段利用射频主动或红外成像寻的制导，则可以提高命中精度和抗目标干扰。多模复合寻的制导可以综合多种模式的寻的装置的优点，形成制导系统寻的性能的综合优势,通过数据融合,利用多种传感器的信息,提高寻的装置的智能。这样就能够使反舰导弹有效地捕捉、识别目标并自动选择目标,提高反舰导弹的作战能力。

5. 智能化信息处理技术

探测器和接收机为导弹提供了许多目标和环境的信息,而这些信息的利用率则取决于信息处理技术,国外十分重视该项技术研究。目前,信息处理新理论、新方法不断涌现,如神经网络及人工智能、基于知识的图像处理和识别技术等。信息处理发展重点是继续开展自动目标识别(ATR)技术,促进导弹武器智能化;继续开展多传感器集成和数据融合技术研究,提高导弹所获取信息的利用率;提高和改善导弹武器在低信杂比和复杂背景下的目标捕获能力、抗干扰能力及自动寻的能力;继续开展小型化、集成化处理技术研究,改进总体结构设计,发展超大规模集成电路,超高速、大容量计算机,开发各种专用处理机及功能模块,提高识别处理速度。

6. 模块化技术

根据作战对象、气象条件、使用环境的差异,更换不同的导弹舱段,是航空制导武器的又一发展方向。采用模块化技术,可以大大提高导弹的适应能力,满足不同任务的要求,同时又能避免研制中的重复,简化后勤保障,节省能源,也有利于导弹的批量生产和降低成本。可更换的舱段有:不同制导体制或工作波段的导引头(如红外成像导引头与主动雷达导引头和半主动雷达导引头的互换);不同射程的发动机;不同工作体制的引信;不同杀伤元素的战斗部等。

参 考 文 献

[1] 李振杰,田军良.反舰导弹的末制导方式[J].军事博览,2005(5):47-48.

[2] 付强,何峻,朱永锋,等.精确制导武器技术应用向导[M].北京:国防工业出版社,2014.

[3] 金先仲.机载制导武器[M].北京:航空工业出版社,2009.

[4] 李红民,董莹.武装直升机机器空战武器的发展动态[J].航空兵器,2002(5):30-34.

[5] 徐珏.直升机空战武器装备概览[J].现代军事,2003(8):3.

[6] 程启东,李爱英.武装直升机及其机载空空导弹[J].航空兵器,1995(2):31-34.

[8] 胡英俊.攻击直升机生存性解析[J].科技与国力,2001(12):3.

[9] 陈永新,姜程.老树新芽 航空制导火箭弹[J].兵器知识,2007(3):3.

[10] 王狂飙.直升机载制导航空火箭弹发展分析[J],航空兵器.2003(6):36-38.

[11] 李仲伯,张国友.制导武器[M].长沙:国防科技大学出版社,1993.

[12] 坂本明.军用直升机:完全图解版[M].宋微,译.北京:中华民族摄影艺术出版社,2012.

[13] 丁泽俊,文东,刘阳雄.国外两型武装直升机武器系统性能对比[J].直升机技术,2015(4):69-72.

[14] 林玉琛,金孟江,国外军用直升机的改进与发展[J].现代防御技术,2000(1):1-8.

[16] 李一民.国外直升机载毫米波火控雷达技术发展现状[J].电视技术,2002(4):127-130.

[17] 倪先平.直升机手册[M].北京:航空工业出版社,2003.

[18] 李红民.争夺"一树之高"的空中优势:点评武装直升机载空空导弹[J].现代军事,2001(12):30-32.

[19] 穆学桢,周树平,赵桂瑾.AIM-9X空空导弹位标器新技术分析和评价[J].红外与激光工程.2006,35(4):392-400.

[20] 温杰."响尾蛇"家族新成员:AIM-9X近距格斗空空导弹[J].现代兵器,2004(7):28-31.

[21] 任淼,文琳,王秀萍.国外空空导弹发展动态研究[J].航空兵器,2013(1):8.

[22] 赵鸿燕.AIM-9X BlockⅡ空空导弹研制进展[J].飞航导弹,2014(3):22-26.

[23] 陈德琰,赵玉水."虎"式武装置直升机[J].国际航空,1991(10):3.

[24] 周鼎新.对美国第三代肩射红外防空导弹(STINGERPOST)导引头特色的分析[J].红外与激光工程,1984,13(3):1-20

[25] 冯炽焘,李文.使用"玫瑰线螺线"图形扫描的双色红外制导技术[J].红外技术,1993,15(1):2-8.

［26］ 顾宪辉,鲍其莲.红外成像寻的器技术研究[J].应用光学,2007,28(3):309－312.

［27］ 张伟德.反坦克导弹发展趋势[J].现代军事,2000(3):22－22.

［28］ 张润贵.从世界反坦克直升机武器系统的发展探索我国的发展策略[J].弹箭与制导学报,1996(1):7.

［29］ 索统一,郑志强.直升机载空地导弹关键技术研究[J].兵工学报,2010(S2):6.

［30］ 王东亮,臧和发,刘巍.机载反坦克导弹导引体制的发展[C]∥中国航空学会.第十七届全国直升机年会论文集,成都:中国航空学会,2001.

［31］ 任宁.红外成像制导技术的发展[J].红外与激光工程,2007(z2):4.

［32］ 常军,杨勇,任培宏,等.毫米波末制导技术的应用及发展趋势[J].电讯技术,2008(3):1－6.

［33］ 张波.空面导弹系统设计[M].北京:航空工业出版社,2013.

［34］ 黄长强,赵辉,杜海文,等.机载弹药精确制导原理[M].北京:国防工业出版社,2013

［35］ 苗昊春,杨栓虎.智能化弹药[M].北京:国防工业出版社,2014.

［36］ 张翼麟,蒋琪,文苏丽,等.国外无人机机载空地导弹发展现状及性能分析[J].战术导弹技术,2013(5):5.

［37］ 唐鑫,杨建军,冯松,等.无人机机载武器发展分析[J].飞航导弹,2015(8):8.

［38］ 徐宏伟,李鹏,王玄.无人机机载空地导弹关键技术研究[J].弹箭与制导学报,2018,38(6):64－67.

［39］ 刘颖.无人机机载武器装备的发展[J].航空科学技术,2008(4):3.

［40］ 朱平安,张晓龙.无人机机载制导炸弹的发展综述[J].四川兵工学报,2015,36(3):5－8.

［41］ 郭美芳.美国无人机机载武器新发展[J].兵器知识,2007(2):38－40.

［42］ 辜璐.成像制导发展的未来:激光主动成像制[J].兵器知识,2008(9):4.

［43］ 李建中,彭其先,李泽仁,等.弹载激光主动成像制导技术发展现状分析[J].红外与激光工程,2014,43(4):1117－1123.

［44］ 孙志慧,邓甲昊,闫小伟.国外激光成像探测系统的发展现状及其关键技术[J].科技导报,2008,26(3):74－79.

［45］ 左超.激光成像雷达距离像拼接技术[D].长沙:国防科技大学,2012.